国家重点基础研究发展计划（973计划）
项目编号：2010CB227100

太阳能热发电技术

黄　湘　王志峰　李艳红　邱河梅　黄文瀚　编著

中国电力出版社
CHINA ELECTRIC POWER PRESS

内 容 提 要

本书在多年太阳能热发电技术研究的基础上,系统地介绍了太阳能光-热转换过程中的主要计算方法、世界太阳能资源分布情况、太阳能热发电设备、太阳能辐射测量仪器及使用方法;从点聚焦、线聚焦和面聚焦三种方式着手,总结了世界上不同的聚焦太阳能热发电(CSP)技术的特点,提出了三种太阳能热发电输出特性曲线;分析了以储热为手段的可再生能源发电方式对电网调峰的意义。

本书力求说理清晰,文字通顺,希望能使读者对太阳能热发电的原理、技术、工程有全面而正确的了解和掌握。本书可作为大专院校本科生、研究生学习的辅导材料,还可供电力、可再生能源利用、能源工程、环境保护等企业、事业部门的科研、工程设计、工程建设人员参考,也可供新能源爱好者阅读与参考。

图书在版编目(CIP)数据

太阳能热发电技术/黄湘等编著. —北京:中国电力出版社,2013.5(2021.7重印)

ISBN 978 - 7 - 5123 - 3821 - 0

Ⅰ. ①太… Ⅱ. ①黄… Ⅲ. ①太阳能发电 Ⅳ. ①TM615

中国版本图书馆 CIP 数据核字(2012)第 299976 号

中国电力出版社出版、发行

(北京市东城区北京站西街 19 号 100005 http://www.cepp.sgcc.com.cn)

北京瑞禾彩色印刷有限公司印刷

各地新华书店经售

*

2013 年 5 月第一版 2021 年 7 月北京第三次印刷

787 毫米×1092 毫米 16 开本 13.25 印张 304 千字

印数 4501—5500 册 定价 69.00 元

　　步入 21 世纪后，我国能源体系正在向节约、高效、洁净、多元、安全的现代化能源结构转变，逐步进入一个保持可持续发展的、绿色、低碳能源发展阶段。其间要花大力气形成节能和科学用能机制，实现新型能源、可再生能源的突破；实现化石能源的洁净生产和利用，完成污染排放和温室气体排放的控制指标。

　　节能和科学用能，合理控制能源需求，是能源战略之本。对我国这个人均资源短缺的国家，必须确立人均能耗指标显著低于发达国家同等水平的思路。煤炭目前是我国主力能源，但煤炭在我国总能耗中的比重应该逐步下降，天然气的地位应该上升，而水电装机容量将有较大突破；同时，因地制宜，积极发展非水可再生能源，尽早使风能、太阳能、生物质能等成为新的绿色能源支柱。

　　新能源和可再生能源的发展与利用，重在核心能力的创新、技术经济瓶颈的突破，解决间歇性能源并网难题，降低风电、太阳能光伏与光热发电成本，提高经济效益。

　　实施科学、绿色、低碳能源战略，将明显抑制污染气体和温室气体的排放。二氧化硫等污染气体排放，将在目前的基础上逐步下降，以二氧化碳为代表的温室气体排放强度将逐步降低，绿色、低碳能源战略将确保我国做出的主动承诺的兑现。碳排放强度下降主要靠节能、提效和发展可再生能源来实现。科学、绿色、低碳能源战略不仅将催生新的经济增长点，也将推动科技创新和抢占新的战略制高点。

　　发展中国特色的高效安全（智能）电力系统、分布式用电方式和储能技术有重要意义。在我国能源结构中，电力所占的比重将逐步增加，在电力结构中，非火电的比例将逐步增加，煤电在电力中的比重将逐步下降；有必要做好电力发展的规划和电网构架的规划；利用信息技术与电网技术的结合，建设信息化、自动化的智能电网，使电网能够有效接纳更多的新能源发电电源，并使电网能够安全、高效运行；还应重视风电和光电的非上网和分布式用电方式，多种技术并举发展储能技术。

　　科学用能是要深入研究用能系统的合理配置和用能过程中物质与能量转化的规

律，以提高能源利用率和减少污染，最终减少能源消耗。科学用能是实现节能的根本途径，是能源科技发展的必然结果。科学用能的研究内容包括能量和物质转化的规律、用能的规划、用能的系统、用能的技术、用能的方法、用能的管理、法律及政策等。

"温度对口、梯级开发"是科学用能的重要内容，用它来进行能源的规划有利于提高能效、减少污染。可以先用高温度的能量来发电，把剩下的中温、低温能量再用来做其他的事，发展不同于大电网的分布式能源系统，形成小区域内的能源系统，由发电设备、供热系统、制冷系统及其他构成，能量分层分级，实现"冷、热、电"等能量的多联供和梯级利用。

可再生能源代表着能源发展的趋势，我国应因地制宜地发展。就全国范围而言，当前一个阶段的发展重点，一是风力发电：我国有丰富的风电资源，风电市场发展飞速，目前最紧要的是提高风电机组的安全、稳定运行，突破风电输出负荷稳定的难题。只有解决风电的输出稳定性问题，电网才有可能接纳更多的电量。二是太阳能发电：我国有丰富的太阳能发电资源，我国西部地区太阳能资源足可以解决全国的用能问题，但太阳能热发电技术需要进步，满足电网需求的可控技术需要取得突破。

科技对能源的支撑涉及基础性研究及新技术的创新、重大工程项目和战略性产业的支持等三个方面，我们欣喜地看到，我国的科技工作者们都意识到了这个问题。本书的作者从事电力行业的工作，参与过国家 863 和 973 项目，通过对可再生能源技术方面的研究，对太阳能热发电有了许多崭新的认识，提出了许多新的思想和思路，在推动可再生能源利用和太阳能热发电方面，相信本书能够起到积极作用。

2012 年 6 月 6 日

前　言

继大规模风能利用后，可再生能源发展中，最具潜力的是太阳能的利用。20 世纪 70 年代始，西班牙、美国等国开展了太阳能热发电的研究及工程实践，发展了各种类型的太阳能热发电技术，我国在太阳能中、低温应用方面走在了世界前列，但在高温利用方面还远远落后于发达国家。

好在近些年，在国家支持、政策引导、科技投入、有识之士及企业的热情参与下，太阳能热发电得到了社会的广泛关注。但是，在太阳能光伏发电技术迅猛发展的今天，太阳能热发电是否有必要，将来是否有发展空间，这是作者自研究之日起一直萦绕心头的问题。试想，如果世界上一种发电方法以静悄悄的形式提供了人类所需能源，这将是多么激动人心的时刻。

实际上，任何一种发电方式都具有自身的特性，不同特性的发电方式都可以在不同场合得到最佳的应用。科技工作者的责任是发现其特性，找到与其结合的关键之处。

另外，无论电网如何智能，电网都是刚性的，用户始终是上帝，这就是为什么要求常规发电机组具有负荷调节能力，包括负荷范围和负荷速度调节。常规火电机组可以控制燃料的输入，以达到控制电量输出的目的，这是常规火电机组的优势。而大部分可再生能源的发电，其能量输入都是随机的，因而是不可控的。可再生能源最有意义的工作，就是要在不可控的能量输入条件下，得到可控的能量输出。看起来这是天方夜谭，但在太阳能热发电方面，作为输入条件，虽然太阳辐射能不可控，但通过能量的聚积-储存-热电转换三个环节，达到了发电输出的可控，这正是太阳能热发电技术的优势。

基于以上原因，作者完成了本书的编制。全书由十个章节构成，第 1、2 章介绍了太阳能天文和辐射计算方法，利用这些计算公式就能完成任何时间和地点下的太阳能辐射计算；第 3 章介绍了世界各主要国家和地区的太阳能利用辐射资源和条件；第 4 章介绍了太阳能辐射仪表的主要形式及使用方法；第 5～7 章将各种太阳能热发电形式分为点聚焦、线聚焦和面聚焦三类，介绍了世界各国已应用的太阳能热发电技术及机组主要参数；第 8 章从电网角度分析了太阳能热发电的输出特性，通过具有储热的太阳能发电技术的应用，满足电网对机组负荷调节的要求；第 9 章列举了常用储能技术，详细介绍了太阳能热发电常用介质及特性，分析了不同介质对发电特性的影响；第 10 章介绍了太阳能热发电中的主要设备。

本书可以作为从事新能源、可再生能源利用工作的设计、施工、调试及运行维护等工程技术人员的参考书，对于管理人员、相近专业的科研人员及在校师生，也会有所裨益。

最后，对一直给予本研究以支持的朱国桢先生、江自生先生、杨勇先生表达崇高的敬意；对徐建中院士给予的工作指导及教诲表示衷心感谢；对太阳能热发电技术应用方面的合作伙伴李和平先生、对策划本书的应静良先生、对担任本书校对和编辑等工作的各位表示深深的谢意。

作者

2012 年 6 月 6 日

目 录

序
前言

太阳能利用相关天文条件

在考虑利用和开发太阳能之前，首先要了解太阳的升起和降落，考虑太阳和我们的相对关系，以及影响它的辐射能力的环境条件。

1.1 地球的坐标体系

地球无时无刻都在运动，除了绕地轴自转外，同时又围绕太阳公转，太阳在天空中相对地球上任一点的位置随时间都在变化，因此太阳对该点的辐射强度也在变化。为了掌握太阳和地球的相对运动关系，需要确立包括地球和太阳在内的坐标体系，确立原点，以便研究太阳相对地球任意点随时间的运动关系，从而掌握地球任意点在任何时刻的太阳辐射规律，这是太阳能利用需要做的初步工作。

在天文学中，针对所观察的天体，需要建立不同的坐标系。一般来讲，以哪一种天体作为参考点，研究其他天体，就建立哪一种坐标体系。譬如以太阳作为出发点，观察太阳系内行星的运行规律，就把太阳中心作为天体球心，取黄道为基本圈，北黄极为基本点，出发点取春分点，沿黄道按逆时针方向度量，即为黄道坐标系；如果观察银河系内的恒星和星团运行规律，则把银河中心作为天球中心，银道为基本圈，通过以赤道坐标的换算得到基本点和出发点，即为银道坐标系；而如果以地球作为参考点，观察恒星、星云、星团等星体的运行规律，就以地球中心作为天球中心，天赤道为基本圈，北天极为基本点，以天赤道与子午圈（正南方向）的交点为原点，即为时角坐标系（又称为第一赤道坐标系）；如果将时角坐标系定义中的天赤道与子午圈（正南方向）的交点改为以春分点为原点，即为赤道坐标系（又称为第二赤道坐标系）。

如果参考平面是观察者所在的地平面，观察对象是围绕地球运转的太阳、月亮、人造卫星，观察流星、彗星等星体，则取地平圈为基本圈，天顶为基本点，以南点（通过天顶和天北极的地平经圈与地平圈交于两点，靠近天南极的那个点为南点）为原点，即为地平坐标系。不同的坐标体系，互相之间具有相对关系，通过计算公式可以互相转换，只是繁简问题，对于研究太阳相对地球任意一点的位置关系，采用地平坐标系是最简单的。地平坐标系的示意见图1.1。

在地平坐标系中，研究的目标主要是太阳，因为天文学中确定了从地球到太阳的距离为一个天文单位，所以两个角度就能确定太阳位置。第一个角为"太阳高度角"，以 α_s 表示，以地平圈为基准，天顶方向为正，到达天顶时为 $90°$，水平以下为负。第二个角度为"方位角"，以 γ_s 表示，以正南方向为起点，向西（顺时针方向）为正，向东（逆时针

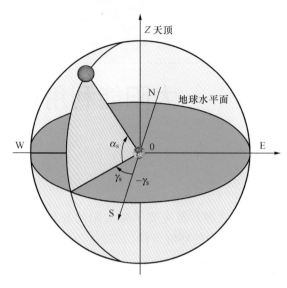

图 1.1 地平坐标系

方向）为负。

1.2 地球的自转与公转

人们很早开始就在研究地球的形状和大小，公元前 5 世纪，古希腊人就从哲学概念出发，认为地球是球形的。16 世纪葡萄牙人麦哲伦的环球航行第一次用实践证明地球为球形。公元前 3 世纪的希腊人埃拉托斯特尼，用三角测量法测出地球的周长约为 39 600km，这一数据与实际长度误差仅 0.85%。17 世纪牛顿研究地球自转和地球形态关系，推测地球是一个赤道处略为隆起，两极略为扁平的椭球体，半径差约 20km。

20 世纪 50 年代后，科学技术迅速发展，大地测量中，高精确度的微波、激光测距，人造卫星测量，电子计算机的运用，使人们可以精确地测出了地球的形状和大小。通过实测和分析，得到地球的平均赤道半径为 6378.14km，极半径为 6356.76km，赤道周长和子午线方向的周长分别为 40 075km 和 39 941km。地球表面积为 $5.11 \times 10^8 km^2$，地球的赤纬角为 $23°26'21.27''$（$23.4369°$）。测量还发现，北半球低纬度区地面半径比平均半径略小，高纬度区比平均半径大，北极地区比平均半径高出 18.9m。南半球地面半径比平均半径略大，而南极地区则比平均半径低约 30m[1]。地球形状像一个鸭梨，见图 1.2。

地球每天绕着自身南、北极的"地轴"自西向东自转，每转一周为 360°，一昼夜分为 24h，所以地球每小时自转 15°。除了自转外，地球还绕太阳沿着椭圆形轨道运行，称为"公转"。

由于地球围绕太阳公转的平面和其自转的平面不在一个平面内，它们的垂线形成的夹角称为赤纬角，地球在自转和公转的时候，地球处于运行轨道的不同位置点，赤纬角始终在变化，因此阳光投射到地球上的方向也就不同，形成地球四季的变化，见图 1.3。这也表示在地球绕太阳运行的四个典型季节里，地球在不同区域受到不同的太阳辐照。

每年的春分日（3 月 21 日，闰年时为 3 月 20 日），此时太阳赤纬角为 0°，太阳水平直射到赤道上，地球北半球的春季开始，南半球处于秋季，在地球自转一周过程中，太

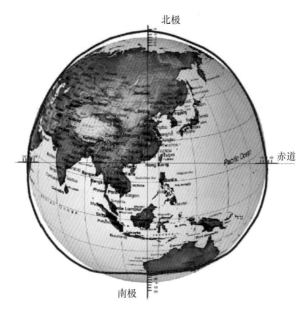

图 1.2　地球实际形状

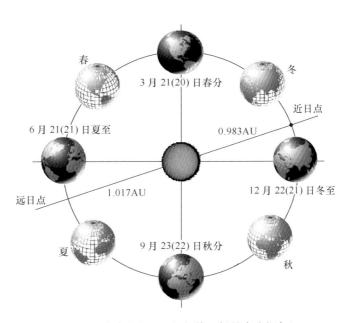

图 1.3　地球绕太阳运行规律（括号内为闰年）

阳出于正东而没于正西，白昼和黑夜等长。太阳在正午的高度角，北半球等于 $90°-\phi$（ϕ 为地球上任一点的地理纬度），南半球等于 $90°+\phi$。春分点过后，在北半球太阳的升落点逐日移向北方，北半球白昼延长，黑夜缩短，正午时太阳高度逐渐增加，南半球白昼缩短，黑夜延长，正午时太阳高度逐渐减小。到夏至日时（6 月 21 日），北半球太阳正午高度等于 $90°-\phi+23.44°$（精确值为 23.436 95°），太阳高度达到最大，北半球白昼最长，夏季开始；南半球，白昼最短，冬季开始。夏至过后，北半球太阳正午高度逐日降低，白昼逐日缩短，南半球太阳正午高度逐日增加，白昼逐日延长，太阳的升落又趋向正东和正西。

3

秋分日（9月23日，闰年时为9月22日），太阳从北半球移动到赤道，此时太阳赤纬角为0°，太阳水平直射到赤道上，地球北半球的秋季开始，南半球处于春季，在地球自转一周过程中，太阳出于正东而没于正西，白昼和黑夜等长。秋分点过后，在北半球太阳的升落点逐日移向南方，北半球白昼缩短，黑夜延长，正午时太阳高度逐渐下降，南半球白昼延长，黑夜缩短，正午时太阳高度逐渐增加。到冬至日（12月22日），北半球太阳正午高度等于$90°-\phi-23.44°$太阳高度达到最低，北半球白昼最短，冬季开始；南半球，白昼最长，夏季开始。冬至过后，北半球太阳正午高度逐日增加，白昼逐日延长，南半球太阳正午高度逐日降低，白昼逐日延长，太阳又从赤道以南移向赤道。

假定太阳自春分点为起始日，沿黄道向东运行一周又回到春分点的时间间隔称做一个回归年，一个回归年等于365.2564日，即365天5时48分46.08s，周期为一年。地球的公转面称为黄道面，黄道面和地球自转赤道面的夹角即为太阳赤纬角。地球公转时其自转轴的方向始终不变，总是指向天球的北极，见图1.4。

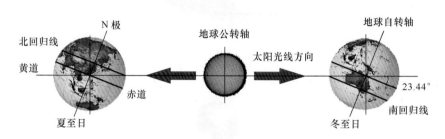

图1.4　夏至与冬至日时地球与太阳相对关系

1.3　地球的运行规律

地球在一年里自西向东围绕太阳公转一周，地球上的观测者看到太阳在天球上自东向西沿着黄道运转一周，黄道是地球公转轨道在天球上的投影。但是由于地球在公转椭圆轨道的一个焦点上，因此地球的公转是不均匀的，太阳周年视运动也是不均匀的，每年的1月初，地球过近日点时公转速度最快，这一天太阳周年视运动速度最大，地球东移$1°1'11''$；地球过远日点是每年的7月初，地球过近日点时公转速度最慢，这一天太阳周年视运动速度最小，地球东移$57'11''$。所以从春分经夏至到秋分点的时间间隔为186天，而从秋分经冬至到春分点的时间间隔为179天，两者相差7天之久。

时间是人的生产和生活中必要的物理量之一，时间计量包括两方面内容，"时刻"和"时间间隔"。"时刻"是指某一事件发生的瞬间，表示时间的早晚，"时间间隔"指两个事件之间所需的时间的长短，因此，"时刻"的确定需要找到时间原点，"时间间隔"的确定需要选择一种具有周期性并均匀稳定的物质运动作为时间的衡量依据。

最初人们认为地球的自转相当均匀，周期稳定，能够满足计量时间的要求，地球自转一圈成为了时间的基本单位一日。随着观察的深入，发现地球由于受到不同天体的引力，自转速度变化不均匀，自转周期还经常减慢，每100年大约增加0.001s，因此就采用地球的公转运动作为计时单位。1958年国际天文学联合会第八届会议决定自1960年开始采用历书时。历书时是以地球公转为基础的计时系统，规定公元1900年整回归年的长度为 31 556 925.97s，其倒数作为历书时的时间单位，称为历书时秒，起点从公元 1900 年 1 月 1 日 0 时开始，这就确定了标准时间的开始点。

由于历书时精确度低，不能满足 20 世纪科学发展的需要，因此从 1967 年开始国际上启用了原子时，起算点从 1958 年 1 月 1 日 0 时开始。因为原子中的电子在不同能级之间的跃迁产生的电磁频率稳定，不受外界影响且容易测定，所以国际上定义铯-133 原子基态的两个精细能级之间跃迁辐射 9 192 631 770 周所持续的时间，作为 1s 的长度。原子时和世界时非常接近，每年世界时与原子时相差不到 1s，一般通过"闰秒"的方法调整进行同步。

时间还需要有一个出发点，天体的时角是从子午圈量起的，地点的不同观测者拥有不同的子午圈。为了避免各地采用不同地方时所带来的不便，1884 年华盛顿国际子午线会议决定，采用区时系统作为国际统一计时系统，规定英国格林尼治天文台子午线作为时间和经度计量的零点，称为本初子午线。以 15°作为标准经线的区隔，在其东、西各 7.5°经度范围内属于同一时区。时区内以标准经线的地方平太阳时作为全时区内的统一时间，称为区时，也称为标准时。格林尼治的区时称为世界时，我国采用东八区时作为全国统一时间，称为北京时间，该时位于东经 120°标准经线的地方平太阳时。

经过上述的定义，这就产生了两个时间，一个是真实的太阳时，在受到黄赤交角影响和地球运动的椭圆轨道影响而产生运动的快慢变化，这个具有运动速度不均匀特点的太阳时间称为真太阳时，也称为视太阳时；而另一个按照原子时确定的匀速运动的太阳时称为平太阳时。平太阳时等于平太阳在天球上由东向西连续两次通过同一子午圈所需要的时间，详见图 1.5。

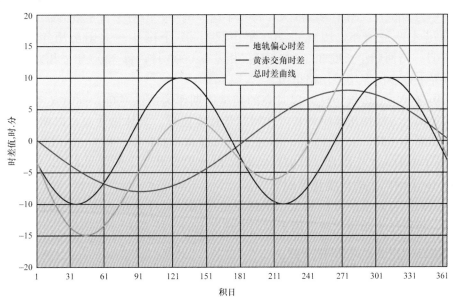

图 1.5 时差曲线图

真太阳时的运动规律是由地球自转和公转共同作用的结果，太阳沿黄道运动，而太阳的时角是沿天赤道计量，在春分和秋分点附近，太阳经过的黄道弧段比决定太阳时角变化的天赤道弧段要长；在夏至和冬至点附近，太阳经过的黄道弧段比决定太阳时角变化的天赤道弧段要短。这就造成太阳日的长短是变化的，最长日（12 月 23 日）和最短日（9 月 16 日）相差可达 51s。因此，真太阳时不是一个完善的计时系统。

平太阳时是匀速周日视运动所确定的计时系统，假想地球在圆形轨道上以匀速运行，平太阳连续两次上中天的时间间隔叫平太阳日，把一个平太阳日分为 86 400 平太阳秒，平太阳时的任意时间段内的运动速度和行程都是均匀一致的，人们日常生活中的时间概念就是平太阳时。真太阳时和平太阳时之间的误差值可通过计算公式或图表表示。

依据地球自转的计量时间系统有恒星时、真太阳时、平太阳时；依据地球公转的计时系统有历书时；依据原子振荡的计时系统有原子时、力学时；还有混合类型的协调世界时。它们的区别在于以不同的运动为依据，或是选取的单位和时间起点不同。

推算时间的长度和制定时间序列法则的办法就是历法。人们以昼夜的变化、寒暑的周期往复和月亮盈亏周期作为计量时间间隔的标志。但是，四季更迭的回归年周期为 365.2422 日，月亮盈亏周期是 29.5306 日，都不是日的整倍数。因此制定历法的原则，就是把历年和历月的平均长度和回归年、朔望月的长度尽可能接近，以使历书与太阳、月亮在天球上的视位置基本一致，以免出现寒暑颠倒，与自然界周期发生矛盾的情况。从基本原理上看，中外历法可以归纳为三种类型，太阴历、太阳历和阴阳历。

太阴历以月球圆缺的周期朔望月为基本周期，与地球公转运动无关。历月平均长度为 29.5 天，规定单数月 30 天，双数月 29 天，12 个历月为 1 年，共 354 天。为保证每年年初和每月月初出现新月，又规定 30 年内增加 11 个闰日，有闰日的年称闰年。闰年长 355 天。太阴历的历年比回归年大约短 11 天，不足是隔一段时间冬夏的月份就会出现倒置现象。目前，太阴历仅在伊斯兰教国家和地区使用。

太阳历（又叫格里历）以四季循环周期回归年为基本周期，是我们现在使用的历法。太阳历平年为 365 天，闰年为 366 天，每 4 年逢一闰年，但对于百年整倍数的年份，只有被 400 除尽才算是闰年，因此每 400 年中只有 97 个闰年。太阳历历年平均长度为 365.2425 日，与回归年长度 365.2422 日仅相差 0.0003 日，每 3300 年才相差 1 日。目前我国和世界上许多国家均采用格里历。

阴阳历是我国的传统历法，以月亮的朔望周期作为历法基础，同时又考虑回归年周期，采用加闰月方法使历年平均长度和回归年长度接近。具体做法是，以朔日作为初一，两个朔日间隔为一月，大月 30 天，小月 29 天，1 年 12 个月，共为 354 天或 355 天。并在 19 个历年中加入 7 个闰月，有闰月的年有 13 个月，共 384 天或 385 天，称做闰年。19 个历年和 19 个回归年的长度几乎相等。

作为太阳能辐射量的分析和太阳能热发电应用，以月亮作为历法的太阴历和阴阳历均不适用，传统的太阳历比较适用于太阳能热发电的分析工作。

1.4 太阳到地球的距离

地球绕着以太阳为一个焦点的椭圆轨道运转。由于达到大气上端的太阳辐照度和太阳与地球间的距离的平方成反比，因此太阳和地球间的距离对于太阳辐射来说非常重要，如图 1.6 所示。

通常说日地距离是指太阳与地球的平均距离，指忽略质量的无摄动行星沿开普勒轨道绕太阳公转，当其公转周期为 365.256 893 263 平太阳日，其椭圆轨道的长半径，定义为 1 个天文单位（AU），在 1976 年国际天文联合会中确定了该数。

$$r_0 = 1 (AU) = 1.495\ 978\ 75 \times 10^{11}\ (m) \tag{1.1}$$

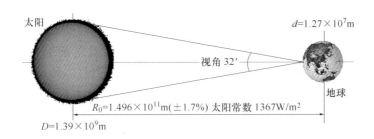

图 1.6　太阳到地球的距离

式中　r_0 指太阳到地球的距离，定义为 1 个天文单位（AU）。

由于日地之间运行轨道为椭圆，太阳和地球之间近距离点约为 0.983 个天文单位，称为近日点，时间大约为 1 月初的一天；太阳和地球之间远距离点约为 1.017 个天文单位，称为远日点，大约为 7 月初的一天。而每年太阳和地球达到平均距离的时间点，大约为 4 月 4 日和 10 月 5 日两天。

如果想要得到更精确的计算结果，可以利用天文年鉴中的数值，计算得到更为准确的太阳和地球间距离。

利用下示公式[2]，可以求得误差在 0.01% 以内的任意一天的距离修正系数，即

$$E_0 = \left(\frac{r_0}{r}\right)^2$$
$$= 1.000\,11 + 0.034\,221\cos\Gamma + 0.0128\sin\Gamma + 0.000\,719\cos(2\Gamma) + 0.000\,077\sin(2\Gamma) \tag{1.2}$$

$$\Gamma = \frac{2\pi(n-1)}{365} \quad \text{（弧度）} \tag{1.3}$$

式中　E_0——距离修正系数，指 1 个标准 AU 和 1 个实际日地距离的比值；

　　　r——太阳到地球的实际距离，km；

　　　Γ——椭圆轨道上地球位置的角度，弧度；

　　　n——一年中从 1 月 1 日到 12 月 31 日每天对应的序列号，12 月 31 日对应的是 365，其中，2 月按 28 天计算（即使是闰年误差值也非常小）。

更简单的表示方式见式（1.4），其误差值小于 0.1%，即

$$E_0 = \left(\frac{r_0}{r}\right)^2 = 1 + 0.033\cos\left(\frac{2\pi n}{365}\right) \tag{1.4}$$

按上述方法，太阳与地球间的 1 个标准 AU 的辐射强度除以根号距离的修正系数，就可以求出太阳在大气层上端的辐射强度。

另一个太阳到地球的距离的计算公式为

$$r = 1.495\,978\,75 \times 10^8 \times \left\{1 + 0.017\sin\left[\frac{2\pi(n-93)}{365}\right]\right\} \quad \text{（km）} \tag{1.5}$$

式中　n——一年中的第 n 天，起始点为 1 月 1 日。

1.5　太阳赤纬角

地球围绕太阳公转的平面称为黄道面，地球自转的平面称为赤道面，两者之间形成的夹角称为赤纬角，用 δ 表示。详细见图 1.7 地球的太阳赤纬角与白天日照时数。赤纬角

每年随阴阳历的节气而变化，在春分和秋分两天，赤纬角 $\delta = 0$，太阳光正午直射赤道，地球南北半球昼夜时间相等；夏至时，太阳光正午直射北回归线，$\delta = 23.44°$；北半球昼长夜短达最大值，北极部分区域为全白昼；冬至时，太阳光正午直射南回归线，$\delta = -23.44°$，南半球昼长夜短达最大值，南极部分区域为全白昼。地球赤纬角的近似表达式为

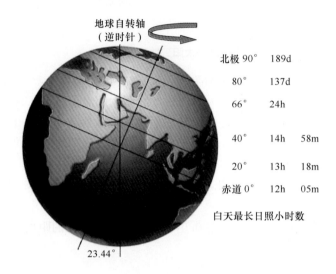

图 1.7　地球的太阳赤纬角与日照时数

$$\delta = 23.44 \sin \left[\frac{360(284 + n)}{365} \right] \qquad (1.6)$$

式中　δ——太阳赤纬角，度，角位置点在每日的正午，$-23.44° \leqslant \delta \leqslant 23.44°$；

　　　n——一年中的第 n 天，1 月 1 日时 $n = 1$。

该公式在太阳能热发电计算中精确度是足够的，全年误差平均值为 1.71%；在春分 $\delta = 0$ 点计算值相对误差为 1.72%，夏至时基本无误差；秋分 $\delta = 0$ 点计算值误差为 4.3%，冬至的极值点误差为 0.02%。

另一种赤纬角计算表达式如下[3]，即

$$\delta = 23.45 \sin \left[\frac{\pi}{2} \left(\frac{n_1}{N_1} + \frac{n_2}{N_2} + \frac{n_3}{N_3} + \frac{n_4}{N_4} \right) \right] \qquad (1.7)$$

式中：$N_1 = 92.795$；$N_2 = 93.629$；$N_3 = 89.806$；$N_4 = 89.012$。n_1 为春分开始计算的天数，从春分日到夏至日，春分日起始 $n_1 = 0$，此时 n_2、n_3、n_4 值为 0；n_2 为夏至开始计算的天数，从夏至日到秋分日，夏至日 n_2 接 n_1 的顺序，此时 n_1、n_3、n_4 值为 0；n_3 为秋分开始计算的天数，从秋分日到冬至日，秋分日 n_3 接 n_2 的顺序，此时 n_1、n_2、n_4 值为 0；n_4 为冬至开始计算的天数，从冬至日到春分日，冬至日 n_4 接 n_3 的顺序，此时 n_1、n_2、n_3 值为 0。

式 (1.7) 数据有很好的精确度，第三种更为精确的计算式为

$$\delta = 180 [0.006\,918 - 0.399\,912 \cos(\theta_0) + 0.070\,257 \sin(\theta_0) - 0.006\,758 \cos(2\theta_0)$$
$$+ 0.000\,907 \sin(2\theta_0) - 0.002\,697 \cos(3\theta_0) + 0.001\,480 \sin(3\theta_0)] / \pi \qquad (1.8)$$

$$\theta_0 = \frac{2\pi n}{365.2422} \qquad (1.9)$$

$$n = N + N_0 \tag{1.10}$$

$$N_0 = 79.6764 + 0.2422(年份 - 1985) - INT\left(\frac{年份 - 1985}{4}\right) \tag{1.11}$$

式中　θ_0——日角，弧度；

　　　n——积日＋积日系数；

　　　N——积日；

　　　N_0——积日系数；

　　INT——取整数的标准函数。

上述三式哪一种都可以用，以式（1.8）具有更高的精确度，该式全年误差平均值为 0.57%，在春分 $\delta = 0$ 点计算值相对误差为 1.4%，夏至时误差 0.6%，秋分 $\delta = 0$ 点计算值误差为 0.1%，冬至的极值点误差为 0.57%。该式在每个极值点上都有误差，但误差值相对较小且均匀。在太阳能热发电镜场控制跟踪过程中，需要用到太阳赤纬角，式（1.8）可以作为计算方程采用，如果需要更精确的数据，可采用修正方法或直接取用天文计算结果。

1.6　太阳高度角和方位角

根据地平坐标系的计算方法，在地球任意一点位置处，要确定太阳的位置，只要确定太阳的高度角和方位角，太阳和地球之间的相对位置就确定了。

太阳高度角定义为地球任意一点位置处和太阳的连线与水平面投影线之间的夹角，用 α_s 表示，以地平圈向天顶方向为正，地平圈以下为负。太阳高度角计算表达式如下[4]，即

$$\sin\alpha_s = \sin\phi\sin\delta + \cos\phi\cos\delta\cos\omega \tag{1.12}$$

式中　α_s——太阳高度角，(°)；

　　　ϕ——地理纬度，(°)，$-90° \leqslant \phi \leqslant 90°$；

　　　δ——太阳赤纬角，(°)，$-23.45° \leqslant \delta \leqslant 23.45°$；

　　　ω——太阳时角，(°)，定义为在正午时，正南方向为 0°，每隔 15° 为 1h，上午为负，下午为正。

正午时，由于 $\omega = 0$，则

$$\sin\alpha_s = \sin\phi\sin\delta + \cos\phi\cos\delta \tag{1.13}$$

即

$$\sin\alpha_s = \cos(\phi - \delta) \tag{1.14}$$

同理

$$\sin\alpha_s = \sin[90° \pm (\phi - \delta)] \tag{1.15}$$

太阳方位角定义为地球任意一点位置处和太阳的连线在水平面的投影线与正南方向的夹角，用 γ_s 表示，以正南方向向东为负，正南向西为正。太阳方位角计算表达式为

$$\sin\gamma_s = \frac{\cos\delta\sin\omega}{\cos\alpha_s} \tag{1.16}$$

也可表达为

$$\cos\gamma_s = \frac{\cos\alpha_s\sin\phi - \sin\delta}{\cos\alpha_s\cos\phi} \tag{1.17}$$

式中　γ_s——太阳方位角，(°)。

通过上述公式计算，可以得到地球任一点处在任何时刻的太阳高度角和方位角，在太阳能槽式和塔式热发电计算过程中，是确定跟踪系统的重要计算依据。

1.7 日出、日没时角

日出、日没时太阳处于地平线位置，太阳高度角 $\alpha_s = 0$，式（1.6）变为

$$0 = \sin\phi\sin\delta + \cos\phi\cos\delta\cos\omega \tag{1.18}$$

则

$$\cos\omega = -\frac{\sin\phi\sin\delta}{\cos\phi\cos\delta} \tag{1.19}$$

得到日出日没的时角表达式，即

$$\cos\omega = -\tan\phi\tan\delta \tag{1.20}$$

$$\omega = \pm\arccos(-\tan\phi\tan\delta) \tag{1.21}$$

从上式可见，日出时 $\omega_1 = -\omega$，日没时 $\omega_2 = \omega$，日出、日没时角和当地纬度和太阳赤纬角有关，因为 $-1 \leq \cos\omega \geq 1$，所以当 $\omega = 0$ 时，北半球太阳在正午出现在正南地平线上；当 $\omega \leq 0$ 时出现极夜，即大于 24h 的黑夜，当 $\omega \geq 180$ 或 $\omega \leq -180$ 时出现极昼，即大于 24h 的白昼。

当太阳高度角 $\alpha_s = 0$ 时，此时即为日出、日没的方位角。

$$\cos\gamma_{s,o} = -\cos\delta\sin\omega \tag{1.22}$$

将太阳日出、日没时角代入式（1.22），就可得到日出、日没时的太阳方位角。

同理可得到一天的日照时间，因为式（1.21）为正午到日出、日没时的太阳时角，每小时太阳自转角度为 15°因此，推导出一天的日照时间计算式为

$$N = \frac{2}{15}\arccos(-\tan\phi\tan\delta) \tag{1.23}$$

式中 N——任何一天的日照时间。

1.8 太阳时和时差

在太阳能热辐射计算中，所有时间值都是真太阳时，但人们生活中的时间概念为平太阳时，平太阳时是假想的，虽然无法直接测定，但具有连续、均等并有规律的特性。为了从真太阳时来推算平太阳时，人们引入时差概念，它是真太阳时与平太阳时之差。由天文年历可查出每天的时差。如果测出某时刻真太阳的时角后，便可推算出该时刻的平太阳时。因此，真太阳时与平太阳时之差称为时差，见图 1.8 时差在一年中的变化，根据上述概念可得到如下公式，即

$$E = \tau_e - \tau \tag{1.24}$$

式中 E——时差，min；

τ_e——真太阳时；

τ——平太阳时。

时差的近似模拟式为

$$E = 9.87\sin(2B) - 7.53\cos(B) - 1.5\sin(B) \tag{1.25}$$

$$B = \frac{360(n-81)}{365} \tag{1.26}$$

式中　n——一年中的天数，$1 \leqslant n \leqslant 365$。

时差的另一精确表达式为

$$E = 229.2[0.000\,075 + 0.001\,868\cos B - 0.032\,077\sin B - 0.014\,615\cos(2B) - 0.040\,89\sin(2B)]$$
$$(1.27)$$

$$B = \frac{360}{365}(n-1) \tag{1.28}$$

式中　n——一年中的天数，$1 \leqslant n \leqslant 365$。

真太阳和平太阳之间的时差有两部分原因造成，其一是由于地球公转不均造成，以一年为周期，曲线幅度为 $\pm 8\text{min}$；其二是由于黄道面和赤道面交角的影响，以半年为周期，曲线幅度为 $\pm 10\text{min}$。两种影响合并后其曲线见图 1.8，从图中可看出，一年中时差有四次为零，分别为 4 月 18 日、6 月 15 日、8 月 31 日和 12 月 25 日。四个极值点，分别为 2 月 14 日、5 月 15 日、7 月 27 日和 11 月 3 日。

世界时和真太阳时可采用如下公式，即

$$\text{真太阳时} = \text{世界时} + E \pm 4(L_{\text{loc}} - L_{\text{wor}}) \tag{1.29}$$

或采用

$$\text{真太阳时} = \text{标准时} + E \pm 4(L_{\text{loc}} - L_{\text{sta}}) \tag{1.30}$$

世界时为格林尼治标准时间，如果采用北京时间（东八时区 120°），则在世界时基础上加上 8h。L_{loc} 为当地经度，L_{wor} 或 L_{sta} 为格林尼治时区或当地时区的标准子午线。东半球地区正负值取正、西半球取负。

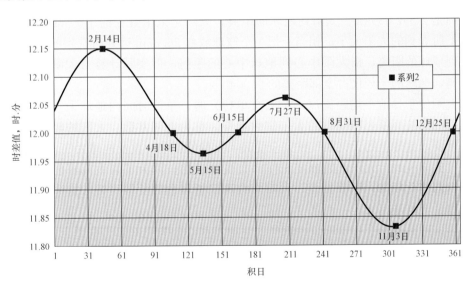

图 1.8　真太阳时正午时分对应的平太阳时曲线

第2章

太阳辐射条件

太阳辐射能是指太阳向宇宙空间发射的能量，这些能量以电磁波或粒子流的形式运动。地球接受到的太阳辐射能量和地球与太阳的距离有关，根据计算得到，到达地球的辐射能仅占太阳总辐射能量的 1.75 亿分之一，比例极小，但却是地球大气运动的主要能量源泉。到达地球大气上界的太阳辐射能量影响了全球总环境气温的变化趋势。

2.1 太阳常数

太阳是距离地球最近的恒星，太阳系的中心天体，太阳系全部星体质量的总和，太阳本身占了 99.87%。它的强大引力支配着其他所有星体围绕它旋转，同时，它是一个巨大的能源体，向四周发射大量光和热。根据从地球上测得的太阳圆面视角计算，太阳的直径大约是 1 392 530km。太阳到地球的距离，大约是太阳直径的 107.43 倍距离。我们在地球上所看到的太阳大小，相当于把一个篮球放在 26.32m 远处所看到的大小。我们说的太阳到地球的距离，指太阳中心到地球中心的距离，但实际计算指太阳中心到地球表面的距离，地球的半径仅占全部距离的 0.0043%。

当太阳位于日地平均距离（一个天文单位）时，单位时间内地球大气层上端垂直于太阳光线的单位面积上所获得的太阳辐射能量，称为太阳常数。太阳的辐射对于地球来说至关重要，地球上的天气和气候完全受其入射量的影响，波及地球大气、海洋和陆地。

在气象学领域，太阳常数测定工作一直受到关注。因为了解太阳辐射变化可间接了解太阳内部变化规律。尽管如此，太阳常数测定进展总体比较缓慢，这主要是太阳常数不是从理论上推导出来的，而是一个有严格物理内涵的常数。

目前国际单位制中基本单位的测量误差值都很小，如时间测量误差已达到 10^{-12} 的数量级，其他如长度、质量、温度、电流、发光强度等测量精确度也很高，但辐射度的测量误差最大，目前低温辐射计所能达到的最高精确度仅有 10^{-4}。而太阳辐射测量精确度仅为 10^{-3}。

太阳辐射有一个周期性的变化，平均周期约为 11 年，太阳内部的黑子、光斑、日珥、日辉运动和变化都会对太阳辐射产生显著影响。而由于太阳辐射测量地点的不同，地面测定结果要进行修正，而目前并无公认的修正方法。在高空测量同样会受到干扰。

太阳的辐射以何种波长和频率向外辐射能量，和太阳内部的核聚变能量反应有关，太阳的中心区域称为核反应区，大约占太阳直径的 25%，核反应区的能量以高能 γ 射线的形式发出，其后是 X 射线和紫外线，在辐射能穿过核反应以外区域过程中，其高能射线经过多次的光子的吸收和再发射，使光子频率降低，波长增长，最后穿过 500km 相当于太阳大气层后，太阳绝大部分辐射能量的波长范围都集中在紫外光、可见光和红外光线范围内对太空辐射，否则，太阳将是一个仅发射高能射线的不可见天体，也就不存在地球的人类和各种物种的生存了。

　　20 世纪初期人们就开始研究太阳常数，最初的太阳常数是由美国斯密逊研究所 C. G. Abbot 根据地球表面、高山上的太阳辐射量推导得出，数据为 1322W/m²，随后被 Johnson 于 1954 年通过火箭的太空测量修正为 1395W/m²，此后人们通过飞艇、高空气球和卫星利用不同的测量仪器进行测量，确定为 1353W/m²，误差±1.5%，这一数据在 1971 年被 NASA 和 ASTM 所接受。而目前普遍采用的太阳常数值是 1367W/m²±7W/m²。这是 1981 年由世界气象组织（WMO）的测量仪器观测法委员会（CIMO）建议的数值。近年也有很多人采用 1366W/m² 这个数值的[5]。

2.2　太阳辐射光谱

　　物体以电磁波或以粒子流的形式向周围传递能量的方式称为辐射，传递或交换的能量称为辐射能。由于电磁波波速（V）在真空中的传播速度相等，因此频率不同的电磁波波长也不同，把各种不同波长的辐射波从小到大依次排列为一个波谱，称为电磁波谱，辐射的波长范围很广，从波长为 10^{-3}nm 的宇宙射线，到数千米波长的无线电波，都属于该波谱范围，太阳辐射的能量也都是以该范围内的电磁波谱形式向宇宙空间辐射能量的。图 2.1 表示了各种辐射波长的范围及其名称[6]。

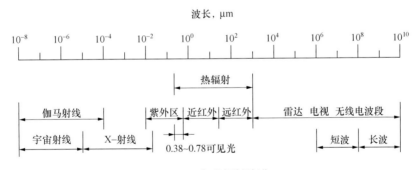

图 2.1　电磁辐射波谱

　　不同频率的辐射波其能量是不同的，根据辐射粒子学说，电磁辐射是具有一定质量、能量和动量的微粒子流（或称做光量子）组成，其光量子的能量与频率或波长的关系如下[7]，即

$$E_{\mathrm{L}} = hf = \frac{hV}{\lambda} \tag{2.1}$$

式中　E_{L}——光量子的能量，J；

　　　h——普朗克常数，J·s，$h = 6.6256 \times 10^{-34}$；

　　　f——电磁波频率，Hz；

　　　V——电磁波波速，m/s，通常 $V = 2.9979 \times 10^8$；

　　　λ——电磁波波长，m，$1\mathrm{nm} = 10^{-3}\mu\mathrm{m} = 10^{-9}$ m。

　　式（2.1）说明，辐射微粒子流的能量与其频率成正比，频率越高，波长越短，能量

13

越高。

任何物体的辐射都有其基本规律，根据基尔霍夫定律，物体在任一波长下的辐射能力与该波长下的吸收率的比值等于该波长下的辐射能。因此，对于不同性质的物体，其辐射能力强，吸收能力也强，黑体的吸收能力最强，也是最强的辐射体。

同时，物体的辐射能力与温度和辐射波长有关，根据斯蒂芬-波尔兹曼定律，黑体的总辐射能力与自身的绝对温度的四次方成正比。

$$E_b = \int_0^\infty E_{b\lambda} d\lambda = \sigma T^4 \tag{2.2}$$

式中　σ——斯蒂芬-波尔兹曼常数，$W/(m^2 \cdot K^4)$，$\sigma = 5.6697 \times 10^{-8}$；

　　E_b——总辐射能，W/m^2；

　　T——绝对温度，K，$T(K) = 273.15 + t(℃)$。

式（2.2）说明，物体的温度越高，其辐射能力越强。同理，当物体自身温度越高时，其散热损失也越大。应用式（2.2），得到太阳总辐射能的计算式，即

$$\Phi_s = 4\pi r^2 \sigma T^4 \quad (W) \tag{2.3}$$

式中　Φ_s——太阳总辐射能量，W；

　　r——太阳半径，m。

根据维恩位移定律，物体的温度和其辐射最大波长的乘积为常数，其表达式为

$$\lambda_m T = 2897.8 (\mu m \cdot K) \tag{2.4}$$

式（2.3）说明，物体自身的温度越高，辐射能最大值的波长越短。物体燃烧时，当温度越高时，燃烧中发出的光就由橙红色向青蓝色变化，即最大辐射波长向短波方向位移，因此，高温物体发射的辐射波长多为短波，如太阳辐射；低温物体发射的辐射多为长波，如人体辐射、地表面辐射和大气辐射。

太阳辐射广谱 $\lambda_m = 0.5023\mu m$，根据式（2.4）计算得知，太阳表面有效温度为5769K；取太阳半径 $r = 6.96265 \times 10^8 m$，根据式（2.3）得到太阳表面单位面积辐射能为 $6.28 \times 10^7 W/m^2$，太阳向宇宙发射的总辐射量为 $3.82596 \times 10^{26} W$。

辐射的度量单位有辐射通量密度和光通量密度，辐射通量密度的单位是 $J/(s \cdot m^2)$ 或 W/m^2，适用于整个电磁波谱，光通量密度的单位是 lx，适用于波长在 $0.38 \sim 0.78\mu m$ 范围内的电磁辐射，也即可见光波段，1lx 的含义是以 1 支国际烛光的点光源为中心，在 1m 为半径的球面上得到的照度，称为 1lx，$1lx = 1lm/m^2$。根据美国 Rechard Lee 的计算，辐射通量密度和光通量密度的关系，在晴天时，$1W/m^2 = 103.7lx$，多云时，$1W/m^2 = 108.34lx$。

不同波长的辐射能可根据普朗克定律计算得到，1954 年由邓肯将公式简化为[8]

$$E_{\lambda b} = \frac{C_1}{\lambda^5 \left[\exp\left(\frac{C_2}{\lambda T}\right) - 1 \right]} \tag{2.5}$$

式中　$E_{\lambda b}$——波长在 $0.2 \sim 1000\mu m$ 范围内的电磁辐射能，W；

　　C_1——普朗克第一辐射常数，$C_1 = 2\pi h C_0^2 = 3.74145 \times 10^{-16}$，$m^2 \cdot W$；

　　C_2——普朗克第二辐射常数，$C_2 = \frac{hC_0}{k} = 0.0143866$，$m^2 \cdot K$。

式（2.5）能够得到任何波长范围内的辐射量。

$$E_{0.\lambda.b} = \int_0^\lambda E_{\lambda b} \mathrm{d}\lambda \tag{2.6}$$

由式（2.3）和式（2.5）得到

$$f_{0.\lambda.T} = \frac{E_{0.\lambda.T}}{\sigma T^4} = \int_0^{\lambda T} \frac{C_1 d(\lambda T)}{\sigma (\lambda T)^5 \left[\exp\left(\frac{C_2}{\lambda T}\right) - 1\right]} \tag{2.7}$$

式（2.7）的积分结果如下，即

$$f_{0.\lambda.T} = \frac{15}{\pi^4} \sum_{m=1,2,\ldots} \frac{e^{-m\gamma}}{m^4} \{[(m\gamma + 3)m\gamma + 6]m\gamma + 6\} \tag{2.8}$$

当 $\gamma \geqslant 2$ 时，用式（2.8）

$$f_{0.\lambda.T} = 1 - \frac{15}{\pi^4}\gamma^3\left(\frac{1}{3} - \frac{\gamma}{8} + \frac{\gamma^2}{60} - \frac{\gamma^4}{5040} + \frac{\gamma^6}{272\,160} - \frac{\gamma^8}{13\,305\,600}\right) \tag{2.9}$$

当 $\gamma < 2$ 时，用式（2.9）。通过上述公式，可以计算出任何波长范围内的太阳能辐射功率。各个波长的辐射强度分布称为太阳辐射波谱，太阳辐射波谱能量分布见图 2.2。

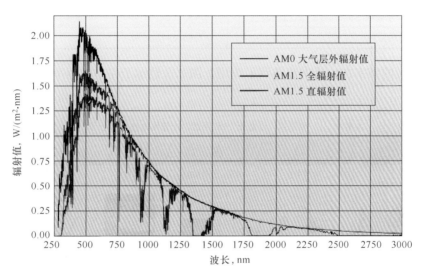

图 2.2　太阳辐射波谱能量分布

太阳辐射连续波谱中的紫外线、可见光和红外线，95% 的能量分布在 $0.3 \sim 2.4\mu m$ 范围，约一半的能量分布在可见光区，$4\mu m$ 以上的波长带的能量仅占 1%。表 2.1 为地球大气层外太阳辐射波长和能量的分布关系。

表 2.1　　　　　　　　　地球大气层外太阳辐射波长和能量分布表

频段	光谱段	波长范围（nm）	辐射强度（W/m²）	辐射强度比例（%）	总比例（%）
宇宙射线	宇宙射线	$<10^{-8}$	6.985×10^{-5}	0.00%	0.00%
	X 射线	$10^{-8} \sim 0.001$	6.987×10^{-7}	0.00%	
	超紫外线	$0.001 \sim 200$	6.987×10^{-4}	0.00%	
紫外光	远紫外区	$200 \sim 280$	7.864	0.58%	8.04%
	中紫外区	$280 \sim 320$	21.22	1.55%	
	近紫外区	$320 \sim 400$	80.73	5.91%	

频段	光谱段	波长范围（nm）	辐射强度（W/m²）	辐射强度比例（%）	总比例（%）
可见光	紫	400～455	108.85	7.96%	46.42%
	蓝	455～492	73.63	5.39%	
	绿	492～577	160	11.71%	
	黄	577～597	35.97	2.63%	
	橙	597～622	43.14	3.16%	
	红	622～780	212.82	15.57%	
红外光	近红外	780～1400	412.5	30.18%	45.55%
	中红外	1400～3000	183.6	13.43%	
	远红外	3000～100 000	26.37	1.93%	
无线电波	厘米波段（cm）	0.01～10	6.985×10^{-9}	0.00%	0.00%
	分米波段（dm）	1～10	6.985×10^{-10}	0.00%	
	米波段（m）	1～20	6.985×10^{-9}	0.00%	
总能量			1366.6947		100%

各种波段的频率在生活中都得到了应用，图2.3显示了在不同频率下开发为产品的应用情况。

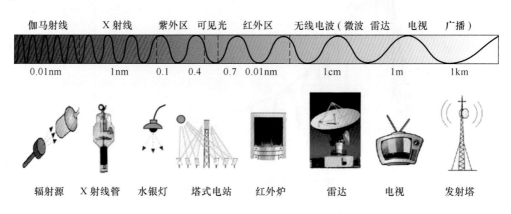

图2.3 不同频段射线的开发应用情况

不同频谱下的射线具有不同的能量，因而具备了不同用处。在可见光全部范围内，紫外光的少部分范围，红外光的部分范围，均是太阳能热发电的波长应用范围，但是可用波段在可见光范围内最佳，而紫外和红外光区域的部分能量如何得到最大效率的应用，也是太阳能热发电研究的内容。

2.3 地球大气层外的太阳辐射

太阳释放出的辐射能量是持续和基本恒定的，地球表面接收到的能量却随时间和空间而变化。大气层上端的太阳辐照度（大气层外太阳辐照度）的年变化如图2.4所示。

如图中所示，由于太阳赤纬角的关系，在不同月份和不同纬度下，单位面积下的太阳直射辐射量差距比较大。大气层外水平面任何区域和时间的太阳能辐射能量计算见下

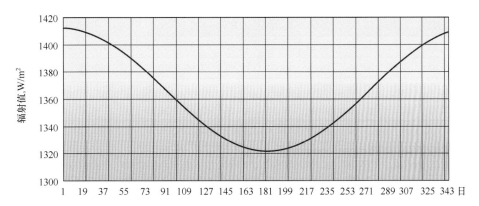

图 2.4　大气层外地球表面太阳辐射示意

式[9]，即

$$G_0 = G_{sc}\left[1 + 0.033\cos\left(\frac{2\pi n}{365}\right)\right](\sin\varphi\sin\delta + \cos\varphi\cos\delta\cos\omega_s) \qquad (2.10)$$

式中　G_0——任何区域、任何时间太阳辐照度，W/m^2；

　　　G_{sc}——太阳常数，$G_{sc}=1367\ W/m^2$；

　　　n——每年的自然天数；

　　　ω_s——日落时角，(°)。

对式（2.10）积分，可得到一天内的太阳曝辐量。积分区间从日出到日落，为了了解和掌握全年太阳辐射量的变化，取每个月的 15 日当天的太阳辐射量作为当月的平均太阳日辐射量。大气层外不同纬度条件下各月的太阳日曝辐量见表 2.2。

表 2.2　　　　　　　　　　大气层外逐月平均日太阳曝辐量表（北纬）　　　　　　　　　　$MJ/(m^2 \cdot d)$

纬度（°）	1 月	2 月	3 月	4 月	5 月	6 月	7 月	8 月	9 月	10 月	11 月	12 月
90	0.00	0.00	1.2	19.3	37.2	44.8	41.2	26.5	5.4	0.0	0.00	0.00
85	0.00	0.00	1.31	19.34	37.0	44.1	41.1	26.4	7.11	0.0	0.00	0.00
80	0.00	0.00	4.44	19.41	36.6	43.6	40.5	26.1	9.95	0.41	0.00	0.00
75	0.00	0.55	7.65	21.01	35.9	43.2	39.8	27.35	12.94	2.82	0.00	0.00
70	0.1	2.85	10.84	23.22	35.13	42.1	39.1	28.47	15.89	5.72	0.30	0.00
65	1.01	5.66	13.96	25.50	35.68	41.28	38.91	30.07	18.75	8.76	2.26	0.31
60	3.27	8.65	16.97	27.71	36.61	41.22	39.28	31.72	21.47	11.83	4.85	2.20
55	5.98	11.71	19.86	29.77	37.59	41.46	39.82	33.29	24.04	14.86	7.72	4.73
50	8.91	14.76	22.61	31.66	38.47	41.72	40.32	34.71	26.43	17.81	10.71	7.56
45	11.96	17.76	25.18	33.33	39.18	41.86	40.69	35.93	28.62	20.65	13.76	10.56
40	15.04	20.67	27.56	34.78	39.69	41.84	40.88	36.93	30.60	23.35	16.79	13.64
35	18.10	23.45	29.73	35.98	39.97	41.62	40.85	37.69	32.35	25.89	19.77	16.73
30	21.11	26.08	31.68	36.92	40.01	41.17	40.58	38.19	33.85	28.24	22.65	19.79
25	24.02	28.54	33.39	37.59	39.78	40.47	40.07	38.43	35.09	30.38	25.41	22.79
20	26.80	30.80	34.84	37.99	39.30	39.54	39.32	38.40	36.07	32.31	28.02	25.67

纬度 (°)	1月	2月	3月	4月	5月	6月	7月	8月	9月	10月	11月	12月
15	29.43	32.84	36.03	38.10	38.55	38.37	38.31	38.10	36.78	33.99	30.46	28.43
10	31.88	34.65	36.95	37.94	37.55	36.95	37.05	37.53	37.20	35.42	32.69	31.02
5	34.14	36.21	37.58	37.50	36.29	35.30	35.56	36.69	37.35	36.59	34.71	33.43
0	36.17	37.51	37.93	36.78	34.79	33.44	33.84	35.59	37.21	37.49	36.50	35.64

$$H_0 = \int G_{0\omega} \mathrm{d}\omega = \frac{86.4}{\pi} G_{sc} \left[1 + 0.033 \cos\left(\frac{2\pi n}{365} \right) \right] \left(\frac{\pi}{180} \omega_s \sin\varphi \sin\delta + \cos\varphi \cos\delta \sin\omega_s \right)$$

(2.11)

式中 H_0——一天内太阳能总辐射值，MJ/(m²·d)。

根据以上计算可知，大气层外太阳辐照度冬天较强，夏天较弱，其差值约达 7% 左右。这与在地上观测到的太阳辐射状况正好相反，其原因是地轴围绕太阳公转的平面（公转面）有约 23.44° 的倾角。由于地轴与公转面的倾角，使得在太阳和地球距离较近的冬天，北半球却向远离太阳的方向倾斜，在太阳和地球距离较远的夏天向靠近太阳的方向倾斜。这在很大程度上会影响全年地球上太阳辐照度的变化。这一特点，中和了地球上由于赤纬度的原因产生的夏季和冬季的太阳辐射差值，不然，地球表面的夏季将比目前更热，平均温度将比目前增加 2.5~3℃，而冬季将比目前更冷，平均温度将比目前降低 2.5~3℃。

表中太阳曝辐量为 0 值代表该区域 24h 都为黑夜，同时，一年中逐月太阳曝辐量月均日最大值的出现纬度见表 2.3。

表 2.3　　　　　　　　一年中最大辐射值出现的纬度区　　　　　　　MJ/(m²·d)

月份	1月	2月	3月	4月	5月	6月	7月	8月	9月	10月	11月	12月
半球	南	南	南	北	北	北	北	北	北	南	南	南
纬度 (°)	−35	−20	−5	15	30	45	40	25	5	−15	−30	−45
辐射	43.36	39.94	37.99	38.1	40.01	41.86	40.88	38.43	37.35	38.49	41.74	44.57

根据式（2.11）的计算，可得到大气层外逐月平均日太阳曝辐量，而一年中的 12 月中旬，在南纬 45° 处，一年月均日大气层外太阳辐射值为 44.63MJ/(m²·d)，6 月中旬，在北纬 45° 处，一年月均日大气层外太阳曝辐量为 41.86MJ/(m²·d)，最大值点在北纬 90° 处，太阳曝辐量为 44.8MJ/(m²·d)，这是因为北纬 90° 地区 6 月份全天为白昼，因而太阳辐射达到了最大值。

大气层外水平面任何区域、任何时间间隔范围内的太阳能辐射值计算见下式，即

$$I_0 = \frac{43.2}{\pi} G_{sc} \left[1 + 0.033 \cos\left(\frac{2\pi n}{365} \right) \right] \left[\frac{\pi(\omega_2 - \omega_1)}{180} \omega_s \sin\varphi \sin\delta + \cos\varphi \cos\delta (\sin\omega_2 - \sin\omega_1) \right]$$

(2.12)

式中 I_0——两个时间段内的太阳能辐射值，kJ/m²；

ω_2、ω_1——需要计算的时间段内的太阳终角和始角，(°)。

由于不同月份的全天日照时间不同，因此逐每个月的月均日一天内太阳能辐射能量曲线可用上式计算出，图 2.5 为北纬 40° 区 5 月平均日的日辐射曲线，曲线间隔以每 10min 作为步长。

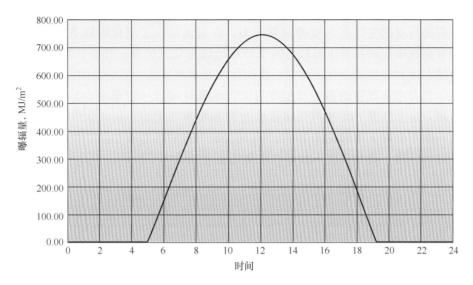

图 2.5　北纬 40°区大气层外 5 月全月平均日辐射曲线

如图 2.5 所示，地球大气层外太阳能日辐射曲线是一条近似的正弦波曲线。

2.4　大气对太阳辐射的衰减作用

按照辐射来源可把辐射量分为两类，即太阳辐射和地球辐射。

太阳辐射是太阳发射的能量，入射到地球大气层顶上的太阳辐射，称为地球外太阳辐射；其 97% 限制在 $0.29\sim3.0\mu m$ 光谱范围内，称做短波辐射。地球辐射是由地球表面以及大气的气体、气溶胶和云所发射的长波电磁能量，在大气中它也被部分地吸收。因为太阳辐射和地球辐射的光谱分布重叠很少，所以在测量和计算中经常把它们分别处理。气象学把这两种辐射的总和称做全辐射。

太阳辐射进入地球大气层之后，大气的物理性质会影响太阳通过的辐射量，如大气的压力和温度会影响其密度和成分；大气中固有的化学分子会对太阳辐射形成吸收和散射，同时大气也是一种物质，会形成对太空的辐射；大气中的水及水蒸气会由于温度的变化形成未饱和态水蒸气和饱和态水的雾滴，从而非常严重地影响太阳辐射能量的通过；流动的空气带来的灰尘颗粒将阻挡太阳辐射的穿透等。经过大气的阻挡，到达地面的太阳辐射量的平均值不到大气层外太阳辐射量的 1/2，大部分被大气所吸收、散射和反射，同时太阳光谱也会发生变化。

2.4.1　影响太阳辐射的大气因素

大气成分比较复杂，影响太阳辐射的主要部分是低层大气，低层大气是由多种气体组成的混合体，并含有水气和颗粒物质。按照浓度分类，大气的主要成分有氮、氧、氩，浓度比例大于 1%，三者合计占干燥空气的 99%；微量成分有二氧化碳、水气、甲烷、氦、氖、氪等，浓度分别在 1～10 000ppm 之间；痕量元素成分有氢、臭氧、氙、氮氧化物、硫化物等，还有颗粒物及人为生产的污染成分（氯、氟、烃类化合物）等，其浓度在 1ppm 以下。大气的某些化学元素和合成分子对某些波段的太阳辐射具有吸收、折射和反射作用，因而改变了辐射方向，降低了到达地面的辐射[10]。

越往高空，大气的成分越是均匀混合的。大气层在逐渐降低的过程中，光分解和引力扩散分解随高度的变化逐渐变得重要起来。在对流层，二氧化碳随季节的变化有所体现；主要富集在本层的臭氧也有较大的季节和地理变化。另外，气态、液态和固态的水，在大气中随温度和密度的变化而改变，因而使水及水蒸气成为影响太阳辐射的最大因素。

大气中含有水蒸气量的多少与温度有关，水蒸气超过一定量则会达到饱和，从而变成水的雾滴，这个温度下的水蒸气密度称为饱和水蒸气密度。如果大气中的水蒸气是未饱和状态，则不会对太阳辐射有影响，但一旦处于饱和状态凝结后，则水蒸气会严重影响太阳辐射的传递。典型温度下的饱和水蒸气密度如图 2.6 所示。

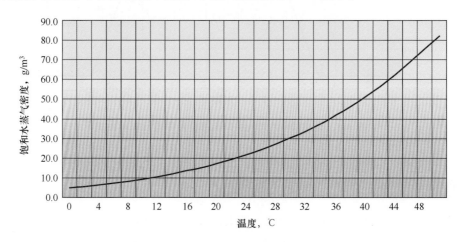

图 2.6　饱和水蒸气密度和温度的关系

相对湿度是空气中含有的水蒸气密度与该温度对应下的饱和水蒸气密度的百分比（%），其表达式为

$$f = \frac{\rho}{\rho_s} \times 100\% \qquad\qquad (2.13)$$

式中　ρ——水蒸气密度，g/m^3；

　　　ρ_s——饱和水蒸气密度，g/m^3。

大气中的气溶胶也是影响太阳辐射的因素，按照气溶胶粒子的产生过程，可分为原生气溶胶和次生气溶胶，原生指由排放源直接排放到空中的大气中的颗粒物，次生指大气中的气体和粒子通过化学反应生成的新颗粒物。自然来源的气溶胶有矿物粉尘、土壤颗粒、灰尘和海盐粒子、火山喷发物和生物源等，人为来源包括燃烧过程、土地利用等。大气中气溶胶粒子的寿命通常在一周左右，它的直接表现是对辐射的吸收和散射，间接表现则是凝结核，增加了云层形成能力，进而使云的光学厚度增加。气溶胶对辐射的散射和吸收，与自身的颗粒分布和大小有密切关系。根据粒子来源的不同，其颗粒形成半径在 1nm 和 1μm 之间。吸湿性气溶胶，如海盐晶粒，随着水汽浓度的不同改变着自身的大小。最大的气溶胶浓度出现在工业区和海洋边界的交界层上。强烈的火山爆发后，在平流层的底层也可形成一个气溶胶最大值区域。

在 10km 以下的大气层中，云是变化最丰富的地区，它实际上是在该温度和压力条件下由大气中的水蒸气凝结成水蒸气雾滴的结果，水蒸气雾滴包含着水的两种状态，即液态和（或）固态粒子。通常云滴和云粒子的尺寸在 2～20μm 范围，大的雨滴一般在毫米和厘米范围，在热带和温带的对流云系中，当大气温度达到零度以下，雨滴形成的冰雹的颗粒经过气流的上下翻覆，个别直径可达 10cm 以上。

从短期和局部的影响考虑，沙尘暴、阴霾和光化学烟雾也是影响大气辐射的因素。

沙尘是指浮尘、扬沙、沙尘暴的统称，浮尘指水平能见度小于 10km 范围，扬沙指能见度在 1～10km 范围，沙尘暴指能见度在 500～1000m 范围，强沙尘指能见度小于500m，特强指能见度在 50m 范围。沙尘暴是由天气和气候的变化与地区沙漠化过程结合的产物，其覆盖面广、持续时间长，对人类生产和生活影响大。沙尘暴过程区域的太阳能辐射被强烈地阻挡，造成大气能见度下降。

阴霾指大量极细微的尘粒均匀地浮游在空中的现象，使空中水平能见度小于 10km 范围。阴霾是由于大气中的气溶胶粒子和氮氧化物反应，导致视觉障碍和能见度降低的现象。阴霾的形成已经不完全是自然现象。至少部分是由人类活动和排放引起的，在一定条件下造成太阳辐射的多次折射和反射，使大气消光增强、能见度降低。

光化学烟雾指在太阳能辐射较强、温度较高的季节，边界层大气中碳氢化合物和氮氧化合物经过复杂的光化学反应，形成高浓度臭氧和其他物质，从而使太阳辐射产生折射和反射，降低太阳直接辐射的现象。光化学烟雾主要是由于人类活动引起的。

2.4.2　影响太阳辐射的大气作用

太阳作为一个黑体辐射体，发射波长范围很宽，其中紫外光谱能量占总能量的8.04%，可见光占 46.42%，红外光占 45.55%。到达地面的辐射强度，取决于太阳光谱中紫外光谱、可见光谱和红外光谱被大气吸收、散射和反射后衰减的程度。太阳辐射经过大气层后，大气吸收了约 19%，经过大气和地面的反射，返回到宇宙空间约 30%，能够直接到达地面的约 51%，经过吸收-放热过程又全部返回到太空，不考虑地球核辐射的放热，这一平衡如果打破，地球将会变暖或变冷。见图 2.7 地球太阳能辐射平衡图。可以说，大气对太阳辐射的衰减作用主要在三方面，即吸收作用、散射作用和反射作用。吸收的作用使到达地球表面太阳能辐射总量降低，而散射和反射的作用使太阳能总辐射（GHI）分为太阳能直射辐射（DNI）和太阳能散射辐射（DHI）。

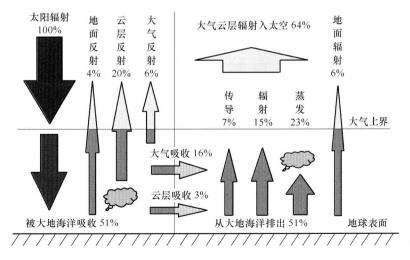

图 2.7　地球太阳能辐射平衡图

1. 大气的吸收作用

大气中的某些成分，具有选择性吸收太阳能辐射特定波长的性质。紫外辐射光谱分为三部分，波长 $0.2\sim0.28\mu m$ 的远紫外辐射，称为杀菌辐射波；波长 $0.28\sim0.32\mu m$ 的中紫外辐射，称为晒斑辐射波；波长 $0.32\sim0.4\mu m$ 的近紫外辐射，称为黑光辐射波。氧分子能够全部吸收波长 $0.2\mu m$ 以下的辐射波；臭氧能够吸收 $0.28\sim0.32\mu m$ 的辐射波，$0.32\sim0.39\mu m$ 的辐射穿透臭氧层后大部分到达地表，能够到达地面的紫外辐射波能量低于 1.5%。

臭氧是阻挡紫外辐射的主要因素，对保护地球上生命和生态系统起到重要作用。紫外线辐射强度还受太阳高度、经纬度、云量和海拔高度等因素影响，我国紫外线辐射分布西部高，东部低，高原高，平原低。以北纬 $30°$ 的青藏高原最高，四川盆地最低。

红外辐射光谱也分为近红外、中红外和远红外三部分，波长位于 $0.78\sim1.4\mu m$ 的近红外辐射占总能量的 21.8%，其中若干频点被大气中的氧分子和水分子吸收；波长为 $1.4\sim3.0\mu m$ 段的中红外辐射占 9.8%，其中若干频点被二氧化碳分子和水分子强烈吸收，气溶胶也加剧近红外和中红外辐射的吸收；波长为 $3.0\sim100\mu m$ 段的远红外辐射占 14%，虽然波长范围大，但整个区间辐射能量衰减迅速。图 2.8 给出了几种气体分子对太阳辐射波的吸收情况。从图中可见，水汽是最重要的温室气体，它在 1.2、1.4、1.8、$6\mu m$ 附近有较强的吸收，对 $18\mu m$ 以上地面长波辐射几乎能够全部吸收；二氧化碳在 1.7、2.7、4.3 和 $15\mu m$ 处也有较强吸收；甲烷在 3 和 $6\mu m$ 处有一个吸收峰值。强烈吸收的辐射能量的气体还有臭氧、氟化物、氮氧化物等。

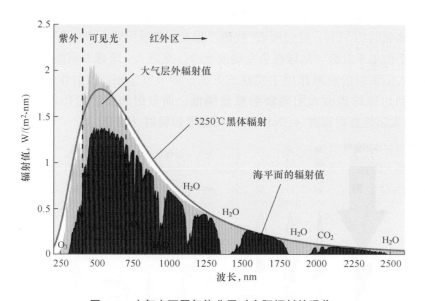

图 2.8 大气中不同气体分子对太阳辐射的吸收

太阳辐射穿越大气过程中，紫外辐射中的绝大部分和红外辐射中的大部分能量被大气中的水、氧、臭氧、二氧化碳和微尘颗粒物等所吸收。

可见光的波长范围很窄，仅有 $0.39\sim0.77\mu m$ 范围，当大气清澈透明时，几乎所有可见光辐射都能达到地面，除非大气中的云层和颗粒物的阻挡。

2. 大气的散射和反射作用

当太阳辐射通过大气时遇到水蒸气和固体粒子，使辐射质点散向四面八方，称为散射辐射。散射后部分仍按原来方向射到地面，所以太阳直接辐射减弱了。根据蕾莱分子散射定律，散射值与入射光波长的四次方成反比，即

$$k = \frac{D_\lambda}{S_\lambda} = \frac{\beta}{\lambda^4} \tag{2.14}$$

式中　k——散射系数，无量纲，表征散射能力大小；

　　　S_λ——投射光强度，W/m^2；

　　　D_λ——单位体积空气向所有各方向散射的辐射量，W/m^2；

　　　β——与大气中悬浮质点数量成比例的常数；

　　　λ——入射光波长，μm。

散射系数 k 与大气质点半径有关，式（2.14）的条件为当大气清洁，质点半径小于 0.2μm。式（2.14）说明入射光波长愈短，散射能力愈强。如波长为 0.38μm 的紫光比 0.76μm 的红光波长小一倍，但紫光散射系数比红光大 16 倍，所以晴天中午时，蓝光波长短，散射能力大，穿透能力小，天空呈现蔚蓝色。而早晚时红光散射能力小，穿透能力强，大气对红橙光透明度大，天空呈现红色。

当大气混浊，质点半径大于 10μm 以上时，入射光的各种波长散射能力相等，散射系数不随波长改变，此时称为漫反射，天空呈现均匀白色。

反射作用是由大气中较大的微尘颗粒、饱和水蒸气雾滴、大范围云层造成，将太阳辐射反射到宇宙空间去，以云层反射作用最显著。云量愈多，云层愈厚，反射愈强。

2.4.3　大气路径与大气质量

当太阳辐射穿过大气时，一天中不同时间段所经过的路径是不同的，因而影响到达地面的太阳辐射量，路径越长，辐射被吸收得越多，损失越大。分析太阳辐射在大气中时间随路径的变化关系，并引出"大气质量"的概念。

由于地球大气在不同层高的压力、温度和密度都是连续和变化的，没有明显分界线，因此可以按照地球表面大气密度，计算出可能的大气层高度，并认为大气层是均质的。根据均质大气的定义，单位面积上的大气垂直气柱内所包含的空气质量与实际大气相同，气体分子数目相同，因此，太阳辐射能量同空气分子碰撞机会及大气消光作用都完全相同，这种方法对太阳能辐射计算的误差可通过其他计算验证，并控制在一定的误差范围内，从而使得各种计算大大简化。

所谓均质大气，指整个大气中空气密度到处相同，成分相同，当地的气压与温度相同，其高度是一个完全确定的数值。均质大气满足下式，即

$$H_i = \frac{p}{\rho g} \tag{2.15}$$

式中　H_i——大气外界层到地面的直线距离，m；

　　　p——当地的气压，N/m^2；

　　　ρ——大气中空气的密度，kg/m^3；

　　　g——重力加速度，m/s^2。

在密度不变的情况下，把环境气温 $t=0$℃、重力加速度 $g=9.806$m/s^2（纬度 45°的海平面处）时、气压 $p=0.101\ 325$MPa 时的大气定义为"标准均质大气"。取空气密度

$\rho = 1.2923\text{kg/m}^3$，根据式（2.15）计算，得到地球均质大气层高为 7996m，取大气层垂直厚度 8000m。

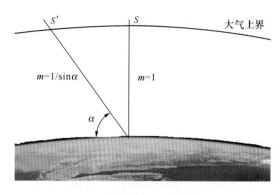

图 2.9　太阳辐射大气路径示意

采用均质大气概念后，可将太阳光线穿越大气层的路径用长度单位 km 或 m 表示，但是在日射测定中，一般不用此表示方式，而是引入"大气质量"这一概念。大气质量是太阳光线穿过地球大气的任意路径与太阳光线在天顶方向时穿过的路径之比值，详细见图 2.9。

太阳辐射通过大气时受到大气介质的吸收和散射而减弱，辐射量受介质衰减遵循布格尔-朗伯（Bonguer-Lambert）定律，其表达式为

$$\Phi = \Phi_0 e^{-\mu L} \tag{2.16}$$

式中　Φ——通过介质后的辐射通量；

Φ_0——初始辐射通量；

μ——现行衰减系数；

L——通过介质距离。

布格尔-朗伯定律是均匀介质条件下得到的，因此可用于大气对太阳辐射的衰减分析。

"大气质量"是一个无量纲数，实际是由大气路径长短引起的辐射衰减的量度。假定在标准状态（$p_0 = 0.101\ 325\text{MPa}$，$t_0 = 0℃$）时，海平面上太阳光线垂直入射时的大气质量 $m = 1$，显然地球大气上界大气质量 $m = 0$，如图 2.9 所示，如果忽略地球表面曲率及大气折射影响，经推导可得到下式，即

$$m = \frac{H_i}{H_0} = \frac{1}{\sin\alpha} \tag{2.17}$$

式中　m——大气质量，无量纲；

H_0——大气外界层到地面的垂直距离，km；

α——太阳高度角，（°）。

式（2.17）是以三角函数关系推导出的，由于计算模型与实际状况差距较大，当 $\alpha \geqslant 30°$ 时，计算式与观察结果有一定差距，当 $\alpha < 30°$ 时，误差较大。较精确的计算式如下，即

$$m = \frac{H_i}{H_0} = \sqrt{1229 + (614\sin\alpha)^2} - 614\sin\alpha \tag{2.18}$$

如果考虑地球表面的斜率，更为精确的计算式见式（2.19）至式（2.22）。如图 2.9 太阳辐射大气路径示意，在直角坐标系中，假定地球外大气上界的计算方程为 $X^2 + Y^2 = (R+r)^2$，通过地面某点的切线方程为 $Y = X\tan\alpha + R$，联解两式，得到公式为

$$X = \frac{\sqrt{R^2\tan^2\alpha + (1 + \tan^2\alpha)(2Rr + r^2)} - R\tan\alpha}{1 + \tan^2\alpha} \tag{2.19}$$

$$Y = X\tan\alpha \tag{2.20}$$

$$H_i = X\sqrt{1 + \tan^2\alpha} \tag{2.21}$$

则得到

$$m = \frac{H_i}{H_0} = \frac{X + \sqrt{1 + \tan^2 \alpha}}{H_0} \tag{2.22}$$

$$r = H_0$$

式 (2.19) 至式 (2.22) 中，r 为大气总高度，R 为地球半径。式 (2.17)、式 (2.18) 和式 (2.22) 的计算结果的曲线见图 2.10。计算结果表明，三种计算方法仰角小于 86° 时差别不大，仰角越大，差别越大，式 (2.22) 更加接近实际。当太阳高度角为 42° 时，相当于大气质量为 1.5；太阳高度角为 30° 时，相当于大气质量为 2；太阳高度角为 24° 时，相当于大气质量为 2.5；太阳高度角为 19° 时，相当于大气质量为 3；太阳高度角为 14° 时，相当于大气质量为 4；太阳高度角为 11° 时，相当于大气质量为 5；太阳高度角为 5° 时，相当于大气质量为 10。

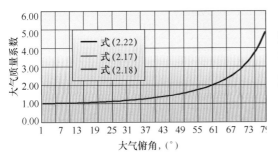 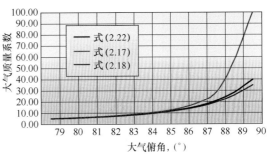

图 2.10　太阳俯角对大气质量系数影响的三种计算结果对比

从图 2.10 计算结果对比可见，太阳高度角越小，即太阳在地面上方高度越低，则大气质量系数越大，太阳辐射受大气衰减的作用也越大。太阳接近地平线时的大气质量系数是其位于天顶时 40 倍，此时的太阳辐射量也很低。

上述三种计算式都可以应用于计算，对于实际工程应用来说，考虑地球表面的曲率已能给出足够准确的值，本式中均未考虑大气折射的影响，这是因为大气折射率对计算结果的影响只有很小的修正量。

海拔高度变化时，对大气质量系数有一定影响，高度修正可按照式 (2.23) 进行，主要根据测量点的大气压和海平面大气压进行修正，晴天时高山上的阳光比地面强烈就是这一因素。

$$m = m_0 \times \frac{p}{0.1013} \tag{2.23}$$

式中　p——当地的大气压，MPa。

2.4.4　大气透明度对太阳辐射的影响

太阳能辐射波进入大气层后，被空气中的臭氧、二氧化碳、水蒸气、灰尘等吸收、反射和散射，这使得到达地球表面的太阳辐射受到极大衰减。其中某些波长的辐射被大气所吸收，水对近红外区辐射的吸收，臭氧对紫外区辐射的吸收，二氧化碳、氮氧化物等对部分辐射波的吸收，同时伴随散射，部分太阳辐射能量的方向发生变化，其辐射之和也小于大气层上界的太阳能辐射。太阳辐射的衰减程度不仅跟大气质量有关，而且还跟大气透明度有关。根据布格尔-朗伯定律，太阳辐射通过大气的强度有如下关

系[11]，即

$$I = I_{se} p^m \tag{2.24}$$

式中　I——通过介质层的太阳能辐射强度，W/m^2；

　　　I_{se}——大气层上界的太阳能辐射强度，W/m^2；

　　　p——大气透明度，无量纲；

　　　m——大气质量，无量纲。

因此，通过观测当地太阳能辐射资料，分析得出当地的 p_i^m 值是可能的，近似地确定了 p_i^m 值，利用式（2.24）就可以计算出太阳在垂直地面方向的直射辐射强度值，表 2.4 显示了不同 m 时，p 在不同数值下的正午水平面上的太阳直射辐射情况。

表 2.4　　　　　　　不同大气质量和大气透明度下的正午太阳辐射比

大气质量		1	1.5	2	2.5	3	5	10	40
相当太阳高度角		90°	42°	30°	19°	14°	11°	5°	～0°
大气透明度	0.7	0.700	0.586	0.490	0.410	0.343	0.168	0.028	0.000
	0.75	0.750	0.650	0.563	0.487	0.422	0.237	0.056	0.000
	0.8	0.800	0.716	0.640	0.572	0.512	0.328	0.107	0.000
	0.85	0.850	0.784	0.723	0.666	0.614	0.444	0.197	0.002
	0.900	0.900	0.854	0.810	0.768	0.729	0.590	0.349	0.015

2.5　地球表面的太阳辐射

研究大气层外的太阳辐射和大气层对太阳辐射的衰减，目的是分析地面的太阳辐射情况。太阳能总辐射经过大气层损失部分能量后，分为直射辐射和散射辐射，直射辐射在任何时候都是由太阳方向射向水平地面，散射辐射是从水平地面以上任何角度辐射过来。另外，由于测量的因素，用跟踪型仪器，还可以测得正对太阳任何时刻的太阳辐射值，称为太阳法向直射辐射（DNI）。

水平面的太阳能直射辐射计算可根据式（2.24）进行变化和处理，能得到适用于各种辐射波长、日地距离修正及不同辐射角度的计算式如下，即

$$I_b = r I_{se} p_i^m \sin\alpha \tag{2.25}$$

式中　I_b——水平面太阳能直射辐射强度，W/m^2；

　　　r——日地距离修正系数，无量纲；

　　　p_i^m——当大气质量系数 m 为某一值时的大气透明度系数；

　　　α——太阳高度角。

m 值代表了太阳辐射波穿过大气时的衰减量。

式（2.25）可以计算太阳在任何角度、任何位置情况下的水平面太阳直射辐射值。计算结果为了适合于当地实际，大气质量 m 可以在 1～2.5 之间选取，大气透明度 p 可以在 0.6～0.85 之间选取。表 2.5 显示了不同大气透明度、不同太阳高度角情况下的水平面太阳直射辐射值。

表 2.5　　　　　　　　不同 p_2 和太阳高度角下地球水平面太阳辐射比

$m=2$	大气质量	太阳高度角							
p_2	透明度	20°	30°	40°	50°	60°	70°	80°	90°
0.6	混浊	0.123	0.180	0.231	0.276	0.312	0.338	0.355	0.360
0.65	低	0.145	0.211	0.272	0.324	0.366	0.397	0.416	0.423
0.7	较低	0.168	0.245	0.315	0.375	0.424	0.460	0.483	0.490
0.75	正常	0.192	0.281	0.362	0.431	0.487	0.529	0.554	0.563
0.8	较高	0.219	0.320	0.411	0.490	0.554	0.601	0.630	0.640
0.85	透明	0.247	0.361	0.464	0.553	0.626	0.679	0.712	0.723

如果要计算倾斜面的太阳直射辐射，则需要通过三角函数式修正。

现实中天空大多时候云层是浮动的，光谱分布变化多样，变化也是剧烈的。有时天空中的薄云，太阳光不仅透过云层到达地表，而且还出现局部太阳辐照度增大的情况；云层厚的场合，阳光完全不能通过，只有散射阳光到达地表。因此太阳散射辐射情况也是复杂的。

当天空晴朗时，散射辐射遵循莱利定律，在太阳直射辐射时附入射及其相反方向的散射辐射量最大。因此，晴天可近似认为大部分的散射辐射是由太阳附近而来，其方向与直射辐射方向基本相同。多云或多雾天气时，散射辐射是各向性的，相对于水平面上的入射角可当做 60°来处理。但晴天到达水平面的散射辐射，主要取决于太阳高度角和大气透明度。水平面太阳能散射辐射经验计算式为

$$I_d = rC_1 (\sin\alpha)^{C_2} \tag{2.26}$$

式中，C_1 和 C_2 为经验常数，存在有不同的版本。

不同大气透明度下的 C_1、C_2 经验值参见表 2.6。

表 2.6　　　　　　　　不同大气透明度下的 C_1、C_2 经验值

透明度 p_2	0.8	0.775	0.75	0.725	0.7	0.675	0.65
透明程度	较高	略高	正常	略低	较低	次低	低
C_1	0.155	0.175	0.195	0.215	0.236	0.259	0.281
C_2	0.58	0.58	0.57	0.57	0.56	0.56	0.55

显然上表取用数据的计算结果，主要是大气透明度的选取。

式（2.25）和式（2.26）相加，不考虑地表的辐射，就得到太阳能总辐射值为

$$I_h = r[I_{se} p_i^m + C_1 (\sin\alpha)^{C_2-1}]\sin\alpha \tag{2.27}$$

理论上精确计算太阳散射辐射较困难，观察表明，晴天的太阳散射决定于太阳高度角和大气透明度，地面反射对散射的影响可以忽略。另一种估算晴天水平上太阳能散射辐射的计算方法为

$$I_d = \frac{1}{2} r I_{se} \left(\frac{1-p^m}{1-1.4Lnp}\right)\sin\alpha \tag{2.28}$$

式（2.28）中的数值含义及单位同式（2.25），以上的计算表示任何时刻、任何地点的水平面太阳散射辐射值，对于月均日负荷的太阳散射辐射值有如下计算过程。

同理，式（2.25）和式（2.28）相加，不考虑地表的辐射，就得到太阳能总辐射值的另一表达方式，即

$$I_h = I_b + I_d = rI_{se}\left[p^m + \frac{1-p^m}{2(1-1.4Lnp)}\right]\sin\alpha \qquad (2.29)$$

式（2.25）~式（2.29）均根据理论推导和经验系数代入得到，其结果的准确性，在于经验系数的取用，具有较大的不确定性。

第二种计算地面辐射值的方法有，如果取得当地气象台站的太阳能总辐射数据，就可以根据公式，把太阳能总辐射分解为直射辐射和散射辐射两部分。

根据观测，对于水平面太阳能月均日辐射量，其水平面上散射辐射与总辐射的比值，跟太阳总辐射与大气上界辐射的比值，具有很好的关联性，并符合如下散射辐射回归方程，即

$$K_d = \frac{H_d}{H_t} = 1.39 - 4.027K_T + 5.531K_T^{-2} - 3.108K_T^{-3} \qquad (2.30)$$

式中 K_d——水平面上散射辐射与太阳总辐射月均日辐射值之比，无量纲；

      K_T——水平面上太阳总辐射与大气上界太阳辐射月均日辐射值之比，无量纲，K_T的计算式为

$$K_T = \frac{H_t}{H_0} \qquad (2.31)$$

      H_d——水平面上散射辐射月均日辐射值，$MJ/(m^2 \cdot d)$；

      H_t——水平面上太阳总辐射月均日辐射值，$MJ(m^2 \cdot d)$，可通过当地气象台的观察资料取得；

      H_0——大气上界太阳辐射月均日辐射值，$MJ/(m^2 \cdot d)$，H_0数值见表2.2北纬大气上界太阳辐射月均日辐射表，也可以通过式（2.11）计算得到。

这样，由地球水平面太阳总辐射值和大气上界太阳总辐射值得到 K_T 值，代入式（2.30），计算得到 K_d，然后可分别计算水平面上直射辐射和散射辐射月均日辐射值。

水平面太阳能月均日散射辐射计算式为

$$H_d = K_d H_t \qquad (2.32)$$

水平面太阳能月均日直射辐射计算式为

$$H_b = H_t - H_d \qquad (2.33)$$

在有地球水平面太阳能月均日辐射实测值的情况下，用式（2.30）~式（2.33）计算进行初步分析是可行的方法之一。其结果比经验式（2.25）~式（2.29）更准确。

2.6   一天的太阳辐射分布

由于大气的原因，通过太阳辐射测量仪器测得的任何一天的太阳能辐射分布都是不同的，但不是说一天的太阳能辐射分布就没有规律，人们总是千方百计地研究符合实际情况的计算方法，用来指导工程应用。图2.11显示了一天的太阳辐射分布，（a）图是实测值，（b）图是对其经过数字模拟后的分布曲线。

模拟的方法很多，目前，用得最多的方法是，用一段时间积累的太阳辐射实测值经过模拟得到每个月典型日的太阳能辐射分布曲线。收集数据时如果测光时间较短，数据量少，误差概率就大。因为每年的天气情况不同，不同天气下，晴天、少云、多云或阴

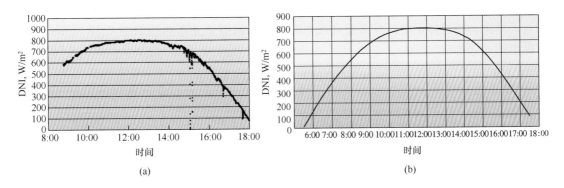

图 2.11　北纬 20°15′东经 3°40′处 5 月 15 日太阳直射辐射分布

(a) 实测日 DNI 分布图；(b) 拟合日 DNI 分布图

天，太阳辐射值差别会很大。数据量越多，平均值越有代表性。例如，气象部门经过若干年的逐时太阳能辐射测量，将所有年每月逐时数值经过加权平均，得到气象典型年每月的月均日的代表性曲线，用于全年的太阳能分析和计算。又例如，从气象部门得到的太阳辐射资料为多年每日或每月的平均日或月总辐射值或直射、散射数据，当需要典型日逐时辐射数据时，可对项目所在地一年的实测逐时辐射值进行修正得到典型日的逐时数据。如果没有项目所在地的实测值，任意天中的小时总辐射量与全天总辐射量之比的计算式如下，即

$$r_{\mathrm{t}} = \frac{I_i}{H_{\mathrm{t}}} = \frac{\pi}{24}(a + b\cos\omega)\,\frac{\cos\omega - \cos\omega_{\mathrm{s}}}{\sin\omega_{\mathrm{s}} - \left(\dfrac{2\pi\omega_{\mathrm{s}}}{360}\right)\cos\omega_{\mathrm{s}}} \tag{2.34}$$

$$a = 0.409 + 0.5016\sin(\omega_{\mathrm{s}} - 60) \tag{2.35}$$

$$b = 0.6609 - 0.4767\sin(\omega_{\mathrm{s}} - 60) \tag{2.36}$$

式中　r_{t}——小时总辐射量与全天总辐射量之比，a 和 b 为系数；

$\quad\quad\omega$——计算时的时角，(°)；

$\quad\quad\omega_{\mathrm{s}}$——日落时角，(°)。

式 (2.34) 计算时，时间间隔可以更细分。任意天中的小时散射辐射量与全天散射辐射量之比的计算式为

$$r_{\mathrm{d}} = \frac{I_{\mathrm{d}}}{H_{\mathrm{d}}} = \frac{\pi}{24}\,\frac{\cos\omega - \cos\omega_{\mathrm{s}}}{\sin\omega_{\mathrm{s}} - \left(\dfrac{2\pi\omega_{\mathrm{s}}}{360}\right)\cos\omega_{\mathrm{s}}} \tag{2.37}$$

同理得到任意天中的小时直射辐射量与全天直射辐射量之比的计算式，即

$$r_{\mathrm{b}} = \frac{I_{\mathrm{b}}}{H_{\mathrm{b}}} = r_{\mathrm{t}} - r_{\mathrm{d}} = \frac{\pi}{24}(a + b\cos\omega - 1)\,\frac{\cos\omega - \cos\omega_{\mathrm{s}}}{\sin\omega_{\mathrm{s}} - \left(\dfrac{2\pi\omega_{\mathrm{s}}}{360}\right)\cos\omega_{\mathrm{s}}} \tag{2.38}$$

以甘肃省酒泉市阿克塞哈萨克族自治县为例，离其最近的具有测光站的国家气象站为敦煌气象站，从 1957 年开始测光。取得数据为各月总辐射曝辐量，气象站 1998 年到 2007 年十年间的太阳辐射波动幅度较小，基本维持在平均值 6400MJ/m² 上下波动，所以取这十年的平均值 6415MJ/m² 作为敦煌气象站的年平均辐照量，各月平均值如表 2.7 所示。阿克塞县气象站属地方政府自建、自管的地方气象站，其观测资料对阿克塞县有一

定的代表性。现取得了 2009 年 4 月到 2010 年 3 月整一年的逐小时数据，并根据以上方法进行了修正，经过修正的各月典型日逐小时太阳总辐射量分布曲线如图 2.12 所示，相应数据也列入表 2.7。

表 2.7 太阳总辐射曝辐量修正拟合数据表

月份	月太阳总辐射曝辐量（MJ/m²）		
	地方气象站实测	敦煌气象站	修正拟合
1	295.0	304.8	303.8
2	342.7	361.0	359.2
3	496.0	533.1	529.5
4	630.6	625.3	625.6
5	769.8	773.7	773.1
6	820.4	764.9	769.7
7	703.2	740.6	737.0
8	740.8	691.8	696.0
9	529.0	572.2	568.1
10	501.1	467.2	470.1
11	341.5	323.5	325.0
12	268.6	256.9	257.9
合计	6438.7	6415.0	6415.0

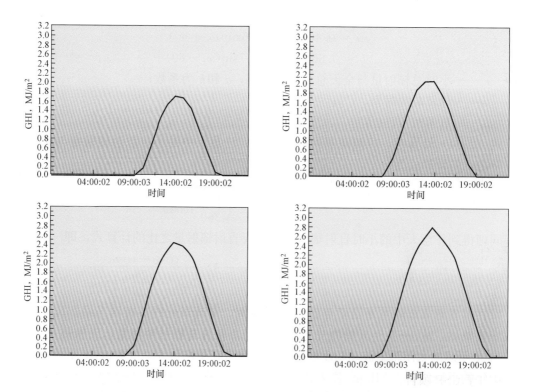

图 2.12 各月典型日逐小时太阳总辐射量分布曲线（一）

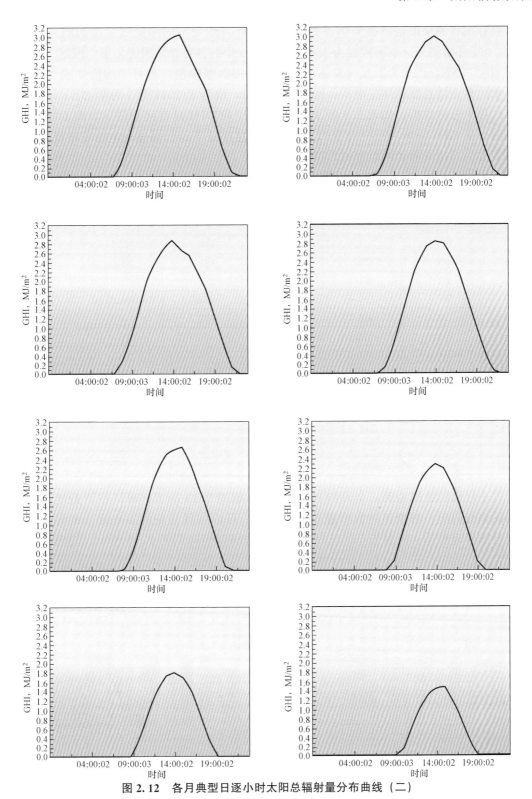

图 2.12　各月典型日逐小时太阳总辐射量分布曲线（二）

而对于 CSP 项目，只有总辐射数据是不够的，直辐射数据才是关键，而其他气象数据也会影响发电量。

以甘肃省酒泉市金塔县为例，离其最近的具有测光站的国家气象站为酒泉气象站，从 1934 年开始测光。取得数据为 1998 年到 2010 年的各月总辐射曝辐量，取这 13 年的平均值 6087.7MJ/m² 作为酒泉气象站的平均年总辐射曝辐量，各月平均值如表 2.8 所示。华电集团在金塔县红柳洼光电产业园设有测光站，取得了 2011 年 1 月到 2011 年 12 月整一年的逐十分钟数据，如表 2.8 所示。其中 GHI 和 DHI 是直接测得的，而 DHI 是计算得到的。从 GHI 分析，2011 年是气象十年，直接用这年的数据进行电站发电量计算，显然是不准的。这就需要用以上方法进行修正。

表 2.8   金塔地区太阳能辐射数据

月份	酒泉气象站 13 年平均		华电测光站			
	GHI（MJ/m²）	日照时间（h）	GHI（MJ/m²）	DHI（MJ/m²）	DNI（MJ/m²）	日照时间（h）
1	286.4	234.5	280.4	148.7	337.5	236.7
2	348.5	232.5	315.9	181.9	281.0	228.5
3	493.7	267.2	516.4	278.1	391.5	263.5
4	597.7	290.7	598.2	336.4	364.8	282.6
5	728.4	316.4	730.2	357.2	494.7	310.5
6	731.3	332.9	806.7	309.7	671.0	325.1
7	712.8	317.0	888.3	311.6	791.4	313.9
8	651.6	312.5	727.8	258.3	674.8	302.9
9	535.0	269.0	632.8	229.8	644.0	277.2
10	440.7	282.1	468.6	194.0	523.5	276.9
11	307.9	244.8	287.8	153.0	325.2	242.2
12	253.7	224.1	468.6	194.0	523.5	226.5
合计	6087.7	3323.7	6721.6	2952.7	6023.1	3286.5

以 3 月份的数据为例，全月的 GHI 和 DNI 如图 2.13 所示，可以很清楚地掌握每天每时的辐射情况，对全年的数据进行相同分析，可以估计每刻的发电量，也可以将一些例行检修事宜安排在辐射较小的时日。典型日的辐射情况如图 2.14 所示，图形像不规则的正弦曲线，GHI 和 DNI 最大值出现在下午 1 点与 2 点之间。而从图 2.15 和图 2.16 可以知道当地的风资源情况。运营期间，当某一风向的风速大于设计值后，镜场需要停止工作。

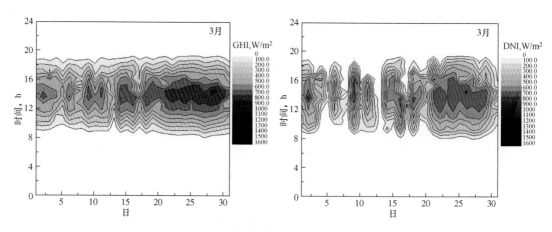

图 2.13　全月太阳辐射情况（DNI）

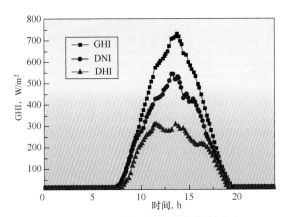

图 2.14　日均日逐时太阳辐射分布

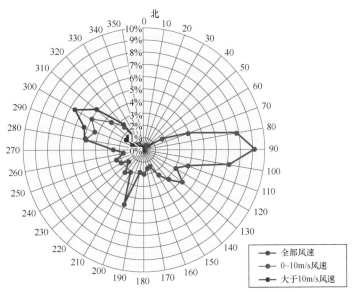

图 2.15　日风频风向分布

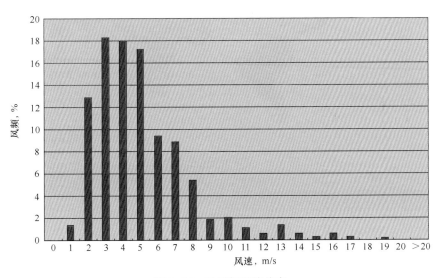

图 2.16　日风频风速分布

第3章

太阳能资源条件

太阳辐射能对于地球来说至关重要，地球的气候完全受太阳辐射及其与地球大气、海洋和陆地相互作用的制约。太阳辐射如果出现微小变化，就会对天气、气候产生重大影响。太阳辐射能直接、间接地统治和支配着人类的各种活动。

3.1　世界太阳能资源概貌[12]

根据德国航空航天技术中心（DLR）的推荐，从技术潜力和经济潜力两方面来评价不同地区的太阳能条件，技术潜力基于测量值（DNI）大于 $1800kW \cdot h/(m^2 \cdot a)$，经济潜力基于测量值（DNI）大于 $2000kW \cdot h/(m^2 \cdot a)$。这两个数值仅从商业利用的角度提供了参考，并可用于对地区太阳能辐射的评价，但并不决定低于该数值就不能应用。

根据太阳能辐射条件分类，全世界太阳能辐射强度和日照时间最佳的区域包括北非地区、中东地区、美国西南部和墨西哥、南欧地区、澳大利亚、南非地区、南美洲东、西海岸和中国西部地区等，详见图 3.1 全球太阳能资源分布图。

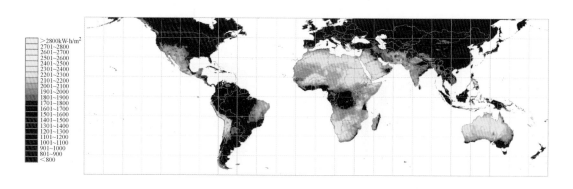

图 3.1　全球太阳能资源分布图

3.2　欧洲南部太阳能资源分布

欧洲南部地区指阿尔卑斯山脉以南的巴尔干半岛、亚平宁半岛、伊比利亚半岛和附近岛屿，西南以直布罗陀海峡与非洲分隔，东南以达达尼尔海峡、马尔马拉海和博斯普鲁斯海峡与亚洲分隔，面积 166 万多 km^2。气候属于典型的地中海型，冬季温和多雨，夏季炎热干燥。南欧的太阳直接辐射曝辐量（DNI）约 2000kW·h/(m²·a)，适合太阳能发电，发电能力高于北欧。太阳能热发电条件好的国家包括葡萄牙、西班牙、意大利、希腊和土耳其等。南欧地区太阳能资源分布见图 3.2。

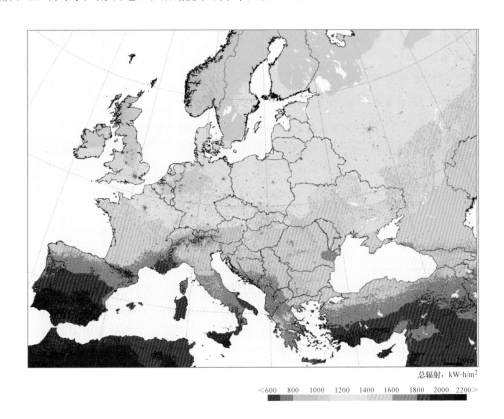

总辐射，kW·h/m²

<600　800　1000　1200　1400　1600　1800　2000　2200>

图 3.2　南欧地区太阳能资源分布图

西班牙太阳直接辐射曝辐量（DNI）约为 1800～2400kW·h/(m²·a) 之间，平均为 2000kW·h/(m²·a)，西班牙南部地区的纬度在 36°～39°之间，技术开发量每年约有 1.646 万亿 kW·h。西班牙是太阳能热发电站建设最多的国家之一。2002 年西班牙成为第一个欧洲明确给太阳能热发电部门提供资助政策的国家。这一政策推动了太阳能热发电产业的发展。2004 年西班牙政府在可再生能源接入电网系统方面进行经济改革。允许大规模热发电站接入电网。2007 年皇家 661 号法案规定，太阳能热发电投资商可选择两种不同的政府支持方法，其一，对于固定上网电价模式，27 欧分/(kW·h) 电价持续25 年，25 年后为 21 欧分/(kW·h)，每年的电量中 12% 可用燃气补燃发电。其二，前25 年，最小电价为 25 欧分/(kW·h)，最大为 34 欧分/(kW·h)，允许每年电量可以利用 15% 的燃气。但这个条款将从 2010 年或太阳能热发电规模达到 500MW 时进行重新评价。

意大利太阳直接辐射曝辐量（DNI）为 2000kW·h/(m²·a)，技术开发量每年约有880 亿 kW·h。意大利已经起动了促进太阳能热发电的政策，发电过程中增加可再生能源的比例。目前已有一座熔融盐为介质的 5MW 太阳能热发电站，其他有太阳热能和燃气电站结合的联合发电机组。意大利在 2008 年颁布了政策，鼓励太阳热电的生产，包括联合发电。规定太阳热电厂上网电价为 28 欧分/(kW·h) 并持续 25 年。这一政策的使用范围将持续到 2012 年。

希腊太阳直接辐射曝辐量（DNI）为 1900kW·h/(m²·a)，技术开发量每年约有 440 亿 kW·h。

葡萄牙太阳直接辐射曝辐量（DNI）为 2100kW·h/(m²·a)，技术开发量每年约有 4360 亿 kW·h。

土耳其的技术开发量每年约有 4000 亿 kW·h。

欧洲南部主要国家太阳能热发电发展潜能见表 3.1。

表 3.1 欧洲国家的太阳能热发电的经济和技术潜力

国家	相当装机容量 （亿 kW）	经济潜力 （亿 kW·h/a）	技术潜力 （亿 kW·h/a）	太阳直接辐射曝辐量（DNI） [kW·h/(m²·a)]
西班牙	8.52	12 780	16 460	2250
意大利	0.047	70	880	2000
希腊	0.027	40	440	1900
葡萄牙	0.95	1420	4360	2100
土耳其	0.67	1000	4000	2100

在太阳能热发电技术发展中，德国和西班牙是领先者，其发展得益于国家长期鼓励投资政策，许多太阳能热发电站，主要通过西班牙和德国的公司生产设备和工程建设，包括在西班牙以及北非和中东的电站。德国公司还将工厂设置在美国和中国等地。

欧洲南部太阳能热发电经济潜能大约是每年 15 000 亿 kW·h，主要分布在上述地区国家。从数量上分析，还不足以供应整个欧洲的需要，尤其是部分适用地区不一定能够提供用于太阳能发电。太阳能发电量取决于太阳能辐射水平，由于中东和北非地区不同的季节性变化，太阳能辐射在全年期间可提供均衡的电力，所以抛开国家因素，在北非地区大规模建设太阳能热发电，直接供应欧洲的可能性是有的。图 3.3 是南欧地区和北非地区年太阳辐射分布曲线（注意：图中的比例为按照全年负荷 100% 考虑，分解到各月的负荷比例）。从月均辐射数据分析，北非地区的太阳辐射值全年更均衡，当地区纬度为 20°时，月均最小负荷与最大负荷比为 62.6%；而地区纬度为 39°时，这一比值仅 30.0%。因此在纬度 20°地区建设电站年逐月发电量更均衡。

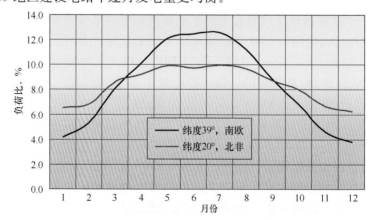

图 3.3 南欧和北非地区年均月太阳辐射分布

水对太阳能热发电来说是不可缺的，蒸汽介质、冷却水、清洗太阳镜需要用水。欧洲的水资源总消耗在长期增长，南欧如希腊和西班牙，一些地区有水资源的短缺问题。欧盟 2007 年总的用水量大约 2470 亿 m³，其中 44％用于能源产业，农业 24％，公共给水工程 17％和工业 15％。

3.3　非洲太阳能资源分布

非洲大陆是世界上太阳能辐射水平最高的地区，强烈的太阳辐射诞生了炎热干旱的撒哈拉沙漠，也为太阳能热发电提供了巨大的潜能。欧洲渴望通过在北非建设太阳能热发电站，把电能输送到欧洲，这是两个地区之间经济和技术合作的契机，从而也帮助欧洲完成长期的 CO_2 减排目标。非洲国家的太阳能资源见图 3.4。

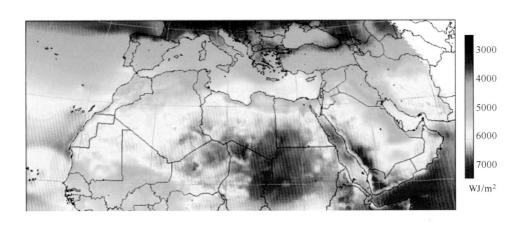

图 3.4　北非地区太阳能资源分布图

北非地区是世界太阳能辐照最强烈的地区之一。摩洛哥、阿尔及利亚、突尼斯、利比亚和埃及太阳能热发电潜能很大，大多数国家的太阳能热发电的经济潜能已等同于技术潜能。阿尔及利亚的最大太阳直接辐射曝辐量 2700kW·h/(m²·a)，技术开发量每年约有 169.44 万亿 kW·h。阿尔及利亚有 2381.7 km² 的陆地区域，其沿海地区曝辐量为 1700kW·h/(m²·a)，高地和撒哈拉地区为 1900～2650kW·h/(m²·a)。全国总土地的 82％适用于太阳能热发电站的建设。摩洛哥的最大曝辐量 2600kW·h/(m²·a)，技术开发量每年约 20.151 万亿 kW·h。埃及的最大曝辐量 2800kW·h/(m²·a)，技术开发量每年约 73.656 万亿 kW·h。太阳能曝辐量大于 2300kW·h/(m²·a) 的国家还有突尼斯、利比亚等国。

北非地区的太阳能电站基本都采用太阳能和化石能源联合循环的电站，如阿尔及利亚的 140MW 的燃气电站中，包括有 30MW 的太阳能发电装机容量，其他两座容量为 400MW 的燃气电站，其中 75MW 来自太阳能热发电，计划 2012 和 2015 年投产。埃及计划建设 150MW 燃气电站，其中 30MW 来自太阳能热发电。摩洛哥计划建设 230MW 燃气电站，其中 30MW 来自太阳能热发电。其主要原因是北非地区具有充足而便宜的天然气资源，完全采用太阳能热发电的价格难以和常规能源相比。

北非地区具有世界上最好的太阳能资源，但由于各国的政策支持度有限，仅有阿尔及利亚提供上网电价补贴。阿尔及利亚建立了鼓励新能源生产的可持续发展计划，并在国内建立自己的公司，承担太阳能热发电工程的建设，但这一支持也是有限的，其他国家缺乏政府补贴或是上网电价补贴。

北非地区可用的水资源缺乏是其不足，化石燃料发电耗水主要依赖海水淡化和地下水采集。用水量在持续增长，2007 年的地区用水 950 亿 m^3，预计到 2050 年将增加到 1830 亿 m^3。

3.4 中东地区太阳能资源分布

中东几乎所有地区的太阳能辐射能量都非常高，以色列、约旦和沙特阿拉伯等国的太阳辐射强度为 2400kW·h/(m^2·a)。阿联酋的太阳能辐射强度为 2200kW·h/(m^2·a)，技术开发量每年约有 2.708 万亿 kW·h。伊朗的太阳能辐射强度为 2200kW·h/(m^2·a)，技术开发量每年约有 20 万亿 kW·h。约旦的太阳能辐射强度约为 2700kW·h/(m^2·a)，技术开发量每年约有 6.4 万亿 kW·h。以色列的太阳能辐射强度为 2400kW·h/(m^2·a)，总陆地区域 20 330km²，其中沙漠地区占全国一半土地，是太阳能利用的最佳地区，技术开发量每年约有 0.318 万亿 kW·h。以色列的太阳能热利用技术也是世界最高水平之一。河海大学 70kW 太阳能塔式热发电试验电站就是结合以色列技术建设的。中东地区太阳能资源见图 3.5。

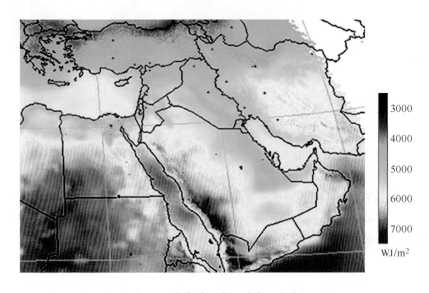

图 3.5 中东地区太阳能资源分布图

中东国家对太阳能热发电的补贴非常有限，以色列对太阳能热发电的补贴是，大于 20MW 装机容量的机组和 100kW 至 20MW 的机组，上网电价政策为 16.3 美分/(kW·h) 和 20.4 美分/(kW·h)，其他国家在太阳能热发电方面没有具体的立法和政策支持。

优良的太阳能辐射条件，是中东地区发展太阳能热发电的前提；其次，中东各国是世界最缺水的地区，如果通过太阳能热发电或通过直接太阳能海水淡化，将为中东地区提供宝贵的淡水资源，以色列的海水淡化是世界上最先进的技术，大量的项目分布于当地和世界各地；同时，由于中东地区接近欧洲，为了降低费用，增加电力的可靠性和安全性，探索欧洲、北非和中东的地区合作，大规模建设太阳能热发电并输送到欧洲，实现跨国电网的发展，也是将来可行的计划。图 3.6 显示了欧洲、北非和中东地区实现可再生能源共网的规划示意。

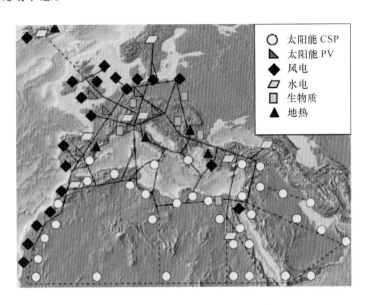

图 3.6 欧洲、北非、中东地区可再生能源资源共网示意

3.5 美国太阳能资源分布

美国太阳能资源也是世界最丰富地区之一，根据美国 239 个观测站从 1961～1990 年 30 年的统计数据[13]，全国一类地区太阳辐射曝辐量为 2555～2920kW·h/(m² · a)，地区包括亚利桑那州和新墨西哥州的全部，加利福利亚、内华达、犹他、科罗拉多和得克萨斯州的南部，占总面积的 9.36%。二类地区为 2190～2555kW·h/(m² · a)，除了包括一类地区所列州的其余部分外，还包括犹他、怀俄明、堪萨斯、俄克拉何马、佛罗里达、佐治亚和南卡罗来纳州等，占总面积的 35.67%。三类地区为 1825～2190kW·h/(m² · a)，包括美国北部和东部大部分地区，占总面积的 41.81%。四类地区为 1460～1825kW·h/(m² · a)，包括阿拉斯加州大部地区，占总面积的 9.94%。五类地区为 1095～1460kW·h/(m² · a)，仅包括阿拉斯加州最北端的少部地区，占总面积的 3.22%。美国的外岛如夏威夷等均属于二类地区。美国的西南部地区全年平均温度较高，有一定的水源，冬季没有严寒季节，虽属丘陵山区地区，但地势平坦的区域也很多，只要避开大风地区，作为太阳能热发电是非常好的地区。美国太阳能辐射资源分布见图 3.7。

美国各地具有完整的多年太阳能辐射资料，例如，美国可再生能源实验室（NREL）1994 年 4 月公布了"平板和聚焦式集热器太阳能辐射手册"，手册包括美国所有州的太阳能辐射数据[14]。表 3.2 为美国加利福利亚地区的各种辐射的月均日负荷值。测量地点为 Bakersfield，位于北纬 35.42°，西经 119.05°，平均海拔为 150m，平均气压为 0.0998MPa。

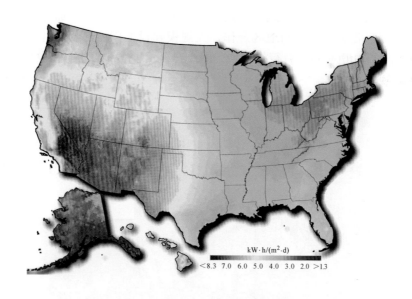

kW·h/(m²·d)

<8.3 7.0 6.0 5.0 4.0 3.0 2.0 >1.3

图 3.7   美国太阳能辐射资源分布图

表 3.2   美国加利福利亚 Bakersfield 的三种辐射资料   kW·h/(m²·d)

序号	1月	2月	3月	4月	5月	6月	7月	8月	9月	10月	11月	12月	全年
1	2.3	3.3	4.7	6.2	7.4	8.1	8	7.2	5.9	4.4	2.9	2.1	5.2
2	3	4.5	6.3	8.4	10.1	11	11.1	10.1	8.5	6.3	3.9	2.7	7.2
3	4	5.5	7	8.8	10.3	11.2	11.3	10.5	9.2	7.6	5.2	3.8	7.9

表 3.2 中，序号 1 数据代表水平面布置的平板集热器用月均日太阳总辐射曝辐量，全年总辐射曝辐量为 1938kW·h/(m²·a)；序号 2 代表南北向固定，东西向跟踪的平板集热器用月均日太阳总辐射曝辐量，全年总辐射曝辐量为 2663kW·h/(m²·a)；序号 3 代表双轴跟踪的平板集热器用月均日太阳总辐射曝辐量，全年总辐射曝辐量为 2926kW·h/(m²·a)。单轴跟踪和水平面布置相比，曝辐量全年增加 37%，双轴跟踪和水平面布置相比，曝辐量全年增加 51%。该数据库中还包括朝南倾斜一定角度的固定式布置和朝南倾斜一定角度的单轴东西向跟踪布置的平板集热器用月均日太阳总辐射曝辐量，还包括单轴或是双轴跟踪的聚光集热器用月均日太阳直辐射曝辐量。该数据库中还包括全年各月平均气温、平均气压、平均湿度和平均风速等。

美国国家可再生能源实验室的网址是 http://www.nrel.gov/gis/solar.html，包括全国生物质发电、地热发电、水力发电、风电和太阳能的原始数据地图，太阳能包括光伏和热发电有关的 10、40km 精确度的地图数据资料。更精确数据也可参考美国国家航空和航天管理局的大气科学数据中心的可再生能源资源网站，网址是 http://eosweb.larc.nasa.gov/sse/RETScreen/，包括有地表气象和太阳能资源数据，只要输入需要了解的纬度和经度（全球各地），就可以查到当地的逐月温度、大气压力、湿度和风速，并有全年各月的日平均水平面全辐射值，经试算，抽取任何一组数据，与国内已掌握的数据对比，误差为 1.89%。

3.6　澳大利亚太阳能资源分布

澳大利亚的太阳能资源很丰富[15]，图 3.8 为澳大利亚太阳能资源分布图。全国一类地区太阳辐射曝辐量为 2117～2409kW·h/(m²·a)，主要在澳大利亚北部地区，占总面积的 54.18%。二类地区 1825～2117kW·h/(m²·a)，包括澳大利亚中部，占全国面积的 35.44%。三类地区 1497～1825kW·h/(m²·a)，在澳大利亚南部地区，占全国面积的 7.9%。辐照强度低于 1825kW·h/(m²·a) 的四类地区仅占 2.48%。澳大利亚的中部广大地区人烟稀少，土地荒漠，但资源丰富，适合于大规模的太阳能开发利用。

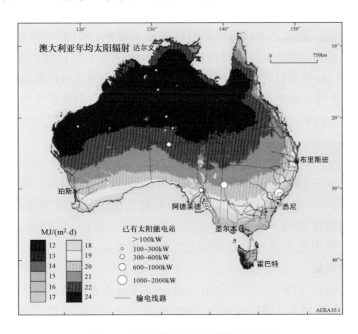

图 3.8　澳大利亚太阳能资源分布图

虽然澳大利亚风能和太阳能资源很丰富，但是澳大利亚人少地多，其煤炭、天然气等化石燃料资源丰富，长期以来澳大利亚并没有像欧洲和美国一样加紧开发相关可再生能源的利用。随着全球气候暖化和国际上二氧化碳减排的呼声，近年来澳大利亚国内也提出了大规模太阳能开发利用的投资计划，以增加可再生能源的利用率。澳大利亚墨尔本大学能源研究院根据国家的战略研究计划，提出了“澳大利亚 2020 零碳排放可再生能源计划书纲要”，这个纲要的目标是在十年内实现 100% 的可再生能源供应，全国的基础负荷能源由可再生能源提供，预测每户每周增加 8 澳元的电力支出费用。到 2020 年，全国的供电量 10 年内从现在的 2280 亿 kW·h/a 提高到 3250 亿 kW·h/a。根据以上条件，“计划书纲要”可选择的发电技术包括风能、配有储能装置的聚焦太阳热能、小规模太阳能光伏、应急使用的生物质能和现存水力发电站。

风能发电是可再生电能的重要组成部分，主要由于其相对低廉的价格和成熟的制造工业。在“计划书纲要”中，40% 的电网供电量将由风力发电来实现。聚焦式太阳能热发电（Concentrating Solar Power，CSP）采用大规模的、有熔盐储存配备的聚焦式太阳热能系统，可以提供全天 24h 的电力供应。“计划书纲要”中建议使用太阳热能聚焦塔，因为和其他太阳热能技术相比较，其工业成熟、运行温度高、运行效率高。该书中计划使用聚焦太阳能来完成 60%的电网供电量。为保证计划的完成，"计划书纲要"在澳大利亚东南海岸线选择了 23 个风力发电基地和 12 个太阳能热发电基地。

"计划书纲要"认为，使用小规模的光伏太阳能，能够在日照时间内帮助降低电力需求量，进而使太阳能热发电系统能够储存更多能量，便于在夜晚送出。现有的水力发电站可以快速有效地为高峰期提供用电保障。通过燃烧残存农作物提供的热能可以起到紧急供电的作用，即使在风力和阳光都很低的情况下，依旧能使发电基地正常供电。

"计划书纲要"确定上述原则，基本理由是考虑了发电厂从建设、运营一直到淘汰所排出的二氧化碳总量。与其他的现有技术相比，风力发电站和太阳热能发电站拥有着最低的生命周期排放量。相比之下，碳捕捉与储存技术则比 CSP 的生命周期排放量高出 25 倍多；核电站的平均排放量也比太阳热能高出好几倍。另外，与风能、太阳热能发电相比，碳捕捉和封存项目、核电项目的审批时间长，从而延长了传统化石燃料发电站的运营和污染时间。澳大利亚的上述计划是否能实现另说，但是从外部条件和技术成熟度上来说，只要有决心，计划的实现是迟早的事情。那时，澳大利亚将成为世界利用可再生能源的典范。

3.7 印度太阳能资源分布

印度是世界上太阳能资源最丰富的国家之一，拥有 297 万 km² 热带和亚热带土地，平均每年有 250～300 个晴天。其中太阳能资源最好的地区是印度西北部的拉贾斯坦运河流域。由于印度的纬度很低，北回归线穿过印度中部，因此，印度一年四季的太阳能辐射资源非常平均。利用集中式和分布式发电，太阳能显示出巨大的潜力，能够满足全国能源需求的大部分份额。

根据中科院国家科学图书馆武汉分馆的摘译，印度正在实施国家太阳能计划（PV＋CSP），全国 2009 年装机为 12MW，2011 年底已达到 190MW 规模，预计到 2020 年，太阳能发电规模将达到 20GW，2030 年达到 100GW，2050 年达到 200GW。计划有三阶段，2009～2012 年要实现规模快速扩大以降低成本，推动建立商业规模太阳能电站，在建筑物、政府机构和公共部门实现太阳能屋顶光伏利用，在农村和城市进一步扩大太阳能照明系统。推广太阳能热水器利用等。2012～2017 年完成储能技术的应用，推动太阳能照明和采暖系统应用等。2017～2020 年实现太阳能并网发电，到 2020 年达到 20GW 装机容量，并安装 100 万套屋顶系统等。印度还将很快完成国家"太阳能地图"的数据库，完成印度国内的太阳能辐射强度数据表。通过这套数据，可以准确地为太阳能发电项目提供理想的安装地点。

印度有一个可替代能源民间组织，由国内的专家和爱好者组织，专门宣传和推广可再生能源的利用，网址是 http://www.eai.in/club/users/krupali/blogs/627，内容包括太阳能、风能、生物质发电、垃圾发电、氢电、核电、地热、水力发电、海洋能等相关资料。太阳能方面有比较粗的地图数据，详细数据也可以通过美国 NASA 的专门网站查到。

3.8 巴西太阳能辐射资源分布

根据国际能源署 2004 年关于巴西太阳能发展研究报告的结论显示，巴西自然资源丰富, 全国电力中, 水电占 70%, 火电机组占 20%, 其余 3% 为核电、风电及其他可再生能源, 不足部分从其他周边国家进口。正因为此, 巴西更具有开发太阳能资源的潜力, 全国拥有广泛的半干旱丘陵和平原地区, 直射辐射曝辐量超过 6kW·h/(m²·d), 虽然这些地区比美国莫哈韦沙漠或北部非洲地区的辐射值小, 但是整个国家接近赤道区域, 减少了系统余弦损失, 各月太阳能辐射值均匀, 可以抵消部分辐射量的不足。根据卫星数据显示, 巴西东南部弗朗西斯科河流域和东北部 Sobradinho 地区的太阳能辐射条件最好, 这些区域位于南纬 0~20° 地区, 包括以西的半干旱区域, 地形条件优良, 道路通畅, 水源丰富, 风速低, 降雨量相对少 (年均少于 800mm), 环境温度适宜, 年均曝辐量在 1800~2300kW·h/m² 之间。太阳辐射全国分布情况见图 3.9。

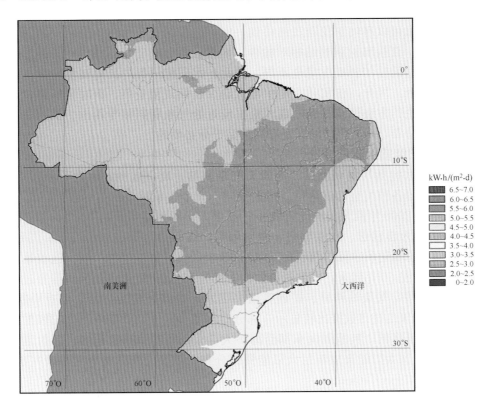

图 3.9 巴西太阳能资源分布图

太阳能电力的开发能够减少对水电的依赖, 因而能够节约更多的水提供给农业灌溉, 解决在东北半干旱地区的农业灌溉项目, 而水电和太阳能的互为调解, 能最大限度地解决可再生能源对电网的冲击和波动。

巴西电力能源研究中心自 1979 年以来, 已在巴西进行太阳能辐射数据研究, 1983 年以来, 已和米纳斯吉拉斯州的电力能源公司、弗朗西斯科水电公司和伯南布哥联邦大学建立全州日照测量网络, 监测所有相关太阳能辐射数据, 这些多年数据后经美国可再生能源实验室的软件重新评估, 误差率低于 5% 的值占 73%~83%, 大于 10% 误差的仅占 2%~3%。部分误差是由测量设备引起, 但数据具有连续性和可用性, 目前数据已经用于当地太阳能电站的开发和建设。

根据报告评估，巴西已经进入经济发展阶段，2010 年前后发电能力将有大幅提高，而水电和化石资源国内已近饱和，因此有新资源进入市场的巨大潜力。巴西具有丰富的太阳能资源和良好的电力机遇，为太阳能热利用提供了良好的外部环境。在巴西的东北部和西北半干旱地区建设太阳能电站，利用成熟的槽式、塔式发电技术，建立国家研究和开发基础设施，推行太阳能热电技术的应用，继续进行太阳能资源评估，研究离网和并网太阳能光热发电技术，加快资源和市场的研究，制订国家管理和能源政策，检讨监管金融和能源规划思路，在新能源的税收、补偿、金融风险和可持续发展方面提出新政策，整个巴西的能源结构形式将是发展中国家的典型和榜样。

3.9 中国的太阳能辐射资源分布

太阳能辐射量可以用辐射仪器观测得到，也可以根据气象站多年资料间接计算。由于我国幅员辽阔，直接辐射观测站相对稀少，地理位置分布非常不均匀；另外，数十年前的太阳辐射测量的目的和现在完全不同，因此，太阳能辐射的长期观测值远不能满足各行业的应用需求。因此，在实际应用中常常缺少长期观测资料，有时只能通过短期测量和半经验半理论的方法计算得到，或者根据较近处气象资料推导得出。而评估不同地区太阳辐射能的分布，对太阳能的开发和利用是十分必要的。

3.9.1 太阳能辐射测量情况

国家气象台站包括气候观测站、地面天气观测站、高空观测站、太阳辐射观测站、天气雷达观测站等各种类型的观测站。根据我国 700 个气象站点的统计数据，有 1961～1990 年和 1971～2000 年两大类统计结果[16]。其中太阳辐射观测站共 98 个，包括一级站 17 个，观测项目为总辐射、直接辐射、散射辐射、净辐射和反射辐射五项；二级站 33 个，观测项目为总辐射和净辐射两项；三级站 48 个，仅观测总辐射一项。这些站成立时间大部分为 20 世纪 50 年代末，观测资料数据大部分有 40 年以上，但中间曾有过部分站点及观测项目调整，气象站移址、扩建等诸多因素，少部分观测站的数据有中断现象。根据我国前后 30 年的统计数据比较显示（部分时间重合），后 30 年全国太阳辐射值低的地区辐照度更有所降低，其范围向东部沿海扩大，太阳辐射值高的地区，辐射值略有提高。图 3.10 为中国太阳能聚焦辐射太阳能资源分布，由美国全球能源网络研究所提供，辐射值精确度为 40km×40km。

美国的国土面积与我国相近，但美国用于观测太阳辐射的气象站是我国的 2.4 倍，太阳辐射数据可以在相关网站上查阅。我国的近邻日本在气象观测方面的数据比较齐全，日本气象厅从 1875 年开始实施气象观测，到 2005 年 10 月已经有 106 个气象站和 50 个特别地区气象观测站，其中 67 个地点进行全天日照量的观测，14 个太阳能全辐射观测（含直接辐射、散射辐射及地面反射辐射等）。此外，为把握局部地区的气象状况，从 1974 年到 2005 年共对约 1300 个地点的降水，其中 850 个地点除了降水量外，还包括日照时间等进行观测。气象观测站的资料和数据可在气象网站上查阅得到（见网址 http：//www.jma.go.jp）。

3.9.2 太阳能资源地理特征

我国太阳能资源特征主要由地域因素、季节因素、海拔和降雨量等条件决定，具有明显的地域特色。

1. 地域和季节因素

地域的影响因素主要是地球纬度引起的，我国陆地南北横跨北纬 18°～53°，按照海洋

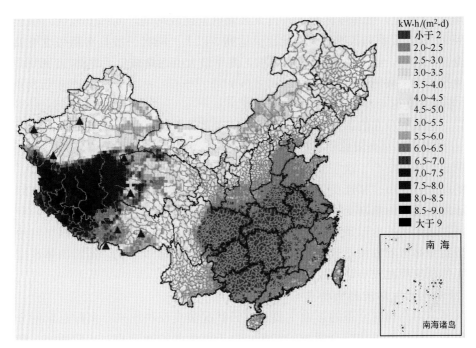

图 3.10 我国太阳能辐射资源图（太阳能热发电）

计算要延伸到北纬 5°区域，具有非常明显的地域特征，即使在相同纬度下，我国东西部太阳能辐射分布差别也很大，西部地区太阳辐射条件好；我国东经 105°以东地区，年总辐射量和西部地区相比，在同样纬度条件下，除了辐射量低于西部外，没有明显的按照等直线走向的趋势。这是总辐射分布的总背景，体现了纬度决定太阳辐射度的主导作用。随着季节的改变，纬度影响程度可因天文因素和大气环流因素作用对比发生改变而有所变化。

纬度对太阳辐射影响的最大区别在于不同季节辐射量的变化率，图 3.11 为我国的大气上界不同纬度下各月太阳辐射量所占全年百分比值。

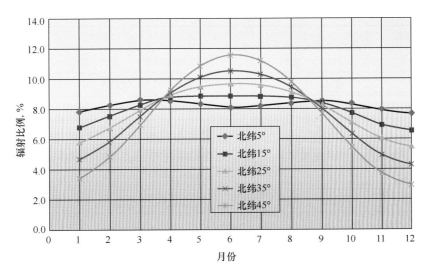

图 3.11 我国的大气上界不同纬度下各月辐射量相对比例

从图 3.12 可见，低纬度区域的各月太阳辐射量比较均匀，高纬度地区差值很大，当纬度达到 45°时，夏季和冬季最大值的比值达到 3 以上。同时一般具有随纬度增加年总辐照量有变差的趋势，45°以上随着纬度增加，夏季最大值逐渐减低，北纬 53°度地区比 45°地区全年平均太阳辐射值下降约 12％。

2. 海拔高度影响特点

地形对总辐射分布的影响主要通过海拔高度差异表现出来。青藏高原平均海拔高度在 4000m 以上，其对太阳总辐射分布影响最突出。由太阳总辐射分布图看，在青藏高原地区为明显的高值中心。这主要是海拔高度高所造成的大气对太阳辐射的吸收、散射过程减弱的结果。天山、祁连山等高大山系的辐射状况应与高原相似，在青藏高原东部边缘，由于海拔高度的急剧变化，出现总辐射等值线密集现象。

四川盆地封闭的地形条件，形成了总辐射的低值中心。青藏高原和四川盆地在反映地形对辐射分布影响方面是比较典型的。至于其他地区地形影响，则因山体高度较低或山体水平伸延度相对较小等缘故，表现较不明显。

3. 降雨及大气环流影响特点

大气环流对总辐射分布的影响主要通过云状况演变反映出来。实际总辐射分布是纬度、地形和大气环流条件综合影响的结果。由于前两者的影响相对比较固定，唯有大气环流条件影响的变异性最大。长江中下游及其以南地区的副热带高压以及华北雨带对夏季总辐射反映最明显，年降雨量增加，会减少全年太阳辐射时间，云层会阻挡当地太阳辐射。雨季对青藏高原总辐射的影响也很突出。

大气环流条件对各地总辐射年变化的影响也较大，它主要造成某些地区总辐射最大值、最小值出现月份的位移。同时由于干旱因素，在纬度 30°内陆区域出现太阳辐射条件好的地区。但这一现象在世界各地区表现显著，而中国受地形、信风和海洋影响，表现不太明显。

各纬度地区降雨及大气环境分布情况见表 3.3。

表 3.3　　　　　　　　　　不同纬度地区降雨及大气环流特点

气压带或风带	范围	形成
赤道无风带	南北纬 5°之间	太阳辐射强烈，气温高，低气压，无风，多雨
信风带	南北纬 5°~20°	太阳辐射强烈，气温高，中气压，信风，多雨
高气压带	南北纬 30°附近	太阳辐射强，温差大，高气压，少风，少雨
西风带	南北纬 40°~60°	辐射强，冬夏时差大，温差大，中气压，多风雨
副极地低气压带	南北纬 60°附近	冬夏时差很大，温差极大，低气压，多风，多阴雨
极地东风带	南北纬 70°~85°	冬夏时差极大，温差极大，低气压，多风，多阴雨
极地高气压带	南北纬 85°附近	太阳辐射量少，严寒，高气压，少风，降水稀少

我国太阳能资源的年分布，总的来看，具有高原大于平原、内陆大于沿海、气候干燥区大于气候湿润区等特点。青藏高原为一稳定的辐射高值区，高值中心在雅鲁藏布江流域一带，太阳能辐照强度达 2450kW·h/(m²·a)(相当于 280W/m²)，那里平均海拔高度在 4000m 以上，大气层薄而清洁，透明度好，纬度低，日照时间长。高值带由此向东

北延伸，内蒙古高原也为一相对的高值区，等值线在高原东部边缘密集。与青藏高原东部紧邻的四川盆地辐照量很快下降，为我国辐射资源相对较低的地区。

近半个世纪以来，我国太阳年总辐射量总分布趋势大致不变，但东部太阳年总辐射量略有所减弱，尤其是长江中下游、江南、华南大部以及东北地区；西部地区后三十年太阳年总辐照量值略有增加。

3.9.3 太阳能资源等级区划

我国太阳能资源等级区划按照年太阳能总辐射量的大小划分，它反映了太阳能资源量的程度，按照我国标准分为四级，太阳能辐射资源与利用详见图 3.12。

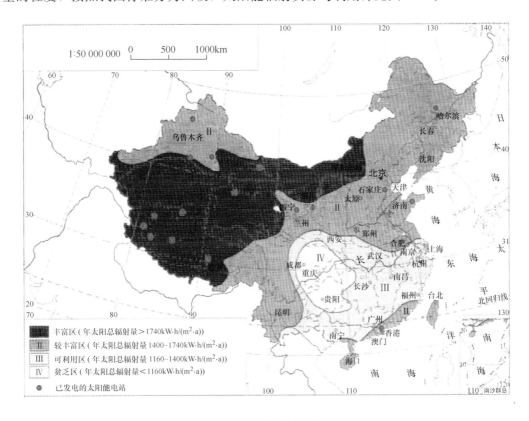

图 3.12 太阳能辐射资源与利用图

按照地图区域划分，我国太阳能资源区划见表 3.4。根据表中所列数据可知，我国 Ⅰ 类地区年太阳能辐射值大于 $1750\mathrm{kW\cdot h/(m^2\cdot a)}$，月平均日最大与最小可利用日数比值小，年变化较稳定，是太阳能资源利用条件最佳的地区。Ⅱ 类地区年太阳能辐射值为 $1400\sim1750\mathrm{kW\cdot h/(m^2\cdot a)}$，是太阳能资源很丰富地区，但月平均日最大与最小可利用日数比值增大。Ⅲ 类地区太阳能在 $1050\sim1400\mathrm{kW\cdot h/(m^2\cdot a)}$，属太阳能资源丰富地区，但其太阳能辐射月均日最小值出现的季节已不利于太阳能的利用。Ⅳ 类地区太阳能资源一般，也是我国太阳辐射资源最小的地区，全年辐射值低于 $1050\mathrm{kW\cdot h/(m^2\cdot a)}$，其中重庆的冬季日照时数大于 6h 的天数仅为 1～2 天，夏季七月和八月的日照时数大于 6h 天数平均为 18 天，其余月份小于 9 天。

表 3.4 我国太阳能资源区划

分级	表征	指标 R_s^* [kW·h/(m²·a)]	所占比例 (%)	区域划分
Ⅰ	极丰富	≥1750	17.4	西藏大部、新疆南部、青海、甘肃和内蒙古西部
Ⅱ	很丰富	1400～1750	42.7	新疆大部、青海、甘肃东部、宁夏、陕西、山西、河北、山东东北部、内蒙古东部、东北西南部、云南、四川西部、福建、广东沿海和海南岛
Ⅲ	丰富	1050～1400	36.3	黑龙江、吉林、辽宁、安徽、江西、陕西南部、内蒙古东北部、河南、山东、江苏、浙江、湖北、湖南、福建、广东、广西、海南东部、四川、贵州、西藏东南角、台湾
Ⅳ	一般	<1050	3.6	四川中部、贵州北部、湖南西北部

* R_s 表示太阳总辐射年曝辐量。

根据我国多年太阳辐射数据资料分析，全国太阳年总辐射值约在 1050～2450kW·h/(m²·a) 之间，大于 1050kW·h/(m²·a) 的地区占国土面积 96% 以上。平均每年太阳照到我国 960 万 km² 土地上的能量，相当于 17 000 亿 t 标准煤，其能源利用的时间相对人类生命来说，太阳能源是取之不尽，用之不竭的。

判断太阳能利用条件除了年总辐射量指标外，还要考虑到在不同的时间段太阳能辐射的变化情况，比如在不同地区、不同月份太阳能辐射量的变化情况，因此，利用各月日照时数大于 6h 的天数这一要素作为指标，一年中各月日照时数大于 6h 的天数的太阳能辐射最大值与最小值之比，可看做当地太阳能资源全年变幅大小的一种度量，比值越小说明太阳能资源全年变化越稳定，就越有利于太阳能资源的利用。此外，最大值与最小值出现的季节也说明了当地太阳能资源分布的一种特征。其指标数值见表 3.5。

表 3.5 太阳能资源稳定性等级划分

分级	表征	指标 R_w^*
Ⅰ	稳定	≤2.23
Ⅱ	较稳定	2.23～2.63
Ⅲ	一般	2.63～3.57
Ⅳ	不稳定	>3.57

* R_w 表示稳定度。

太阳能资源稳定性等级也和地理纬度有关。

在太阳能资源利用方面，直接辐射和散射辐射的利用是不同的，总辐射是由直接辐射和散射辐射所组成，因此利用太阳能直射辐射值所占总辐射的比重作为指标。不同气候类型地区，直接辐射和散射辐射占总辐射的比例有明显差异，不同地区应根据主要辐射形式特点进行开发利用。直射比可以用来表征这一差异，在实际大气中其数值在 0～1 之间变化，越接近于 1，直接辐射所占的比例越高。采用直射比作为衡量指标，将全国太阳能资源分为四个等级，其指标数值见表 3.6。

表 3.6 太阳能资源直射辐射等级划分

分级	表征	指标 R_x*
Ⅰ	直射辐射主导	≥0.6
Ⅱ	直射辐射较多	0.5～0.6
Ⅲ	散射辐射较多	0.35～0.5
Ⅳ	散射辐射主导	<0.35

* R_x 表示直射比。

3.9.4 我国太阳能资源利用的意义

我国太阳能资源十分丰富，年太阳辐射值大致在 $1050\sim2450$kW·h/(m^2·a) 之间，年平均日太阳辐射量为 180W/m^2。其平均日太阳辐射值的分布趋势为西高东低。和世界发达地区欧洲相比条件要优越，但不及澳大利亚、美国等国的地理及太阳辐射条件，且我国地域广大，具有不同的地域特征，能够找到各种太阳能资源利用的途径，太阳能利用是历史的返璞归真，是科技发展和技术进步的产物。

太阳能资源利用是解决人类能源利用的根本出路，太阳能的开发利用既解决能源问题，又兼顾环境保护，是保持可持续发展的最佳途径。我国的太阳能资源分布特点十分有利于我国西部地区的经济开发，无论经济发展、能源供给还是日常生活等各方面，我国在东西部都存在着明显的差异，而太阳能资源作为一种清洁的可再生能源，在我国西部广大地区显示出了明显的优势。太阳房、太阳灶、太阳能热水器等太阳能热利用装置和太阳能光伏电池在西部电网达不到的广大农牧区经济发展中将发挥重要的作用。

太阳能利用必须采取综合利用的方法，太阳能和风能在利用时都受到气候、季节和地理等多种因素的影响，季风地区一般冬半年干燥风大，太阳高度角低，太阳辐照度较小；下半年湿润、风小、太阳高度角较高，太阳辐照度大。两者变化趋势互为补充，对于清洁可再生能源在利用上十分有利，太阳能光伏发电和太阳能热发电都是太阳能利用的方法，关键是发挥各自的长处和因地制宜。

我国气象台站的分布为东部密集，西部稀少，因此，仅根据部分气象台站观测资料对总辐射进行初步的估算，远远满足不了日益发展太阳能资源开发利用的需求，特别是随着太阳能热发电和太阳能光伏发电技术日趋成熟，为满足大型太阳能电站的选址，在西部太阳能资源丰富区增加太阳总辐射、太阳直接辐射以及太阳分光谱等观测项目，同时利用更多的信息资料如卫星遥感、地理信息和改进的方法，对全国和重点区域的太阳能资源展开新一轮普查，并应及时修订和更新太阳能资源区划。根据太阳能资源开发利用的需求，充分利用气象部门的观测台站网、高分辨地理信息以及卫星遥感探测等系统，建立太阳能资源的监测评估系统。现有的太阳辐射资源观测点数远不能与我国辽阔地域相适应，需要增设太阳辐射资源观测点，进一步开展太阳能资源普查，建立我国太阳能资源评估体系。

第4章

太阳能辐射测量设备

太阳能资源开发利用需要建立在太阳能观测数据的准确性上，太阳能资源评估的准确度成为太阳能资源开发利用的首要要求。无论是国家宏观规划，还是投入产出的决策都必须依赖于精确的资源评估数据，测量设备精确度对宏观决策和微观选址的科学性具有十分重要的意义。

随着科学技术的发展，气象辐射观测仪器和太阳能资源评估方法也都不断地在完善和提高，太阳能资源的评估需要一定时间尺度的稳定性，因此，国家气象局气象辐射观测网的几十年历史数据是评估的重要资料。测量仪器和观测方法上既要适用于开发利用太阳能资源的需要，也要与历史数据相衔接，以确保评估资料的同一性和可比性。

国际、国内在太阳能辐射观测方法和设备方面都有相应的标准和规范[17]。世界气象组织（WMO）仪器和观测方法委员会（CIMO）发布有《气象仪器和观测方法指南》，其中包括"辐射测量"、"日照时数测量"和"仪器专业人员培训"等内容，我国有《太阳能资源评估方法》等行业标准，即将发表的还包括《太阳能资源等级——总辐射》和《太阳能资源测量方法——总辐射》等行业标准。

太阳能辐射测量系统包括总辐射表、散射辐射表、直射辐射表、反射辐射表、净全辐射表等五种仪器，同时还包括数据采集器、高精确度纪录仪和仪表专用支架。

4.1　总辐射表

太阳总辐射指水平面上 $360°$ 立体角内所接收到的太阳直接辐射和散射辐射之和，总辐射表主要测量 $0.3\sim3.0\mu m$ 波长范围的辐射量，其波长对感应电流百分比的响应曲线见图 4.1，测量值包括水平面上的太阳辐射、天空向下的散射辐射。

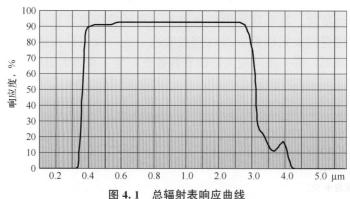

图 4.1　总辐射表响应曲线

测量总辐射的仪器从外观上讲，可分为全黑和黑白两种，均由感应件、玻璃罩和附件组成，图 4.2 给出了总辐射仪外观和各部分名称。感应件由感应面与热电堆组成，涂黑感应面通常为圆形，也有方形，黑白型感应面由黑白相间的金属片构成，利用黑白片吸收率的不同，测定下端热电堆温差电动势，转换成辐射数据。当太阳高度角为 10° 和 30° 时，余弦响应误差分别不超过 10％和 5％。全黑型的玻璃罩为半球形双层石英玻璃构成，既能防风，又能透过太阳发出的辐射波，太阳辐射透过率大于 90％。双层罩的作用是为了防止外层罩的红外辐射影响，减少测量误差。附件包括机体、干燥器、白色挡板、底座、水准器和接线柱等。此外还有保护玻璃罩的金属盖，内部设硅胶干燥剂与玻璃罩相通，保持罩内空气干燥。白色挡板挡住太阳辐射对机体下部的加热，又防止仪器水平面以下的辐射对感应面的影响。底座设有固定螺孔及感应面水平的调节螺旋。

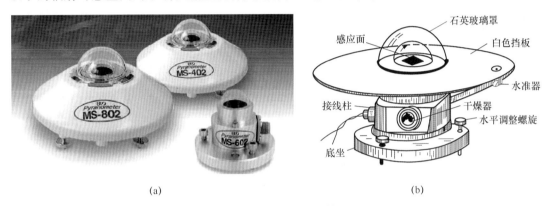

(a)   (b)

图 4.2 总辐射表（英弘精机）
(a) 总辐射表外形；(b) 总辐射表各部分名称

总辐射表的主要参数指标见表 4.1。"高质量"属于现代技术水平，适于用作工作标准，只能由专门的设备和人员在站上维护；"好质量"的指标用于站网业务；"中等质量"的指标用于中、低性能均可接受的低成本的站网。

表 4.1   不同质量的总辐射表主要性能指标

特性	单位	高质量	好质量	中等质量
响应时间（95％响应）	s	<15	<30	<60
零点偏置（200W/m²）*	W/m²	±7	±15	±30
零点偏置（5K/h）**	W/m²	±2	±4	±8
分辨率	W/m²	±1	±5	±10
稳定性	％	±0.8	±1.5	±3.0
光辐射方向性响应（1000 W/m²）	W/m²	±10	±20	±30
温度响应（50K 内的变化）	％	±2	±4	±8
非线性（100～1000W/m² 范围）	％	±0.5	±1	±3
光谱灵敏度（0.3～3.0μm 范围）	％	±2	±0.5	±10
倾斜响应（1000W/m²）	％	±0.5	±2	±5
95％的置信水平（每小时总量）	％	3	8	20
95％的置信水平（每天总量）	％	2	5	10

*   对 200W/m² 净热辐射的响应。

**   对环境温度发生 5K/h 的响应。

4.2 散射辐射表

太阳散射辐射指太阳辐射被空气分子、云和空气中的各种微粒分散成无方向性的但不改变其单色组成的辐射。散射辐射检测的仍是短波辐射，散射辐射表可用于连续测定天空的散射辐射强度，可用来分析大气中云层和水蒸气的情况。

散射辐射表的内部结构和总辐射表是相同的，为了测量太阳散射辐射值，只要把射向辐射表的直射辐射分量遮挡住，其余部分测得的就是当时的散射分量。图 4.3 显示了散射辐射表的外形。表 4.2 给出了散射辐射表的主要性能指标。

图 4.3　散射辐射表

表 4.2　　　　　　　　　　　　　散射辐射表主要性能指标

名　称	单　位	参　数
光谱范围	nm	280~3000
精确度	%	±2
余弦响应偏差	%（太阳高度10°）	不超过±5
温度特性	%（−20℃~+40℃）	±2
非线性	%	±2
测试范围	W/m²	0~2000
信号输出	mV	0~20

4.3 直射辐射表

太阳直射辐射指从日面内发出的辐射，即由太阳直接发出而没有被大气散射改变投射方向的太阳辐射。直射辐射表是测量直接来自于太阳的短波辐射，太阳直接辐射的测量可用来确定大气浑浊度和气溶胶的光学厚度。

在太阳辐射表中，常遇到"一级标准直射辐射表"和"二级标准直射辐射表"的概念，一台绝对直射辐射表的品级决定着其可靠程度，只有专门的实验室才能使用和保持一级标准。现代设计的绝对直射辐射表，都采用腔体作为接收器，并且用经过电校准的差分热通量表作为传感器，这种组合对于在太阳辐射测量中所遇到的辐射量级（1.5kW/m²）有极高的准确度。通常电校准是通过以电功率替代辐射功率完成，用加热器线圈消耗的电功率和太阳辐射吸收的热值进行比对。图 4.4 为直射辐射表外观，表 4.3 是其主要性能指标。

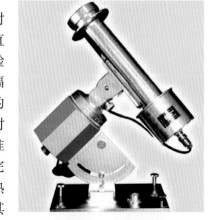

图 4.4　直射辐射表

表 4.3　　　　　　　　　　　　　　直射辐射表主要性能指标

名　　称	单　位	参　　数
光谱范围	nm	280～3000
精确度	%	±2
跟踪精度		96h+30s
温度特性	%（-20～+40℃）	±2
非线性	%	±2
测试范围	W/m²	0～2000
信号输出	mV	0～20

确定这种仪器的准确度，要通过对仪器物理性质的严格检验，进行实验室测量和模拟计算以决定其偏差，即电替代能达到何种完善程度。这个步骤称做仪器的性能特征化。一台绝对直射辐射表（单台仪器）称为一级标准仪器时，必须满足下列要求：

（1）在一批辐射表中，至少有一台仪器经过性能特征化工作，在适合于校准仪器的晴天条件下，其特征值的不确定度均方根，应小于±0.25%，全部单项不确定度简单相加不超过任何测量值的±0.5%；

（2）在一批辐射表中的每一台仪器与经过性能特征化的那台仪器比较，每一台仪器与该仪器的偏差均不超出不确定度均方根值；

（3）仪器性能特征化的比较结果按照要求进行详细说明；

（4）必须通过与世界标准仪器组或者与某些精心建立并经认可的同等仪器进行比较，从而溯源到世界辐射测量基准，并以此证明仪器的设计属于目前技术发展水平。

不能满足上述技术要求，或者未完全进行性能特征化的绝对直射辐射表，如果与工作标准组进行了比较和校准，则可作为二级标准使用。

4.4　反射辐射表

物体对入射辐射源反射部分称为反射辐射，反射辐射与总辐射之比用反射率表示，通常所说的反射率是指短波反射率，测量短波反射率的仪器称为反射率表。反射辐射表的主要性能指标见表 4.4。

表 4.4　　　　　　　　　　　　　　反射辐射表主要性能指标

名　　称	单　位	参　　数
光谱范围	nm	280～3000
精确度	%	±2
余弦响应偏差	%（太阳高度10°）	不超过±5
温度特性	%（-20～+40℃）	±2
非线性	%	±2
测试范围	W/m²	0～2000
信号输出	mV	0～20

4.5 净全辐射表

由天空向下投射的和由地表向上投射的全波段辐射量之差称为净全辐射，简称净辐射。净辐射的观测是地表与大气体系辐射收支的最终结果，是一项重要的辐射观测内容，测量的是全波段辐射。净全辐射表的主要性能指标见表 4.5。

表 4.5 　　　　　　　　　　净全辐射表主要性能指标

名　称	单　位	参　数
光谱范围	nm	280～3000
精确度	%	±2
余弦响应偏差	%（太阳高度 10°）	不超过±5
温度特性	%（−20～+40℃）	±2
非线性	%	±2
测试范围	W/m²	0～2000
信号输出	mV	0～20

4.6 太阳日照仪

除了太阳辐射数据，太阳日照时间也是需要测量的重要数据。日照时间指太阳出现在天空后，受照射物后面出现阴影的时间。日照时间值最初基于人眼观测，仪器测量方法由康培尔—斯托克确立，用一种特制的透镜聚焦太阳光束，在黑纸卡上烧出焦痕，以

图 4.5 康培尔—斯托克日照计

此检测日照。该仪表在 19 世纪就引入气象站，当时对其尺寸和质量无统一规定，但由于操作方法的不同，产生不同的日照时数值。为了使日照时数统一规范，20 世纪 60 年代专门设计了康培尔—斯托克日照仪，如图 4.5 所示。烧焦痕迹的太阳辐射值为 70～280W/m²，辐射范围变化大。世界气象组织在 1981 年又规定，日照时数定义为在给定时段内直接太阳辐射值超过 120W/m² 的数值，参加国可以将这一数值在±20% 范围内调整作为测量仪器的指标。

康培尔—斯托克日照计主要由一个玻璃球及一个同心地装在一起的球面碗形槽截面组成，玻璃球直径的大小要正好使太阳光线准确聚焦在槽面沟中的一张卡片上。仪器可在极地、温带或热带纬度条件下工作，支承球的方法有所不同。球形截面上设有相互重叠的三副槽构，以便在装入纸卡后能适用于一年中不同的季节。测量日照时数的不确定度为 0.1h，分辨力为 0.1h，具体的测量数据及误差见表 4.6。

表 4.6　　　　　　　　　　　　　太阳日照仪主要性能指标

规　范	单　位	数　据
跟踪方法		旋转跟踪
纪录方法		灼烧留痕
跟踪速度	r/h	100（可选 120）
测量最低值	W/m^2	120
响应波频	μm	0.3～2.5
检测误差	%	±5
非线性误差	%	±2.5
温度响应	%	±5
启动次数	次/h	100（可选 120）
累积误差	分/天	<10
温度运行范围	℃	－20～40

　　烧灼形式的日照计需要每天换纸，因此还无法做到自动记录，由新的自动测量程序取代康培尔—斯托克日照计早已不是问题，可免除记录卡目视估计的误差，获得比较精确的记录结果，直接用计算机进行数据处理。图 4.6 给出了旋转式太阳日照仪的外形，图 4.7 给出了其构造及尺寸。

　　除了烧灼法以外，常用的日照测量方法还有：

　　（1）直接辐射测量法：直接测量太阳辐射值，当超过 120W/m^2 时记录并转换触发时间计数器，读出日照数值。仪器采用直射辐射表，连接电子或计算机处理装置鉴别和记录太阳辐射时间。

图 4.6　旋转式日照仪

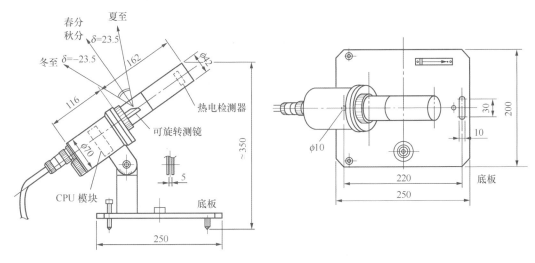

图 4.7　旋转式日照仪构造及尺寸

55

（2）总辐射测量法：由太阳能总辐照表和散射辐射表共同测量，得出推荐的直接太阳辐射值。仪器采用两台相同的总辐射表和一个遮光装置，连接电子或计算机处理装置鉴别和记录太阳辐射时间。

（3）对比法：采用不同的光电传感器进行辐射值对比，传感器以不同的位置对着太阳，利用标定值进行对比。仪器采用多传感探测器（光电管），与电子鉴别器和时间计数器相连。

（4）扫描法：用连续扫描小范围天空的传感器接收太阳辐射量，与标定值对比。仪器采用配有扫描装置的传感器接收器，连接电子或计算机处理装置鉴别和记录太阳辐射时间。

尽管目前有各种日照仪器，但康培尔—斯托克日照仪仍然有广泛的应用。

4.7 太阳辐射设备的安装

太阳能辐射的测量需要建立观测站址，地表的太阳辐射具有极高的时空变率，用于观测的地点应足够接近开展太阳能利用的地方，以保证测量数据的准确性。观测站四周须无任何障碍物。如果达不到此条件，应选择避开障碍物一定距离，任何障碍物的影子不能投在仪器感应面的地方，不应靠近浅色墙面或其他易于反射阳光到其上的物体，也不应暴露在人工辐射源之下，在全年中日出日落时的方位角范围不能有高度角超过 5°的障碍物。

太阳辐射表应牢固安装在专用的台柱上，台柱采用金属架构，上部固定一块比辐射表底座稍大的金属板。台柱离地面高度应大于 1.5m，下部用水泥和螺栓紧固，地表不应出现下陷或变形，即使台柱受到严重冲击振动，需要仪器保持水平状态。太阳辐射表的安装示意详见图 4.8。

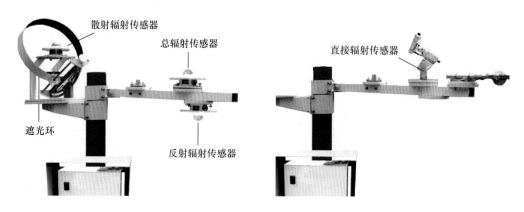

图 4.8 各类辐射表的安装示意图[18]

4.7.1 太阳总辐射表与散射辐射表安装

安装总辐射表时，把表计的白色挡板卸下，将表安装在台柱上，仪器接线柱方向朝北。用不锈钢螺钉将仪器固定在台柱上，若台架为金属板则事先钻好孔，用螺栓固定仪器。利用仪器上所附的水准器，调整底座上螺旋，使总辐射表的感应面处于水平状态，最后装上白色挡板。仪器安装后，连接记录仪表导线，注意有的接线柱有接线用于连接电缆的屏蔽层，起到防干扰和防感应雷击的作用。如果测量太阳散射辐射时，可用遮光装置把太阳的直射的分量从总辐射表上遮挡掉。

有时为了安装和检验固定式太阳能热水器或太阳能电池板的效率，必要时可将总辐射感应面朝南倾斜安置，总辐射表的倾斜安装倾角可为观测点所在纬度，或者该纬度下±15°范围内，安装步骤同前。

总辐射的观测，应在日出前把金属盖打开，辐射表就开始感应，记录仪自动显示总辐射的瞬时值和累计总量。日落后停止观测，并加盖。若夜间无降水或无其他可能损坏仪器的现象发生，总辐射表也可不加盖。由于石英玻璃罩贵重且易碎，启盖时动作要轻，不要碰玻璃罩。冬季玻璃罩及其周围如附有水滴或其他凝结物，应擦干后再盖上，以防结冻。金属盖一旦冻住，很难取下时，可用吹风机使冻结物溶化或采用其他方法将盖取下，但都要仔细，以免损坏玻璃罩。

总辐射表的检查和维护应考虑，仪器是否水平，感应面与玻璃罩是否完好；仪器是否清洁。玻璃罩如有尘土、霜、雾、雪和雨滴时，应用镜头刷或麂皮及时清除干净，注意不要划伤或磨损玻璃；玻璃罩不能进水，罩内也不应有水汽凝结物。检查干燥器内硅胶是否变潮（由蓝色变成红色或白色），否则要及时更换。受潮的硅胶，可在烘箱内烤干变回蓝色后再使用；总辐射表防水性能较好，一般短时间或降水较小时可以不盖，但降大雨、大雪等应及时加盖，雨停后即把盖打开。

总辐射测量通常采用地方真太阳时，每天从日出开始到日落连续测量。采集器通常采集到的数据是电压值。根据辐射测量要求，采集器精确度应高于 0.5%，连续采集各种辐射量，累计并存储时、日辐射值，辐射值采样速率每分钟 6 次，去掉 1 个最大值和最小值，用余下的 4 个样本求出平均值，作为每分钟的平均值。小时辐射值由 60min 累加得到；日辐射值的统计，全天小时值累加得到；月合计值由逐日辐射值累加得到；月平均值均由月合计值除以该月日数得到；年总辐射值由各月累加得到。

总辐射的各月最大辐射值和最小辐射值应选取各月极值及出现日期，月极值从逐日极值中挑取最大值和最小值，记录其出现日期。

用总辐射表进行准确测量，需对总辐射表进行水平调整。随着仪器温度的变化，热电堆仪器会呈现出灵敏度的变化。有些仪器备有内装温度补偿线路，以便在很大的温度范围内尽可能地保持恒定响应。灵敏度的温度系数，可在控温箱中测量。控温箱内的温度在一适当范围（-40~40℃）内以每 10° 为一级逐级变化，并在每一级中保持稳定，直到总辐射表的响应稳定以后为止。必须注意不仅是温度，如太阳高度角的影响和太阳辐照度的变化也能改变灵敏度，当总辐射表在不同海拔高度上使用时，总辐射表的校准系数也会完全不同，即总辐射表都应在将要使用的海拔高度进行校准。太阳高度角与方位角传感器的方向性响应，通常称为朗伯余弦响应和方位响应。对于总辐射表，至少应指定两个太阳高度角时的余弦误差，最好选 30° 与 10° 值。

4.7.2　太阳直射辐射表的测量和安装

太阳直接辐射用直射辐射表来测量，其接收表面安置在垂直于太阳方向，通过前视窗测量从太阳和很窄的环日天空发射的辐射。现代仪器的视窗的半张角从太阳中心向外扩展有 2.5° 和 5° 两种，直射辐射表支架的结构必须能做到迅速而平稳地调整方位角和高度角。通常有一瞄准装置，当接收表面正确地垂直于太阳直射光束时，瞄准装置中有一小光点正落在目标靶中心的标志上。连续不断的测量就应当使用自动跟踪太阳装置。

为了连续记录，直射辐射表有赤道仪支架或自动跟踪器，赤道仪支架的主轴必须与地球自转轴保持平行，其方位角与高度角的调节都应准确到 0.25°以内。因为这些测量要求非常小心，每天至少应对仪器检查一次，如果天气条件需要，必须更经常检查。对自动记录仪器的主要安装要求，与对常规日照计的要求一样，即在一年中各个季节的任何时间内，太阳光线应不受阻挡。此外，选择的场地位置在受到雾、烟和空气污染的影响方面应尽可能代表周围地域。

用直射辐射表或太阳光度计进行连续记录时，需要防雨、雪等。例如，通常用石英制作的光学窗置于仪器的前端。必须注意保证这样的光学窗的清洁，并且在其内表面不能出现凝结物。图 4.9（a）、（b）分别为西班牙 Andasol 和美国 SEGS 槽式太阳能电站安装的总辐射表和直射辐射表。

(a) (b)

图 4.9　槽式太阳能电站安装的太阳辐射测量仪

（a）西班牙 Andasol 电站安装总辐射表；（b）美国 SEGS 安装直射辐射表

4.7.3　日照仪的安装

安装日照仪的基本要求是，日照计应牢固地固定在一个坚固的支架上；当太阳处于地平线以上大于 3°时，在全年测量时段内，日照计对太阳的视野应无遮挡；如果没有其他可选择的地方，小型天线或其他小角度的物体遮挡仍可接受，但应对遮挡物的位置高度和角度作详细记录，在特殊时数或日数中，日照时数应事先进行计算；在山谷地区，作为局地气候因子，自然遮挡是可接受的，但应作详细记录；场地应不受周围地表的影响，反射辐射可能会影响测量结果，为了克服干扰，场地附近应无雪，周边建筑应避免使用白色等高反射墙面。

日照仪运行中产生误差的主要原因有，仪器没有校准；由气象条件和太阳位置引起的日照仪响应特性变化；仪器的关键部件错误调整和不稳定性；测量值的简化或错误定值；错误时间记数程序；维护错误等。因此安装日照计时，必须保证底座调整成水平；太阳聚焦点应落在卡片中心线位置；地方正午时，观测太阳的焦点应落在卡片的正午标记处。

日照仪的数据记录和分析也很重要，应严格按照测量标准日照记录方法进行，日照时数日总量的确定，用同一尺度标出每一焦痕对应的长度。如果端部有清楚的圆形烧痕，其端界处长度应当扣除其曲率半径，通常相当于每一烧痕整体长度减少 0.1h；如果一天记录中发生多个圆形烧痕，则两个烧痕相当于 0.1h 日照；四个烧痕相当于 0.2h 日照，以此类推；当标记为一窄线，或卡片上有轻微变色，其标记长度应加以测量；烧痕在宽度上减少至少 1/3 时，应从宽度减少的烧痕总长度中减去 0.1h，但减去最大值不应超过全部烧痕总长的 1/2。

在高纬度地区，如不能记录夏季时的全部日照，则可采用改进型日照仪。如采用两台日照仪则背对背工作。在潮湿阴冷地区，可加装预热装置以防止霜和结露。

第5章

点聚焦太阳能热发电系统（碟式）

点聚焦太阳能热发电系统的关键部件是动力机械，即斯特林发动机。斯特林机是一种闭式循环往复式型的外燃机，与柴油机和蒸汽机不同的是其工作气体封闭在机器内，在腔室之间循环使用。运行时依靠气缸外部热量，通过加热器内的工质受热膨胀推动活塞做功，工质被冷却收缩后继续下一个循环过程。因其热效率高，冷却时不需要水而具有明显的技术优势。主要难点在于斯特林机的研制和生产，国外已有成熟产品并用于示范和商业电站。国内也在加紧开发和研制，期望能够在碟式太阳能热发电项目上有所突破。

5.1 太阳能抛物面碟式斯特林热发电

点聚焦太阳能热发电系统，即抛物面碟式斯特林系统也是重要的太阳能热发电形式。

图5.1 碟式斯特林机太阳能热发电系统

碟式系统利用抛物面镜将太阳光聚焦到接收器内，传热工质被加热到750℃左右，驱动发动机进行发电。由于碟式反射镜跟踪太阳运动，克服了塔式系统的余弦损失，又因为碟式系统的聚光比（指使用光学系来聚集辐射能时，每单位面积被聚集的辐射能密度与其入射密度的比）很高，通常为500～2000左右，因而聚光表面温度可达到1000～1300℃。因而聚光和光热转换效率提高，系统效率可达28%～30%。不足的是碟式系统的镜面面积不可能做得很大，因此碟式系统的单机功率一般在1～50kW。详见图5.1。

按照碟式斯特林机系统效率的定义，总效率是系统各部分效率的连乘积，其表达式为

$$\eta_{sum} = \eta_{re}\eta_{sp}\eta_{cos}\eta_{cl}\eta_{rec}\eta_{e}\eta_{g}\eta_{avr} \tag{5.1}$$

各效率系数的意义：η_{re}为镜反射效率，%；η_{sp}为捕集效率，%；η_{cos}为玻璃镜有效照射率，%；η_{cl}为玻璃镜清洁系数，%；η_{rec}为集热效率（含集热器反射率和发射率等），%；η_{e}为斯特林机内效率，%；η_{g}为发电机效率，%；η_{avr}为机组年均运行效率（指机组的平均负荷率），%。

相比太阳能塔和槽式热发电系统，碟式热发电的优势在于：太阳能利用效率高，根据国外报道，碟式系统可将85.6kW的热辐射能转化为26.75kW的电能，测得最高效

率达到 31.25%；蝶式系统生产工艺相对简单；发电规模灵活，发电量可大可小，便于利用；安装简便，不受地形、地理和环境的限制；无需用水，可在沙漠等缺水地区使用；生产过程环保绿色无污染。

以斯特林发动机组成的碟式太阳能系统，主要有三部分：蝶式抛物面太阳能聚光器；碟式太阳能吸热器；斯特林发动机、发电机及电输出系统。

5.2　碟式抛物面太阳能聚光镜

碟式抛物面太阳能聚光镜是将来自太阳的平行光线聚焦，以实现太阳能从低品位到高品位的转化，由于碟式抛物面直径大都在 5m 以上，所以制成如此大面积的玻璃反射聚光镜的成本很高，常用的聚光镜面制作方法有：小聚光镜组合式［图 5.2（a）］；聚光镜拼接式［图 5.2（b）］；镜面张膜式［图 5.2（c）］等[19]。

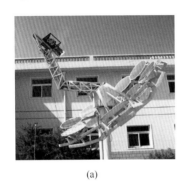

(a)　　　　　　　　　　(b)　　　　　　　　　　(c)

图 5.2　碟式抛物面太阳能聚光镜面制作方式

（a）小聚光镜组合式；（b）聚光镜拼接式；（c）镜面张膜式

1. 小聚光镜组合式

玻璃小镜面是由许多小型曲面镜拼接起来，并固定在旋转抛物面结构的支架上，组成更大型的抛物面反射镜，由于采用小尺寸曲面反射镜作为反射单元，单位直径小，焦距比较长，因此曲面较平坦，因此可以达到很高的精确度，从而实现较大的聚光比，提高聚光镜的光学效率，也能够降低造价，不足是由于小镜面组合时的间隙，使整个聚光镜的面积没有充分利用。

2. 聚光镜拼接式

聚光镜拼接式和大型抛物面天线类似，将圆形抛物面沿直径方向切为若干块，其大小和形状都完全相同，以无缝拼接的方式固定在旋转抛物面支架上，组成更大型的抛物面反射镜，聚光镜拼接后整个圆形曲面几乎全部利用，既有高的精确度，又能实现较大的聚光比，提高整个聚光镜的光学效率。

3. 镜面张膜式

镜面张膜式也分为单镜面和多镜面，单镜面张膜式聚光器只有一个镜面，采用两片厚度很薄的不锈钢板，周向焊接在固定的圆环上，通过液压气动载荷将面向太阳的薄板压成抛物面形状，抛物面形成后保持其真空度，由于是塑性变形，所以很小的真空度就可以保持形状。这种装置镜面形状容易达到预定目标，有较低的造价和更简便的安装，但由于需要抽真空系统，所以一旦失去真空，聚焦功能也失去，而且随着运行和多次抽真空，不锈钢钢板的弹性失去，就难以保持聚焦。多镜面张膜式的曲面实现方法和单镜面一样，由多个圆形张膜旋转抛物面反射镜组成，圆形反射镜以列阵的形式布置在旋转抛物面结构支架上，实现高倍聚焦。目前张膜式镜面已很少采用。

虽然碟式系统的玻璃镜有各种形式，但主要光学性能差距不大，除了圆形小聚光镜组合的镜面聚光面积利用率较低外，性能指标主要在玻璃镜的反射率和聚光精确度。表 5.1 是几种碟式聚光器镜面部分的主要技术数据。

表 5.1　　　　　　　　　　　　　不同镜面的聚光器主要技术数据

项目	MDAC	SES	SUN Disc	ADDS Mod2	DISTAL	中科院电工所	Euro Dish
发电容量（kW）	25	25	22	9	9	10**	10
机组效率（%）	29	27	23	22	21		22
聚光器直径（m）	10.57	10.57	12.25	8.8	8.5	5	8.5
类型*	多聚光镜	多聚光镜	多镜面张膜	多聚光镜	镜面张膜	多聚光镜	聚光镜拼接
反射镜数	82	82	16	24	1	10	12
反射率（%）	91	90	90	90	94	93	94
焦比	2800				3000	625	3000

*　单镜面张膜式聚光镜效率接近聚光镜拼接式；多镜面张膜式聚光镜效率接近小聚光镜组合式。

**　峰值负荷。

5.3　碟式太阳能集热器

碟式太阳能集热器也是碟式系统的关键部件，担负着将太阳光辐射能转化为热能的过程，集热器的形式包括直接式集热器和间接式集热器。前者直接将高倍聚焦的太阳能辐射光照射在斯特林机的换热元件上，由光能转换成热能，后者通过传热介质将太阳能辐射光转换成热能后传递给换热元件。图 5.3 显示的是实际情况下太阳光聚集在集热器上的情况，图 5.4 显示了集热器面上的温度分布情况。从图上可以看到，在 200mm×200mm 的正方形面积内，集热面上的温度分布是极不均匀的，温度几乎包括了以 100℃到 1000℃整个范围。

图 5.3　碟式太阳能集热器工作图

1. 直接式集热器

系统简单，换热速度快，也是早期碟式系统中普遍应用的方法，通常是将集热器的受热面积加大，如采用盘状、管状（见图 5.5）、多面形状等，但是受热面积还不能增加太大，因为受热面积增大也会引起散热损失增大；采用导热性能好的金属材料；使盘管内的工作介质流动速度增加，由于斯特林机内部采用了氦气和氢气等高性能传热介质，因此，直接式集热器换热面具有很高的热流密度，通常约 $300 \sim 800 \text{kW/m}^2$。但随

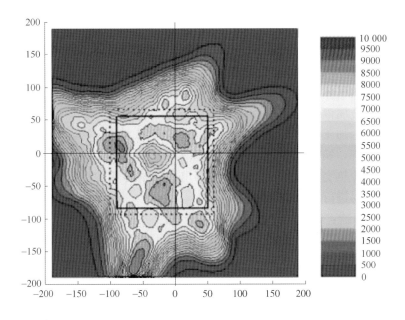

图 5.4 碟式太阳能集热器上的温度分布

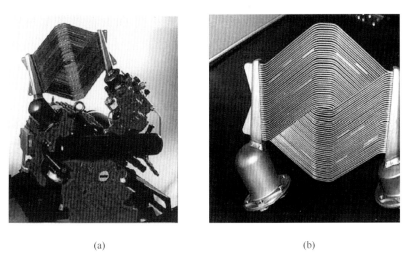

(a)   (b)

图 5.5 斯特林机及其冷端散热装置

（a）斯特林机外观图；（b）吸热端装置细节图

着斯特林机的输出功率增大，集热器换热面的导热率变化也会很大，从而影响发电机的输出特性，集热器换热面的热流密度呈现不稳定和不均匀，也影响到多缸斯特林机的各缸温度和热量分布，影响斯特林机的安全和稳定运行。另外，直接式集热器系统没有蓄热装置，当太阳辐射量发生变化时，发电机输出功率的瞬时值变化剧烈。

2. 间接式集热器

系统增加了中间导热介质，根据液态金属相变换热的原理，利用液态金属蒸发和冷凝原理，将热能通过换热介质间接传递给斯特林机。介质为液态碱性金属，如钠、钾、钠钾合金等，它们在高温条件下具有较低的饱和蒸气压力，较高的气化潜热，放热过程中又具有较好的等温性能。从而传递热容量大，传递速度快，并能储存一定的热容量，保持一定的恒温。

间接式集热器系统包括相变式集热器、热管式集热器和混合式集热器。

（1）相变式集热器：太阳辐射能聚集到相变式集热器上，使内部液态金属介质受热气化产生相变，产生的气体金属冷凝到斯特林机的换热管上，将热量传递给换热管内的工作介质，冷凝后的金属液体由重力作用返回到集热器，完成一个热力工质的循环。相变式集热器结构简单，加工成本低，适应于较大倾角范围内的运行，气体金属直接冷凝于斯特林机的换热管部，换热效率高。不足的是液态金属的充装量大，如果发生泄漏就会有危险。另外，在冷热交变过程中，如果局部出现沸腾传热的情况，会使传热情况发生恶化，这些问题需要进行深入研究和分析。

（2）热管式集热器：这种集热器的内部放置了毛细液芯，引导液态金属在集热管内的分布，使热量传递均匀。美国 Thermacore 公司的热管式集热器，设计容量为 $25\sim120kW$，可通过热流密度 $300\sim550kW/m^2$，受热面为拱形，腔室内布有吸液芯，这样可使液态金属均匀分布于换热表面。吸液芯为不锈钢丝网、金属毡等。液态金属介质受热气化产生相变，产生的气体金属冷凝到斯特林机的换热管上，将热量传递给换热管内的工作介质，冷凝后的金属液体由重力作用返回到集热器，这种结构解决了热流分布不均的问题，使集热器内部温度始终保持一致，从而使热应力达到最小。有研究称这种结构和直接式集热器相比效率可提高约 20%。德国 DLR 的热管集热器设计容量为 $40kW$，可通过热流密度 $540kW/m^2$。南京工业大学设计了一种组合式热管集热器，采用普通柱状高温热管作为传热单元，使集热器成本下降，加工制作方便，可靠性大大增加。

（3）混合式集热器：太阳能热发电系统要达到稳定运行，必须要考虑阳光不足时或夜间的能量补充，使系统能够连续发电。解决方案可采用蓄热方法，或采用补燃方法。混合式集热器增加了蓄热介质，能够补偿短期太阳辐射能量降低的情况，如果再采用以气体燃料补燃的方法，则不但能解决短期负荷问题，还能解决夜晚的发电。混合式集热器在热管集热器基础上，改造成添加气体燃料作为补燃的集热器。德国 DLR 的混合式集热器直径 360mm，内径 210mm，筒深 240mm，吸液芯材料为 Inconel 625，另一种为高频等离子溅射的金属粉末烧结芯。设计功率 45kW，工作温度 $700\sim850℃$。混合式集热器的研制有利于提高碟式太阳能系统的适应性，实现连续供电。但增加补燃系统会增加系统复杂性，增加成本，因此，采用哪种集热器系统需要从系统的功能定位来确定。

根据热力学定律，热力机械的冷源是必不可少的，由于斯特林机功率相对较小，绝大部分冷源都采用了空冷，具有较大的散热面积，这是斯特林机的优点之一，但是，当斯特林机的功率进一步增大时，水冷装置会提高整个系统的效率。

5.4　碟式斯特林发动机单元

碟式斯特林太阳能热发电系统中，斯特林发动机为其核心组件[20]，其发明人为罗伯特·斯特林（1790~1878），英国牧师和发明家。瓦特的蒸汽机早于斯特林机 35 年发明，但蒸汽机初期应用中碰到很多安全问题，为了提高蒸汽机运行安全，斯特林研究并发明了这种不排废气，不需要与外界进行气体交换的动力机械。

斯特林机于 1818 年开始生产，四年后停产。刚开始时是为了与蒸汽机竞争，但随着内燃机和电动机的发明和应用，这种机械退出了应用领域。但从 1938 年起，荷兰菲律浦公司采用新材料和新技术，试验原型机获得成功，输出功率达到 3730kW。

斯特林机是一个闭式循环系统，工作气体被封闭在固定体积内，利用温度梯度导致的工作气体的膨胀和收缩做功和放热，其热力学过程包括四个环节，两个等温过程和两个等容过程，详见图 5.6 理想过程中的卡诺循环曲线。

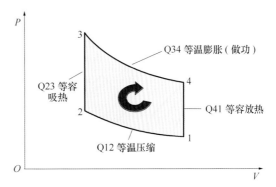

图 5.6　理想过程中的卡诺循环曲线

（1）等温压缩过程：曲线从 1 到 2，腔室内气体介质体积减小，压力增加，等温过程中释放热量，此时介质气体不做功；

（2）等容吸热过程：曲线从 2 到 3，体积不变，压力和温度迅速增加，此时介质气体不做功；

（3）等温膨胀过程：曲线从 3 到 4，腔室内气体介质吸收外部热量，体积增大，压力下降，温度不变，介质气体对外做功；

（4）等容放热过程：曲线从 4 到 1，体积不变，压力和温度迅速下降，此时介质气体不做功。

通过以上四个环节，完成一个热力学循环过程。

斯特林发动机的做功是通过外部热量输入完成的，外部热源和环境之间需要有足够的温差。发动机的效率值与热源温度和环境温度之间有如下关系，即

$$\eta = 1 - \frac{T_0}{T} \tag{5.2}$$

式中　　η——系统效率；

　　　　T_0——环境温度；

　　　　T——高温热源温度。

与理想气体循环过程相比较，由于系统的不可逆性，发动机的效率受到摩擦和热损失的影响，使实际效率远低于理想气体卡诺循环的热功效率。为了提高效率，可以提高高温热源的温度；可以降低环境温度，系统中有一个散热装置，采用导热性好的材料，做成很大表面积的结构以加强散热。

如果输入的不是热量，而是机械动力，上述过程的逆循环就是一个热泵工作过程，工作介质可以是气体或液体，当介质是液体时，该装置就是一台浆液泵。

斯特林发动机的机械装置有三种形式，α-型、β-型和 γ-型。

1. α-型斯特林机

有两个分别独立的动力活塞，中间连接加热器、冷却器和热交换器，热活塞位于加热器侧，冷活塞位于冷却器侧，中间用再生器相连。α-型机是最简单的斯特林机型，由于活塞的密封是精密和困难的工艺过程，所以虽然 α-型机的输出功率与体积比很高，但活塞密封易出现问题。图 5.7 为 α-型斯特林机工作与表图及实际循环过程曲线示

意图。

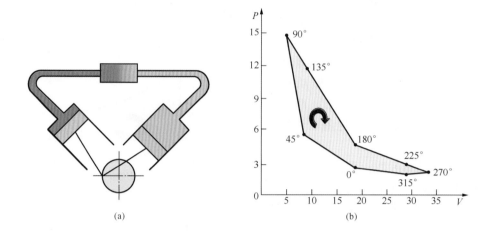

图 5.7 α-型斯特林机
（a）工作示意图；（b）实际循环过程曲线图

2. β-型斯特林机

采用了隔离块活塞和直线型气缸结构，有一个动力活塞，在同一气缸内放置曲轴和隔离块，隔离块与气缸有一定间隙，摩擦阻力小，在冷端和热端之间移动，当工作气体移动到热气缸一端，加热膨胀后推动活塞输出功率；当工作气体移动到冷气缸一端，放热收缩，外部设置一个飞轮，通过机械的惯性，推动动力活塞压缩气体。β-型机械同样有加热器、冷却器和热交换器，位于活塞旁。β-型机是斯特林的专利申请机型，也是最适用的机型，其优点是活塞没有热端的活动密封问题，因而工艺实现容易。图5.8为β-型斯特林机工作示意图及实际循环过程曲线示意图。

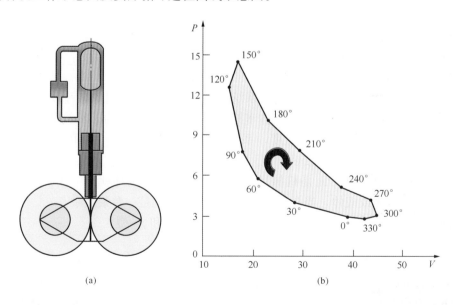

图 5.8 β-型斯特林机
（a）工作示意图；（b）实际循环过程曲线图

3. γ-型斯特林机

形式类似于 β-型机，但动力活塞和隔离块分开，隔离块置于另一气缸内，并连接于同一飞轮，工作气体在两个气缸内之间移动，当移动到热一端，加热膨胀后推动活塞输出功率；当工作气体移动到冷气缸一端，放热收缩。这种设计有较低压缩比，但是机械结构简单，并可用于多缸的斯特林发动机，其结构还克服了 β-型机膨胀和压缩之间的损失，机械设计简单，两个气缸只有一个需要密封，所以也是最适用的机型。图 5.9 为 γ-型斯特林机工作示意图及实际循环过程曲线示意图。

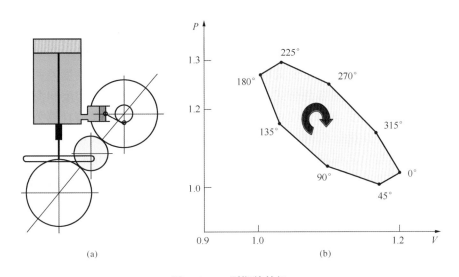

图 5.9　γ-型斯特林机

(a) 工作示意图；(b) 实际循环过程曲线示意图

由于斯特林发动机的特殊结构，在运行过程中安静，无燃烧，不排放废气，工作寿命长，使其应用也非常广泛，有些行业还在进行应用的研究。包括：汽车发动机、航空、潜艇、小型热电联产、制冷、小型核动力装置、太阳能等。表 5.2 为已经产品化的热电联产斯特林系统主要技术数据。

表 5.2　　　　　　　　　　　　　斯特林发动机主要参数

供货商	USAB	USAB/SEC	STM	SOLO	SOLO
型号	4－95MK2	4－95	4－120	161	160
功率（kW）	25	25	25	10	9
气体	氢	氢	氢	氦	氦
压力（MPa）	20	20	12	15	15
温度（℃）	720	720	720	650	650
电机效率（%）	94		92	94	94
热机效率（%）	38.5		33.2	33	31
能流密度（W/mm²）	0.78	0.78	0.75	1.1	1.3
聚热孔直径（mm）	220	200	220	150	150
工作温度（℃）	810	810	800	850	850
聚热效率（%）	90			90	90

5.5 碟式镜面的跟踪和控制

碟式镜面跟踪和控制系统的精确度决定了获取太阳辐射能量的程度。由于太阳能辐射必须要落入抛物面的焦点处，即斯特林发动机的吸热面上，碟式跟踪系统采用的是双轴跟踪系统，跟踪目标正对太阳方向，因而获取的是太阳法向直射辐射值（DNI）。

太阳能热发电跟踪系统有双轴跟踪系统和单轴跟踪系统。双轴跟踪其入射光和主光轴方向一致，入射光线全部聚集在焦点上；单轴跟踪其入射光线全部聚集在焦线上。无论是双轴点聚焦或单轴线聚焦，其跟踪太阳的方式有两类：根据视日运动轨迹跟踪或光电跟踪。

1. 视日运动轨迹跟踪

太阳的运动轨迹有不少天文公式可以描述，相对简单的公式精确度差些，较复杂的公式精确度很高，无论采用哪种公式，只要确定具体时间、经度、纬度和海拔高度，就能计算出此刻太阳的高度角和方位角，视日运动轨迹跟踪方式就是按计算公式，确定高度角和方位角后，驱动执行机构跟踪太阳。视日运动轨迹跟踪方式可以根据跟踪精确度要求，确定步进速度，从而减少跟踪和控制次数，也减少了系统电耗。通过各种控制实验，这种跟踪方式非常简洁，即使是开环系统，跟踪也能有效地进行。缺点是计算误差、机械误差等各类误差会形成累积误差，从而影响跟踪精确度。

2. 光电跟踪

光电跟踪的方式类似向日葵跟踪太阳的原理，主动寻找太阳。找到目标后，会在目标四周确定四个方向的误差值，通过误差值判断位移量并进行调解，从而达到精确跟踪的目的。光电跟踪方式需要进行位置反馈，因而只能采用闭环系统。其优点是跟踪灵敏度高，结构设计较为方便，缺点是在传感器摆放不合理或是当天气变化时，一旦失去目标，光电跟踪就不知道如何进行下一步工作，当目标突然出现，首次跟踪需要人为提示或者按照程序设置全程搜索，同时跟踪频率快，系统耗电量大。

一般情况下可将视日运动轨迹跟踪和光电跟踪两种控制方式结合起来用，发挥各自长处，可以达到更好的效果。这种结合，并不是仅仅指晴天采用视日运动轨迹跟踪，云天采用光电跟踪，而是在视日运动轨迹跟踪的基础上，采用光电跟踪来校正前者的误差。

太阳能热发电系统中，无论塔式和槽式系统基本都采用分布式控制系统（Distributed Control Systerm，DCS），尽管碟式系统相对更简单，但由于系统软件和硬件技术成熟和功能强大，碟式系统群也采用 DCS 控制系统。系统包括太阳能聚光系统，可实现太阳能抛物面碟式聚光镜的太阳跟踪、启停控制、正常调整和位置反馈、故障或异常的连锁保护等全部控制；集热和发电系统，实现光-热转换、热的传递、温度测量、斯特林机组发电、电气部分的控制和保护、发电上网等，监测信号包括系统启动停止信号、负荷输出及参数特性信号等；气象和环境数据等可相对独立，作为子系统单独考虑，风速等关键数据与系统安全保护装置连接。控制中心设在集中控制室，根据情况设立安全监控系统，采用电视摄像头、红外线报警等监控设备，监控中心设在集中控制室。图 5.10 为西班牙塞维利亚 PS10 示范电站的碟式系统控制画面[21]。

DCS 系统的工作完全是自动的，通过 GPS 或是校时服务器接收到的精确时间值，计算太阳的位置和各类气象信息，可设置自动启动时间，系统启动后开始自动检测各单元

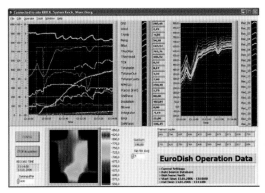

图 5.10　抛物面碟式系统控制图画面

工作状态，按程序进入工作状态。一旦检测到驱动或是斯特林单元有异常，就会停机，控制室也有手动停机开关，人工停机后，必须由操作员复位。

监视和控制工作的重点是提高软件控制水平。建立一个友好的用户操作界面，显示详细的系统信息、系统配置、报警设置和完整的操作控制，通过数据采集，各类数据输送到控制系统，并在界面上显示各种数据和图表，特别是重要的参数数据和曲线。上述控制画面中显示了太阳辐射数据、气象数据和碟式镜面聚光后的温度分布，还显示了系统各处的参数值，这些值一旦超出预定范围系统将会自动报警，提示操作员采取措施。

由于网络的发展，控制人员甚至可以不用在控制室，通过互联网（Internet）或企业内部互联网（Intranet）与控制系统连接，经过口令确认，即可实现数据的可视化通信，并能远程控制和操作系统。

5.6　西班牙 PS10 电站中的碟式系统运行分析

西班牙 Sevilla 地区是西班牙太阳能研究和应用的示范区[22]，当地除了建设 PS10 和 PS20 塔式电站，还建有光伏试验系统和碟式太阳能热发电系统。试验基地位于西班牙西南部，距塞维利亚市 36km，距直布罗陀海峡直线距离 160km。当地纬度 N37°26′31″，经度 W6°15′00″。现场安装有 7 台碟式斯特林机组。

碟式系统项目于 2003 年开始运作，由于地方政府的支持，最终同意上网，并通过政府申请到电价补贴，项目经过 3 年的建设，于 2007 年投运。设备布置在 PS10 和 PV 光伏试验区之间。斯特林机型号为 SOLO 161，外燃型单发动机，内部工作气体为氢气，工作温度 650℃，单台功率 11.2kW，发电机转速 1500r/min，输出电压 400V，三相电流 50Hz。实际镜面面积 60m²，焦比 5m，集热器为腔体结构，年总生产电力 10.4 万 kW·h。DCS 控制系统由 24V 的直流电源提供动力，包括控制阀的开关电源、微处理器控制板、操作员站终端等，7 套碟式系统在一套 DCS 系统中进行控制。所发电力以商业形式销售给电网，政府的政策补贴电价为 0.18 欧元/（kW·h），总销售电价 0.22 欧元/（kW·h）。成本约为 450 欧元/m²。近几年系统全年运行总效率均达到 15.4% 以上，年发电量超过 1.5 万 kW·h/台，其中 1 万 kW·h 销售给电网，售电价格为 0.22 欧元/（kW·h），年总收入 2.3 万欧元。斯特林系统主要指标见表 5.3。

表 5.3　　　　　　　　　　　　　**斯特林系统主要技术指标**

名　称	单　位	主要指标
地理位置		塞路卡拉迈耶（塞维利亚）
技术形式		碟式斯特林发动机
输出功率	kW	78.4（单机 11.2kW）
机组台数	台	7
太阳聚焦面积	m²	60
焦点距	m	5
玻璃镜反射率	%	94
接收器形式		腔体结构
工作气体		氢气
发电机转速	r/min	1500
电网连接	V	400（3 相 50Hz）
占地面积	Ha	1

　　项目第一步是制造碟式反射镜，由于当时的 Eurodish 技术的制造成本很高，于是投资方开始研制新型反射镜。采用"T"型结构形式，小聚光镜组合拼接结构，驱动装置位于中部，图 5.11 表示了镜面结构形式。

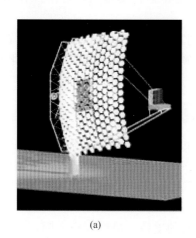

(a)　　　　　　　　　　　　　　　　　(b)

图 5.11　小聚光镜组合拼接结构图

(a) 模拟图；(b) 现场安装图

　　刚开始研制的小玻璃镜面积为 $0.1m^2$，经过多次计算和分析，从结构和聚焦调节的复杂程度考虑，最终采用了 $0.5m^2$ 的单镜作为最后方案，4 个玻璃镜一组，共 30 组，每组分别进行聚焦调节。

　　"T"型聚光跟踪系统使驱动装置安装很简便，能满足仰角和方位角转动要求。采用大型轴承支撑的减速齿轮组结构形式，严格保证制造公差，执行机构采用变频电机，允许镜面更顺畅，更准确的变化位置。采用反馈型结构，可以减少由于风荷载的疲劳，跟踪精确度高，高度角和方位角精确度可达 0.04°，动作速度快，每分钟可转动 60°。

超负荷和事故工况可报警和启动保护动作。最突出之处是现场易于组装，测试，运输和维护。

太阳能斯特林发动机和集热器组合在一起，集热器有一个直径 19cm 的腔体，吸收太阳辐射的热交换器放置在腔体后面，要求距离较近，以减少辐射散热。热交换器连接到斯特林发动机缸盖，将热量传递给加热的气体，斯特林机是单引擎机，通过外部热量传递给引擎内的气体（氢气），交替加热和冷却，使发动机工作。斯特林机工作温度范围在 650°，工作效率可达 30% 左右。

碟式斯特林系统由直流电源供电，供电电压 24V，给氢压控制阀门、控制柜及操作员终端等提供不停电电源。电站是由控制室的中央计算机控制，控制系统同时操作 7 台碟式系统，控制内容包括太阳跟踪系统和斯特林机操作系统，具有用户界面控制操作、数据采集和可视化遥控操作功能等。

根据现场运行分析，设计点值工况下的效率和年均效率分别见表 5.4。

表 5.4　　　　　　　　　　　碟式斯特林机组实际运行数据

内容	单位	设计点值	年均值
年太阳能辐射值 DNI	kW·h/m²		1700
碟式抛物面有效面积	m²	56.5	56.5
镜反射效率	%	87	87
溢出效率	%	95	92.5
集热效率	%	87.25	80
斯特林机工作效率	%	33	28
发电机效率	%	95	95
年总效率	%	15.41	14.8

注　玻璃清洁系数和玻璃镜有效照射率都全部涵盖到镜反射效率之中。玻璃镜有效照射率意义为太阳照射到的实际面积和玻璃镜反射面积之比，也等于玻璃镜有效面积和玻璃镜实际面积之比。

5.7　EURODISH 碟式系统的运行分析

1998 年至 2001 年期间，抛物面碟式斯特林机系统作为欧洲的太阳能项目起动[23]，取名为 "EuroDish"，输出功率确定为 10kW，经过研发和试制，建成两台原型机，经过改进和调试，首次在印度南部的韦洛尔工学院和意大利米兰的电子技术标准化研究所（意大利实验电工中心）建设了两个示范项目，在此基础上，经德国工程师对产品和零部件进行改进，完成系统装配，在西班牙塞维利亚工程学院、法国德拉国家科学研究中心的太阳能实验室、德国维尔茨堡的罗伯特出版社有限公司等三地安装建设。经一段时间运行后，在调整试验基础上，2005 年夏季进行了测试，得到了详细的数据资料。此后的碟式系统均是在此基础上进行改进和创新建成的。典型的 "EuroDish" 见图 5.12。

图 5.12 中的 "EuroDish" 的聚光镜直径 8m，安装有薄型的玻璃镜[24]，支撑采用槽形结构的空间架构组成，整个架构坐落在六个支撑腿的环形架上。采用水平架构的旋转运动和聚光镜的前后运动跟踪太阳，由双电动机分别通过减速齿轮驱动。采用 SOLO161 型斯特林机，安装在聚光镜的正前方。V 型斯特林机气缸内部体积约 160cm³。配备有管

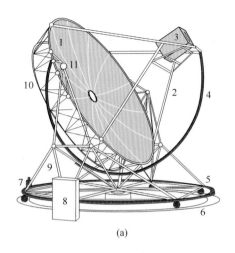
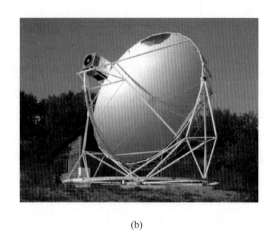

(a)　　　　　　　　　　　　(b)

图 5.12　"EuroDish"碟式斯特林系统外形图

(a) 示意图；(b) 实物照片

束状的太阳能集热器，采用水-空气冷却器。采用 PC 机控制系统，现场总线系统从网络结构到通信技术，具有直接高速数据通信的特色。

太阳能集热器采用陶瓷绝热材料替代了原有的水冷装置，用掺有二氧化硅纤维的氧化铝纤维板内镶在不锈钢外壳内，如图 5.13 所示，使设备可靠性大大增加，同时还减少了散热损失。这种材料的使用使发电输出增加 10%。

陶瓷绝热材料

图 5.13　陶瓷绝热材料在集热器的应用

其他方面，斯特林机的冷却控制电路和电气接线部分也进行了优化和改进。

此前的斯特林机均采用氦气作为工作介质，当时的意大利专业人员提出用氢气替代氦气。这是因为氢气具有更好的传热特性，经分析在其他不变的情况下，采用氢气使斯特林机的输出增加约 10%，引擎内部压力降低，使设备寿命延长。好的传热条件使材料使用温度降低了 40℃，介质气体的价格也下降了。

西班牙和德国的环境条件不同，德国的年均太阳曝辐量大约为 $860kW \cdot h/m^2$，而早晚的太阳辐射条件更差。西班牙的太阳曝辐量年均可达 $1800kW \cdot h/m^2$，日辐照度也经常超过 $1000W/m^2$，当地海拔超过 $1500m$，环境气温更低，因而系统效率远高于德国，2006年 6 月测得当地环境温度 0℃，太阳辐照度 $974W/m^2$ 时，系统净效率达到 21.6%，机组出力达到 11.2kW/h。这说明在太阳辐射条件好的地区，聚光镜的面积过大，设计的镜面面积适合于太阳辐照度为 $850 \sim 900 \ W/m^2$ 的地区。过大的镜面降低了太阳低辐射值时的运行小时数。但斯特林机的出力与环境温度有关，所以大尺寸镜面适合于太阳直射辐照度经常在 $900 \ W/m^2$ 以下，而夏季又是高温湿热的地区。西班牙地区在环境温度 0℃，太阳直射辐照度 $800 \ W/m^2$ 时，反射镜非常清洁条件下，系统净效率可达 22.5%。

位于西班牙、法国、德国的三座碟式斯特林机在 2004 年至 2005 年间由德国航空航天署进行了总计 6670h 的连续运行测试，历经 15 个月，累计发电 3.65 万 kW·h，法国日均最大效率 19.5%，西班牙日均最大效率 20.5%。系统可用率接近 80%~85%，好的月份超过 90%~95%。出现过由于并网问题和控制系统的软件和硬件故障而停机现象，其后曾针对问题进行过维护和改进。

斯特林机是碟式系统中的核心部件[25]，安装在法国德拉国家科学研究中心太阳能实验室的系统，针对斯特林机进行了分析和研究。由于各地太阳能辐射条件和环境条件不同，而斯特林机选择了更好性能的保温材料，使斯特林机整体热平衡出现问题，造成在某些工况下机组不稳定，效率下降，甚至出现停机情况。这是因为斯特林机作为一种热机，不能自身热平衡时，就会降低做功效率，通过分析调整，就可以控制散热速率，保持系统正常运行。为了分析斯特林机的整体热平衡情况，表 5.5 列出了设备主要技术数据。

表 5.5 斯特林机设备主要参数

内　　容	单　位	数　据
集热器圆形吸热面积	m^2	0.058
气缸半径	mm	136
集热器腔体半径	mm	95
集热器表面平均温度	℃	850
集热器外表面温度	℃	150
集热器面到吸热面距离	mm	120
集热器内壁长度	m	30
集热器表面积	m^2	0.47
集热器内空气流速	m/s	1
斯特林机和油盘的表面温度	℃	50
斯特林机和油盘的表面积	m^2	0.7

集热器（铬镍铁合金）吸收比 93%，反射比 7%，发射比 88.9%。陶瓷保温材料吸收比 20%，反射比 80%，发射比 90%。当太阳直射辐照度为 $906W/m^2$ 时，反射镜有效面积 $53m^2$，包括清洁系数在内的镜反射率为 92.5%，则输入功率为 44.42kW。考虑溢出效率为 85%，反射比 3.15%，发射比 5.84%，对流损失率 2.25%，集热器腔体辐射和对

流损失率 2.55%，进入斯特林机的实际输入功率为 31.63kW，实际输出电功率 12.25kW，其余部分 19.38kW 将以散热方式通过散热器排放到空气中。

根据法国当地气象条件，即散热温度和环境温度差，冷却介质密度，即可算出实际需要的冷却介质流量。通过上述分析，找到了斯特林机散热系统的计算依据。

机组实际运行后，正常的维护工作主要包括斯特林机的充氢，玻璃镜清洗，油位和水位的监测等。

斯特林机运行期间，由于各种原因，氢气损耗是比较频繁的，因此补充氢气需随时进行，一般情况下 5 升的氢瓶每周压力降大约是 2MPa，要求补氢的工作压力应维持在 20MPa 左右。要分析何种原因造成泄漏比较困难，一般认为运行的变工况、密封油的变化、温度急速变化等情况都可能引起漏氢。一年内大约消耗 3 瓶标准为 B50 氢瓶的氢气量。

为保证反射镜的清洁度，经常性清洗是必要的。如果天气下雨，保持反射镜一定的角度，也能够使反射镜清洗干净，但这取决于雨的频繁程度。利用变化压力的高压水枪清洗也是好的方法，但这需要消耗大量的水，所以这种方法在缺水地区不建议推广。最简单的方法就是人工擦拭清洗，但人力消耗大，采用机器人擦拭清洗也是好方法。太阳跟踪传感器也需要关注其清洁程度并经常清洗。

要经常关注油位情况，因为当油位下降快时，有可能是油通过活塞进入腔室。

经常需要维修的设备和系统包括，充氢回路、太阳跟踪系统和控制系统、斯特林机等。在运行过程中，出现过如下问题：充氢回路中的调节开关和压力传感器容易损坏，一旦损坏需及时更换。控制回路中的逻辑错误，如编码器和解码器不匹配，电缆接头故障，通过更换连接头予以解决。通信故障，如跟踪控制故障有时一周出现数次，辐射传感和动力部分故障造成不同步，减速齿轮漏油，伺服马达进油进水，信号电缆受腐蚀等情况发生比较多，此时采用应急电机予以解决。位于氢瓶和斯特林机之间的氢压切换阀在运行 285h 后发生故障，造成停机，更换了不锈钢制阀门才解决。利用绝热材料替代空气-水冷系统后，整个系统热平衡需要重新调整。运行一段时间后，应检查反射镜聚焦情况并适当调节集热器的位置。高温侧测量热电偶经常被烧坏，需及时更换。系统运行后还不断地修改控制程序。还发生过由于受热和大荷载的原因，固定斯特林机的螺栓松动使机器发生震动等。

"EuroDish" 系统在 2004 年调试和测试阶段的月运行数据见表 5.6。

表 5.6   "EuroDish" 系统 2004 年数据测试结果

月份	运行小时	月发电量	峰值发电	日效率	平均发电
	h	kW·h/mon	kW·h/h	%	kW·h/h
三月	42.60	168.90	6.4	9.90	3.96
四月	35.10	159.63	7.2	10.85	4.55
五月	84.00	417.52	7.5	10.60	4.97
六月	50.70	194.12	6.4	10.50	3.83
七月	54.50	201.25	6.1	10.70	3.69
八月	5.50	4.00	3.2	7.80	0.73

续表

月份	运行小时	月发电量	峰值发电	日效率	平均发电
	h	kW·h/mon	kW·h/h	%	kW·h/h
九月	52.00	187.55	5.7	10.40	3.61
十月	55.20	223.64	6.7	9.22	4.05
十一月	91.80	471.75	7.6	13.20	5.14
十二月	49.30	325.58	10.2	17.90	6.60
总计	520.7	2353.94			

上述数据取自西班牙的实验结果，表中各月的运行结果差别很大，主要受到外部条件影响，有时受到节假日等电网要求，并无故障问题。2005 年月运行综合数据见表 5.7。数据表中可见，由于冬季环境温度低，1 月和 2 月的机组效率达到最高，3 月和 4 月由于控制系统的故障引起运行小时数降低。而 5 月至 8 月太阳辐射值较高，此时运行小时数也较高。

表 5.7　　　　　　　　　　"EuroDish" 系统 2005 年数据测试结果

月份	运行小时	月发电量	峰值发电	系统效率	系统净效率
	h	kW·h/mon	kW·h/h	%	%
一月	117.42	815.1	10.0	17.22	16.60
二月	112.50	836.7	10.1	17.51	16.87
三月	52.25	225.0	9.3	13.87	12.59
四月	21.58	97.3	8.5	12.84	11.54
五月	155.42	901.0	9.2	15.55	14.96
六月	166.67	919.1	9.1	15.16	14.60
七月	238.25	1283.1	8.1	14.47	13.98
八月	74.00	366.1	8.2	15.51	14.84
总计	938.08	5443.4		15.56	14.94

上述数据是"EuroDish"系统第一次研发、试验生产、安装调试后直接进行的测试，反映了碟式系统的真实情况，经过多年运行后并对设备进行改造，系统效率已经有了更大的进步。

5.8　美国 Maricopa 太阳能碟式斯特林发电系统

Maricopa 太阳能碟式斯特林电站位于美国亚利桑那州皮奥里亚市，Maricopa 原意是印地安那土著的分支马里科帕人的意思。电站坐标为 N33°33′31.0″，W112°13′7.0″，占地 15 公顷，电站于 2009 年 9 月开工，2010 年 1 月投产，同时签订上网协议。项目业主和运营方是 Tessera 太阳能公司，EPC 总承包公司是 Mortenson 建设公司。单碟功率 25kW，数量共计 60 台套，总容量 1.5MW，制造商为 Catcher 碟式斯特林能源系统公司，冷却方式为空冷型，电站用水仅饮用水和清洗玻璃镜用水。图 5.14 为 Maricopa 碟式斯特林电站俯视图和近景图。

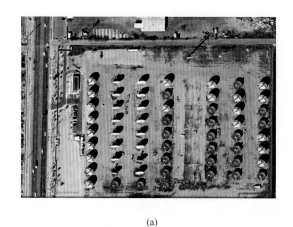 

(a)   (b)

图 5.14　美国 Maricopa 太阳能碟式斯特林电站

（a）俯视图；（b）近景图

太阳能碟式发电是硅谷电网系统中首个清洁发电能源，公司认为该项目是一个重要的学习机会，在未来几年太阳能技术能够得到更广泛应用。电站具有成本低，无需冷却水，能够充分利用太阳能光热，太阳能转换效率高的特点，可避免太阳能直流电源转换为交流电源，减少能量损失。

Tessera 太阳能公司从盐河工程（Salt River Project，SRP）租赁土地，建设 1.5MW示范电站，提供电力足够约 200 家庭的用电。位于旁边的阿瓜弗里亚发电站，是 Tessera太阳能公司下一个 10 年规划地区。

5.9　碟式太阳能直接蒸汽发电系统

澳大利亚国立大学（ANU）建设有一座 $400m^2$ 抛物面碟式太阳能聚光系统[26]，不是采用斯特林机发电，而是直接产生过热蒸汽，通过管道输送到 50kW 的汽轮机发电。全部系统包括圆盘式抛物面聚光器，蒸汽集热器，主蒸汽管道，汽轮发电机，凝汽器和冷却塔，给水箱和给水管道，给水泵。系统原理和外形结构见图 5.15。

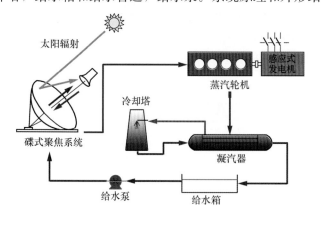 

(a)   (b)

图 5.15　抛物面碟式蒸汽发电系统

（a）系统原理图；（b）外形结构图

　　400m² 抛物面碟式太阳能发电系统采用了 54 块三角形玻璃镜面板，组成六角形伞状空间结构，见图 5.15（b）外观图。高度角可调，方向角的调节位置靠近地面，有助于降低结构重心，有助于减少风的阻力，从而提高抗台风能力。抛物面镜焦点上安装了腔式集热器，内部安装有不锈钢管单螺旋绕组，相当于一个小型锅炉，可产生压力 5MPa、温度 500℃ 左右的过热蒸汽。蒸汽通过蒸汽旋转接头进入高压管道，输送到附近的汽轮发电机组做功，产生电力 50kW，直接输送到当地电网。汽轮机采用了小型往复式蒸汽轮机，系统连接顺序是，抛物面碟式太阳镜跟踪太阳，把阳光聚焦到集热器上，从给水箱来的水通过给水泵，产生高压给水进入反射镜焦点处的集热器，水经过集热器加热成为过热蒸汽，蒸汽通过高压蒸汽管道进入往复式汽轮机中，产生电力送入当地电网。全部系统还包括旁路阀、旋转接头、电气和控制系统等。

　　碟式系统直接用于产生蒸汽，可避免采用大型斯特林机，同时还可实现向用户直接供热，通过储存高温水储热等应用，扩大了碟式系统的应用范围。

第6章

线聚焦太阳能热发电系统（槽式）

线聚焦太阳能热发电系统的关键部件是真空集热管。要求真空管的集热效率高，散热损失小，工作寿命长。国外大量的太阳能热发电站都采用槽式系统，与真空集热管产品的成熟有关。

6.1 太阳能抛物面槽式热发电

在不同聚焦形式的太阳能热发电中，太阳能抛物面槽式热发电系统最为常见。槽式系统采用线聚焦方式，利用槽式抛物面聚光镜将太阳光聚焦到管状集热器上，加热带有真空玻璃罩的管内介质，介质可以是水、导热油或熔融盐等。集热管随着抛物面反射镜一起跟踪太阳。由于结构原因，槽式系统聚光比一般在 $50\sim150$ 左右，根据介质不同，温度有所不同，一般导热油为介质时，真空集热管出口油温 $400℃$ 及以下；采用熔融盐为介质时，温度可以达到 $550℃$。槽式系统可采用并联方式，将加热的介质集中，因此，单机容量可以较大，不足之处是聚光比相对较低，系统总效率略低，技术难点之一在于高温集热真空管的加工和制造，其二是高精确度的抛物面聚光镜的生产。聚焦方式详见图6.1。

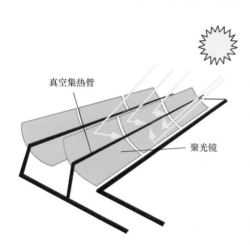

真空集热管

聚光镜

图 6.1 抛物面槽式聚光系统

与槽式聚光形式相近的是线性菲涅耳式聚焦，通过分条的平行玻璃将太阳光线反射到集热管上，其聚焦比略低于槽式，介质温度可达高中温等级，系统效率不太高，机械跟踪部分略微复杂，但优点是对集热管和玻璃镜的要求降低，使其成本降低。

线聚焦的槽式太阳能热发电系统是依赖于规模化的热发电系统，其输出介质参数越高、单机容量越大，系统效率就越高，发电成本越低。这种系统可以利用大规模蓄热，解决连续发电问题，而解决连续发电的技术难题（当然还有成本），也是太阳能热发电在电网中成为主力能源的关键。

槽式系统在太阳能热发电中应用广泛，目前已投入运行的最大单机容量为80MW。由于槽式系统由集热管聚集热量，可灵活地采用串联和并联的方法，因此，在取得适当的温度的条件下，流量可任意组合，因而得到不同单机容量的机组。最大容量取决于介质参数条件下的最佳容量配置，但由于槽式系统的聚光比较低，因而吸热介质的初参数也较低。美国 SEGS1～9 太阳能槽式热发电机组，单机容量在 30～80MW 之间，系统年均热效率为 9.5%～13.5%。虽然槽式系统的单机容量可以很大，但介质初参数的提高受到限制。

对于使用何种蒸汽初参数，一种观点是，核电站常规岛的汽轮机蒸汽压力约 6～7MPa，温度约 280～290℃，压力和温度都不高，而单机容量最大达 1500MW，同样运行安全稳定，因此系统中采用中、高温度参数，保证安全运行最重要。另一种观点希望提高效率，因此，需要提高介质温度，寻找更高使用温度的介质如熔融盐材料。因此，槽式热发电的后续发展在于真空集热管的长期运行，介质参数和系统效率的提高，蓄热容量的增加，总投资和运行成本的降低，以降低上网电价。

6.2　抛物面槽式聚光系统的温度分布及效率

由于太阳是一个圆球，太阳光线是从一球体上连续发出的，所以当人体的影子射在地面时，影子边缘就有重影，这是因为太阳球体不同位置的光线重复照射在人体边界，一部分被遮挡，一部分照射过去，使影子边缘模糊了。同样道理，太阳照射到抛物面镜的某一点，光线反射到集热器上时，也是一个光斑，光斑直径的大小可以计算。见图 6.2 抛物面槽式聚光器对集热管的光斑分析[27]。

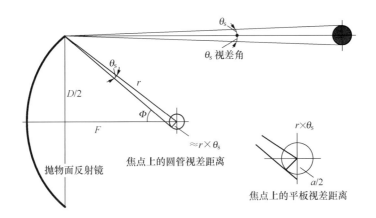

图 6.2　抛物面槽式聚光器对集热管的光斑分析

假定此时抛物面开口尺寸 5.76m，焦点到抛物面两点的夹角 45°，从左侧视图可得到

$$D = 2r\sin\Phi \tag{6.1}$$

$$d = 2r\frac{\sin\theta}{\cos\Phi} \tag{6.2}$$

则

$$D/d = \frac{\sin\Phi\cos\Phi}{\sin\theta} = \frac{\sin(2\Phi)}{2\sin\theta} \tag{6.3}$$

有如下关系，即

$$\sin^2(2\Phi)/\sin^2\theta \leqslant \sin^2\theta \leqslant C_{MAX} \tag{6.4}$$

同理，从右侧视图可得

$$\sin\Phi/\sin\theta \leqslant 1/\sin\theta \leqslant C_{MAX} \tag{6.5}$$

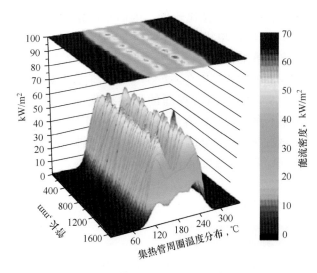

图 6.3　抛物面槽式聚光器对集热管的光斑分析

已知太阳的视半径为 $15'59''.63$，利用以上公式，可计算得到太阳照射在平板上的宽度为 53.6mm，太阳照射在圆柱上的宽度为 37.8mm。一般集热管的直径选择 70mm，则集热器全部误差只要不大于 16.1mm，则可保证太阳光线全部照射在集热管上。图 6.3 显示了真空管在聚焦后管周圈 360°范围内温度分布情况[28]。由于真空管位于抛物面焦点处，阻挡了直接照射和反射到真空管 180°区域的太阳光线（指真空管下部中点位置），最高温度点不在 180°区域，而在 180°区域的两侧。

抛物面槽式聚光系统的效率越高，表示太阳能热发电整体效率越高。图 6.4 显示了聚光系统不同入射角条件下的效率数值。通过这些物理模型的建立，可以从理论上分析影响效率的各环节的问题。集热器的效率函数关系见下式[29]，即

$$\eta_{opt} = \eta_{re}\eta_{cl}\eta_{rec}\eta_{sp}\cos(\alpha_s) \tag{6.6}$$

式中　η_{opt}——集热器效率；

　　　η_{re}——玻璃镜反射率；

　　　η_{cl}——玻璃镜清洁系数；

　　　η_{rec}——集热效率（含真空管反射率和发射率等）；

　　　η_{sp}——真空管捕集效率；

　　　α_s——太阳高度角，（°）。

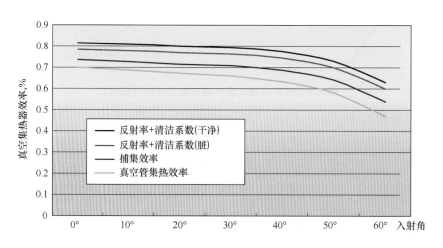

图 6.4　真空集热器各种损失曲线

图 6.4 中，当入射角为零，清洁系数为 1，则最大效率可达 80%。蓝线和粉线之间的间隔为玻璃镜的污染引起的损失，粉线和红线间隔为真空管捕集效率引起的损失，红线

和绿线之间为真空管因辐射、对流和热传导引起的散热损失。

6.3　不同形式的抛物面槽式太阳能热发电

槽式系统热发电形式很多，主要标志在于不同蓄热介质的应用，蓄热容量的确定。抛物面槽式热发电技术得到广泛运用有两个关键因素：

（1）单机容量大：由于槽式热发电系统是每一个集热单元模块并联而成，因此增大单机容量不难，国外槽式已投产最大单机容量为 80MW，正在建设单机容量 130MW 和 200MW 机组，正在研究和设计单机容量 250MW 机组。机组容量越大，系统效率将越提高，实现规模化的可能性就越大，当然机组容量的增大还有一些限制条件。

（2）系统有蓄热：蓄热容量的确定要根据机组在电网中的作用确定，一般来讲，要达到额定机组出力 7h 以上的蓄热量，夜晚低负荷运行条件下，春、秋和夏季情况都能连续运行。蓄热上限没有限制，但蓄热量越大，蓄热设备的制作成本越高，冬季和夏季的蓄热和发电的偏差就越大。最大蓄热小时数的确定，宜保证全年至少 10 个月的正常太阳能辐射条件下能做到机组 24h 连续发电。

蓄热是太阳能热发电发展的关键要点，国际上近 25 年的太阳能槽式热发电系统的研究和发展，为什么会出现各种不同介质的热发电系统，其根本原因都在寻找能够稳定运行的蓄热介质，最终达到电站能够连续运行。

表 6.1 列出了几种不同槽式热发电系统的主要特点。其发电方式可分为三类，第一类是太阳能与其他能源组合的发电方式；第二类是以太阳能发电为主，无蓄热或少蓄热，即使蓄热也以解决多云天气的负荷波动为主的发电方式；第三类是以解决连续发电方式为主，连续发电不依靠其他补燃，而依靠太阳能自身的蓄热来解决的发电形式。燃料形式可以是燃气或燃煤。

表 6.1　　　　　　　　　不同槽式热发电系统主要特点

形式	系统特点	典型机组
槽式＋地热	1. 地热发电，太阳能补充； 2. 单介质（水），无蓄热，连续发电	墨西哥 CPIV
槽式＋ 燃料机组联合循环	1. 10%～35% 的太阳能，其余燃料机组发电； 2. 双介质（导热油＋水），无蓄热，连续发电	摩洛哥、 阿尔及利亚 ISCC 等
槽式＋燃料	1. 大于 80% 的太阳能，燃料用于起动和补燃； 2. 双介质（导热油＋水），无蓄热，间断发电	美国 SEGS
槽式＋燃料	1. 100% 的太阳能，燃料用于起动和补燃； 2. 双介质（导热油＋水），少蓄热，间断发电	美国太阳能 1 号
槽式＋燃料	1. 100% 的太阳能，燃料用于起动； 2. 三介质（导热油＋熔融盐＋水），有蓄热，连续发电	西班牙 Andasol
槽式＋燃料	1. 100% 的太阳能，燃料用于起动； 2. 双介质（熔融盐＋水），有蓄热，连续发电	意大利 Archimede

6.4　蒸汽为介质的无蓄热发电

水/水蒸气作为单一介质的发电方式，基本上将加热的蒸汽补充到其他发电形式介质中，组成联合发电的形式。

墨西哥赛罗普列托电站是太阳能和地热联合循环机组[30]，厂址位于墨西哥西北丘陵地区，坐标为 S32°39′，W115°21′，地热电站总容量100MW，带有 4 台 25MW 汽轮机，1号、2号、3号机组自 1973 年起运行，4 号机组于 2000 年投产。地热蒸汽通过管道引入分离器，分离出的蒸汽供给汽轮机做功，汽轮机入口压力为 1.5MPa，每台汽轮机消耗蒸汽量约 183t/h。由于多年运行后地热量的不足，而当地太阳能辐射条件优越，因此，选择太阳能槽式装置直接产生蒸汽，与地热蒸汽混合后进入汽轮机，以提高全厂发电量。表 6.2 为当地太阳能月平均日直射辐射数据。

表 6.2		墨西哥赛罗普列托地区太阳能月平均日直射辐射值								kW·h/m²	
1月	2月	3月	4月	5月	6月	7月	8月	9月	10月	11月	12月
5.22	6.27	8.27	9.28	9.23	9.35	8.64	7.34	8.00	7.12	6.55	6.13

根据当地太阳能条件，利用 10%的太阳能热产生蒸汽，用地热蒸汽和太阳能热产生的蒸汽混合，既能增加发电量，解决夏季电网负荷不足的矛盾，又能提高蒸汽品质，提高整个机组的安全性。因此在多种选项中提出了两个方案。第一选择是采用太阳能槽式系统增加蒸汽量，当时地热井的产量为咸盐水的蒸汽混合物，井压 5MPa，分离后的压力 1.5MPa。为提高蒸汽品质，流量从 37.1kg/s 增加到到 47.1kg/s，太阳能直接产生5MPa 压力的过热蒸汽，和地热蒸汽混合。根据太阳辐射条件计算，得到在辐射值 900W/m² 和槽式太阳能镜场效率 70%的条件下，所需太阳能集热器面积为 13 863m²。第二个选择是降低太阳能蒸汽压力，产生 1.5MPa 的过热蒸汽，将地热蒸汽经降压后，再与太阳能蒸汽混合，进入汽轮机。第二种选择太阳能集热器面积需要 6851m²。图 6.5 为槽式＋地热发电的两种方案的原理图，方案一，从凝汽器出来的水经过镜场后与地热蒸汽汇合，再经过分离器，分离出的蒸汽进入汽轮机中；方案二，从镜场出来的蒸汽进入膨胀罐中分离，蒸汽直接进入汽轮机，而水返回镜场。

采用第二方案，抛物面聚光镜开口宽度 5.77m，长度 2×99.5m，开口面积 1090m²，采用南北方向布置，倾斜角 0°，计算太阳能光热转换效率约 70%。太阳能集热器介质为水和蒸汽，压力有三种参数，5、1.5、0.43MPa，最大出口温度 200℃。图 6.5 (a) 中，集热管入口水焓 110kJ/kg，集热管出口压力 2MPa，出口蒸汽流量 0.82t/h。(b) 图中，凝汽器的出口增加了一个蒸汽膨胀箱，蒸汽压力 2MPa 时，集热管的出口蒸汽流量 0.98t/h。

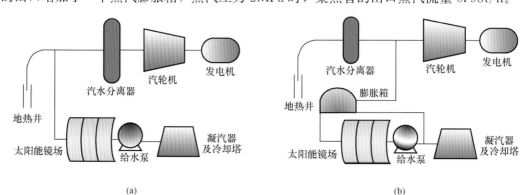

(a)   (b)

图 6.5　槽式＋地热发电原理图

(a) 方案一；(b) 方案二

由于地热汽轮机的进口温度不高，所以槽式系统出口蒸汽温度仅 200℃，实际上槽式集热器的出口温度可以提高，用高参数的介质与地热蒸汽混合，从而提高机组整体效率。该系统是一个试验示范项目，该试验说明采用蒸汽循环的槽式系统是可能的。

埃及的纳赛尔项目于 2000 年提出，2003 年实施，采用槽式系统加热水产生蒸汽。当地太阳辐射值 2500kW·h/(m²·a)，项目总占地 8000m²，镜场面积 1900m²，采用 2 吋的真空集热管，生产工作压力为 0.8MPa，工作温度 175℃的饱和蒸汽。经过不断的调试，到 2005 年 3 月，在给定的太阳辐射条件下，现场产出大约 852～892kg/h 的饱和蒸汽，满足了国家新能源和可再生能源署规定的 850kg/h 蒸汽的目标。

用水直接通过真空集热管产生蒸汽发电形式，欧洲研究较多，如在西班牙南部的 PSA 太阳园（The Plataforma Solar do Almeria，PSA），直接太阳能蒸汽系统分为两块，槽式镜场部分和动力模块，如图 6.6 所示。其中镜场部分采用太阳能抛物面槽式集热器，由 4032m² 的抛物面镜子组成，总长约 700m，集热器出口可产生压力 10MPa，温度 380℃，流量 3.6t/h 的蒸汽。实验中主要难点在于水的预热段、汽化段和过热段的分配和控制，采用大型汽水分离装置还是各段分别采用汽水分离，汽水分离的液位控制等问题，而这一实验基本掌握了整个加热过程及其控制方法。

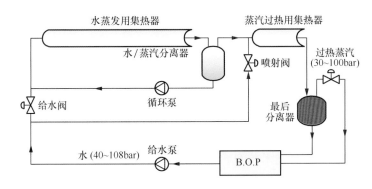

图 6.6　采用水作为介质的系统原理图

这些试验的完成，为槽式系统直接采用水作为介质的推广应用奠定了基础。

在真空管制造方面，2007 年已研制出直接产生蒸汽的真空集热管，介质出口温度 400℃，并开始研制出口温度达到 500℃的集热管，关键在解决 500℃温度条件下的吸热涂层难题。

由于水的工作温度范围具有液态、饱和态、过热态三种状况，其汽化潜热和换热系数不同，造成在固定水平管段内的换热控制难度加大，故实际应用以水作为工质的直接换热方式很少用于实际工程，绝大部分仍然以导热油作为槽式系统的换热工质。但是，以水为介质的单一工质系统简单，在很多综合利用过程中，如供热、多联供系统、海水淡化等系统中有广泛的应用，而研究过热蒸汽通过集热管加热，达到恒定温度的研究的突破，是取得成功的关键。

6.5　太阳能槽式和燃气机组联合发电（ISCC）

摩洛哥 ISCC 电站（integrated solar combined cycle power plant）位于摩洛哥东

部[31]，距乌杰达市以南 88km 处，电站坐标为 N34°4′12″，W2°6′19″，海拔高度 923m。设计条件为太阳直射辐射值（DNI）2300kW/（m²·a），设计点按照 3 月 21 日太阳位置，周围环境温度 15℃。初始设计时联合循环燃气机组总容量 250MW。太阳能负荷量按照额定负荷出力达到 20MW，最大负荷出力 30MW。最终设计机组总容量为 470MW，天然气燃气和蒸汽发电部分 450MW，年发电量 3538GW·h，太阳能部分发电 75GW·h，占全部发电量的 2.08%。该电站是世界上第一座投入运行的 ISCC 电站，其外景与布置见图 6.7。

 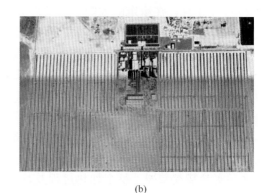

(a)   (b)

图 6.7　摩洛哥 ISCC 电站

(a) 厂房外景图；(b) 平面布置图

该项目为摩洛哥国家电力公司拥有，太阳能发电的增量成本由全球环境基金（GEF）提供赠款，其他部分通过融资解决，并得到了非洲开发银行的支持。fichtner 太阳能有限公司是工程顾问公司，为整个项目的合同采购、工程建设和投产运行过程负责 EPC 合同和交钥匙工程的概念设计，资格预审及投标文件的编写。招标程序根据世界银行标准分为两个阶段。第一阶段提交技术信息。经过澄清会议，邀请投标人提交第二阶段投标，更新的技术投标和财务投标。三家国际公司投标，最终由西班牙 Abener 工程公司中标，合同于 2006 年签署。合同除了包括太阳能部分外，还包括 66kV 变电站和 220kV 的线路工程，项目于 2009 年 8 月投产运行。

北非和中东地区已经建设的太阳能利用项目，基本都是 ISCC 的方式，主要由于纯太阳能热发电投资高，因而计算电价高，而该地区盛产石油和天然气，建设太阳能热发电无法与燃气电站竞争。采用混合式发电方式，既体现了环保和节能意识，又充分利用丰富的太阳能，达到相互弥补作用。第二个原因，燃气机组受环境温度影响大，当地中午环境气温高，使机组出力下降，而太阳能热发电部分补充了这部分负荷，满足了电网中午高峰负荷的需要。图 6.8 为摩洛哥 ISCC 电站系统原理图。

电厂总占地 160hm²，太阳镜场面积 180 000m²，224 组太阳能集热模块，组成 56 个回路。集热管介质采用导热油，入口油温为 295℃，出口油温为 395℃。在环境温度 15℃条件下，燃气轮机出力 360MW，汽轮机出力 110MW（带太阳能发电）和 78MW（不带太阳能发电）。全部出力由 66kV 和 220kV 电力线输出到厂外变电站。全厂总出力 470MW，厂用电率 4.26%（综合值），全年总发电量 3578GW·h，按照实际太阳能利用面积测算，一年中接受的太阳辐射总能量为 230GW·h/a，实际利用 75GW·h/a，实际

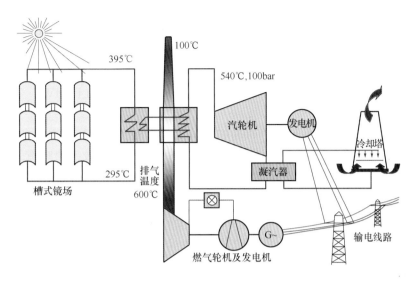

图 6.8 摩洛哥槽式＋燃气机组的联合发电原理图

太阳能利用效率达到 18.1%，这是因为燃气联合循环机组本身效率较高，而槽式系统又将热能提供给低温水加热，换热效率高，使整个系统效率提高。

继摩洛哥的 ISCC 电站建设后，埃及、阿尔及利亚的 ISCC 电站也开始建设，两个电站的机组容量都是 150MW。

埃及新能源和可再生能源局（NREA）实施的机组容量为 150MW 的 ISCC 电厂[32]，原理和摩洛哥电站相似，厂址位于首都开罗南部 95km、尼罗河以东 2.5km 处，当地 N29°16′41″，E31°14′54″。环境温度 2～42℃，年平均气温 21.6℃。按照实际太阳能利用面积测算，一年中接受的太阳辐射总能量为 225GW·h/a，实际利用 64.5GW·h/a，占全部发电量的 6.6%。联合循环电厂的主要目的也是通过太阳能热发电和燃气轮机发电的互补，达到白天中午高峰时能有较大出力和最好的经济性。电站外景与布置见图 6.9。

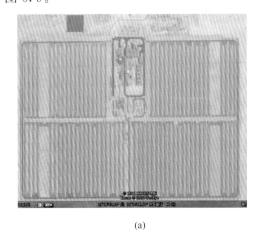

(a)

(b)

图 6.9 埃及 ISCC 电站

（a）平面布置图；（b）近景图

埃及 ISCC 电站的合同分为三部分，第一部分为太阳能岛的总承包和运行维护合同，第二部分是燃气-蒸汽岛的总承包合同，第三部分是燃气-蒸汽岛的运行维护合同。电站的主要技术数据：燃气轮机出力（ISO 条件下）80MW，蒸汽轮机出力（环境温度 20°，设计太阳能辐射条件下）70MW，（无太阳条件）38MW，机组总出力（环境温度 20℃，设计太阳能辐射条件下）150MW，净出力 146MW，全年净发电量 9.8 亿 kW·h。

根据分析，一般 ISCC 电站的蒸汽轮机部分的容量要大于 IGCC 电站的部分，因此，当太阳能部分停止运行时，蒸汽轮机会在低负荷下运行，从而效率会略有下降，而当中午电网需要负荷的情况下，增加了太阳能发电部分，整个电站能够增加发电量。由于选择容量大的蒸汽轮机而引起的低负荷运行损失和太阳热发电增加发电部分见图 6.10。该电站除了补充电网高峰负荷外，电站每年还将节约 5000t 天然气用量，减少二氧化碳排放 16 000t，成为一座干净、低污染发电的标杆电站。

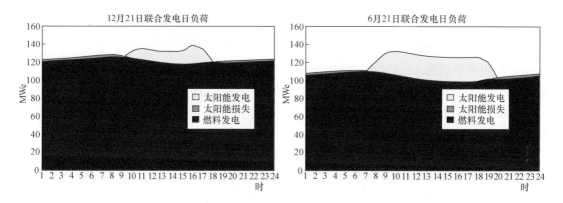

图 6.10　不同季节埃及 ISCC 电站输出负荷示意图

ISCC 电站利用太阳能发电，以降低天然气用量，通常强度最高发电高峰时段是在夏季中午，根据电站的数据显示，传统联合循环电厂成本约 1098 €/kW，而纯太阳能电站在 3000 €/kW 左右，如果采用 ISCC 方式，成本在 1800 €/kW，这种混合动力技术的巨大优势是白天比夜晚的最大净额定输出功率大 21%，而常规燃气机组由于气温原因，白天比晚上要低 10% 的负荷。而且该系统不需要蓄热，太阳能热的利用将减少二氧化碳排放量 20% 以上。

阿尔及利亚 ISCC 电站，项目位于阿尔及利亚 Hassi R'Mel 北部地区，与该区的小镇同名，该地区是全国最大的天然气气田，据称是世界第二座建成的 ISCC 电站，承建方仍然是西班牙公司。合同招标于 2004 年开始，近 10 家企业中标，包括 Lavallin，通用电气，西门子，阿尔斯通和 Black & Veatch。2006 年开始建设，计划 2010 年 8 月投产。该电站的太阳能镜场部分，抛物面太阳能架构使用了 Solucar TR 太阳能镀锌钢框架，玻璃是阿本戈太阳能公司 Rioglass 工厂生产的抛物面镜片。同样有 224 组太阳能集热模块，组成 56 个回路。SGT-800 燃气轮机和 SST-900 汽轮机由西门子公司供货。

6.6　导热油为介质的无蓄热发电

1985 年至 1991 年期间，美国 Luz 公司在加州建造了总容量为 354MW 抛物面槽式太阳能热发电站，统称为 SEGS 电站[33]，部分平面布置如图 6.11（a）所示，图 6.11（b）为电站大门照片。电站共计 9 台机组，其中单机最小容量 14MW，最大容量 80MW。SEGS 电站位于美国加利福尼亚州，距拉斯维加斯东北部 160km 处，当地海拔 760m，日平均太阳直射辐射值（DNI）为 7.8kW·h/(m²·d)，全年 2725kW·h/(m²·a)，年太阳日照 340 天，年环境温度为 −24~32℃，年平均风速 2.75m/s，年 22m/s 以上的风速大约有 15 次，年降雨量 119mm。

 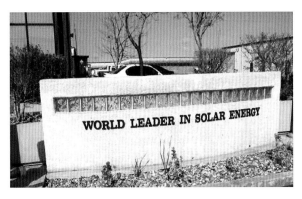

(a)   (b)

图 6.11 美国 SEGS 太阳能热发电站

(a) 平面布置图；(b) 大门照片

SEGS 电站是建设最早，规模最大的太阳能抛物面槽式电站，电站已成功运行 25 年以上，其中 9 号机组运行时间最短也达到了 22 年。机组设备和系统经历了长期运行的考验，电站的经营者非常自豪地在电站大门前立了"世界太阳能发电领导者"的牌子，应该是当之无愧。目前 9 台机组中 1、2 号机组已经停运，3~7 号机组位于 Kramer Junction，当地坐标为 N35°00′44″，W117°32′59″。8、9 号机组位于附近的 Harper Lake，当地坐标为 N35°01′36″，W117°20′52″。电站效率 13%~15%，厂用电率低于 9.5%。年输入能量按照 75%太阳能，25%天然气配比。

电站 3~5 号机组采用高、低压双缸汽轮机，单机容量 30MW。传热工质为导热油，集热管中导热油入口温度 307℃，出口温度 390℃。经过换热将蒸汽温度提高到 350℃，高压蒸汽进入高压缸，做功后从高压缸末端出来，再进入换热器将温度提高到 350℃，经过再热的蒸汽进入低压缸做功后，排入凝汽器。3~5 号机组具有回热和再热系统，因而系统相对复杂。3~5 号机组的系统原理见图 6.12。

电站 6、7 号机组采用单缸式汽轮机，传热工质为导热油，集热管中导热油出口油温仍然为 390℃，经过换热将蒸汽温度提高到 350℃后部分进入燃气锅炉，温度提升到 530℃后进入汽轮机，其余 350℃温度的蒸汽进入单汽缸的中部，与前面进入的蒸汽汇合继续发电，主蒸汽管路上设有旁路系统，并设置减温水，连接到凝汽器，6、7 号机单机容量 30MW。电站 8、9 号机组的系统和汽轮机进汽方式与 6、7 号机组相同，单机容量 80MW。可见 6~9 号机组的主蒸汽是由太阳能加热和燃气补燃共同完成的，主蒸汽温度达到 530℃，因而机组的系统效率大大提高。6~9 号机组的系统原理见图 6.13。

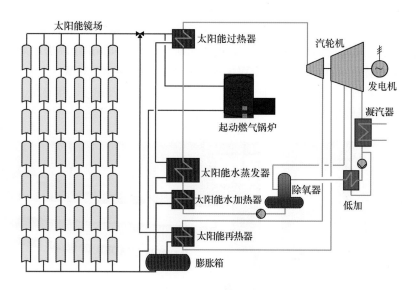

图 6.12　太阳能槽式热电站原理图（3～5 机组）

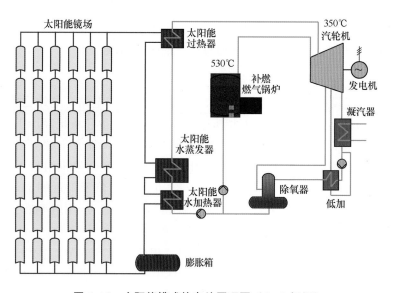

图 6.13　太阳能槽式热电站原理图（6～9 机组）

　　不同机组配置的镜场面积各有不同，其中 3～7 号机组的镜场部分配置有 LS2 型（焦比 72）槽式聚光镜，96 000 面抛物面镜，9000 根真空集热管，根据估算，单台机组管路中的导热油量大约 150m³。8～9 号机组镜场部分配置有型号为 LS3 型（焦比 80）槽式聚光镜，每个聚光器组件长 100m，包括 224 面反射镜和 24 支真空集热管，开口面积共 545m²，每个回路由 8 个聚光器组件组成，设有 111 组聚光回路。整个太阳镜场总共 888 套聚光器组件，198 912 面抛物面镜，21 312 根真空集热管。根据估算，单台机组管路中的导热油量大约 350m³。

　　玻璃反射镜由德国 Flabeg 在美国的公司制造，玻璃镜反射率 94%，经过现场的运行摸索，加强清洗，可保证镜反射率维持在 91%～93%。清洗玻璃镜采用水喷淋方法，为节约用水，水喷枪有高压、中压和低压三种压力等级，水流采用柱状或雾状，图 6.14（a）显示的是高压水枪清洗装置，可以清洗较重污垢的玻璃镜，但是用水量大；（b）图为中压水枪清洗装置，可以清洗一般污垢的玻璃镜，用水量中等；（c）图用雾状水喷淋，结合特殊的软毛刷清洗，也可以清洁积灰较严重的玻璃，用水量还少。

(a)　　　　　　　　　　　　(b)　　　　　　　　　　　　(c)

图 6.14　槽式玻璃镜清洗装置

（a）高压水枪情况；（b）中压水枪情况；（c）雾状水喷淋

　　每支真空集热管长 4.06m、直径 70mm，集热管效率 87%，根据现场经验，老式集热管 20 年的效率降幅可达 17%，由于技术的进步，新型集热管改进了吸气剂，防止真空下降，使真空保持度提高了 8 倍，新真空管的 20 年寿命期内效率降不大于 3%。真空集热管由 Solel 和 Schott 公司供货。真空管、抛物面反射镜及支架结构见图 6.15。

图 6.15　SEGS 真空管、反射镜及支架结构图

　　电站 3～7 号机组全场共 95 名员工，8、9 号机组共 45 名员工，电站与电网公司签订了 30 年购电协议至 2021 年。电站投产后，由于国际传统能源价格并没有如 20 世纪 80 年代中期预测的那样上升，同时由于美国对太阳能的激励政策不断变动，1991 年 Luz 公司因融资困难宣布破产，太阳能热发电的发展一度搁浅。然而随着经济的发展，能源和环境问题日益突出，各国又开始高度重视太阳能的发展。SEGS 电站最宝贵的经验在于，到现在运行已经 25 年，反射镜、集热管、支架及跟踪控制系统经过了 25 年的考验，摸索出机组在夏季、冬季、大风、低温下的各种运行经验，找到了太阳能热电站启动、停机规律、反射镜清洗规律、控制运行规律、气象预报与发电运行之间规律等。

　　从 1987 年到 2010 年底 9 台机组总计发电量达到 177.58 亿 kW·h，2010 年总发电量 9.19 亿 kW·h，扣除燃气发电量，其中 30MW 单台机组平均太阳能发电 8400 万 kW·h，

80MW 单台机组发电 1.98 亿 kW·h。

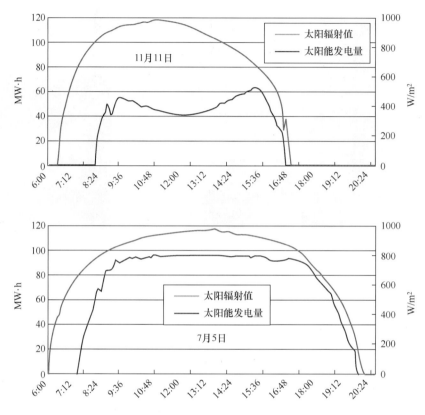

图 6.16 太阳能辐射条件下机组发电输出负荷

图 6.16 显示了 2010 年的 7 月 5 日和 11 月 22 日两天，在对应的太阳辐射条件下，一天之间 9 号机组随时间的发电负荷情况。可以看到，夏天时，从上午 8 点到下午 5 点，机组负荷都维持在额定负荷以上，而且负荷很稳定。冬季时，机组负荷从 9 点后到下午 4 点之间，机组负荷率维持在额定负荷的 70% 范围。图 6.17 显示了机组 DCS 控制系统镜场监控画面（a）、气象报警画面（b）和汽轮机控制画面（c）的图像。

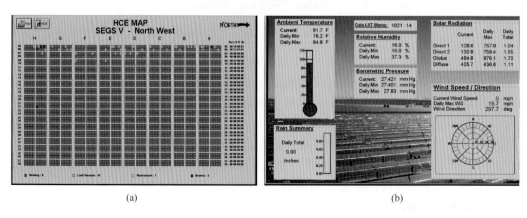

(a)   (b)

图 6.17 槽式太阳能热发电机组 DCS 监控画面（一）

（a）镜场监控；（b）气象报警

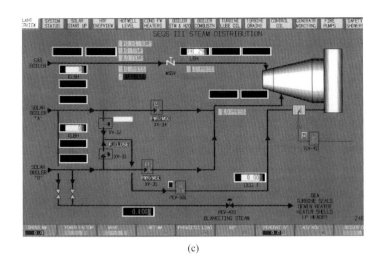

图 6.17　槽式太阳能热发电机组 DCS 监控画面（二）

（c）汽轮机控制

　　美国 SEGS 电站是一个成功的太阳能热发电站，该电站以导热油作为吸热介质，水/水蒸气作为发电工作介质，完成了从热到电的转换，电站运行良好，但是电站完全无蓄热功能，当天空有云时，机组负荷将发生波动，特别不足的是全天发电小时数只占不到一半时间，所以为什么一个良好的电站建成后，世界各国却没有复制美国的 SEGS 电站，主要原因在于各国还在探讨采用不同的蓄热介质形式，研究不同的介质温度，追寻更大机组容量的电站规模。

6.7　导热油为介质的蓄热发电

　　太阳能一号电站是美国继 SEGS 电站后建设的，在 SEGS 电站基础上，增加了蓄热部分，通过研究也才意识到，利用导热油作为蓄热介质的困难程度和投资成本增加的幅度。

　　电站位于内华达州南部的克拉克镇，拉斯维加斯东南 40km 处，电站坐标为 N35°47′53″，W114°58′51″，当地太阳辐射值为 2606kW·h/（m²·a），整个电站装有一台 75MW 机组。电站于 1999 年进入前期工作，2006 年 2 月开工建设，2007 年 6 月投产，年发电 1.34 亿kW·h。总投资 2.66 亿美元，电站运行寿命 30 年。业主方是 Acciona Energia 公司100％控股，EPC 合同方是 Lauren 工程公司，运行方由 Acciona 太阳能公司承担，发电量以长期协议销售给当地电网公司。

　　电站采用抛物面槽式太阳能热发电形式，集热器镜场供货商是 Acciona 太阳能能源公司，采用 SGX-2 型集热器，抛物面玻璃镜由德国 Flabeg 公司在美国的工厂生产。真空集热管 18 240 根，供货商是 Schott 和 Solel 公司，以色列的 Solel 公司占 30％，德国的Schott 公司占 70％。随着技术不断进步，真空管的技术指标也在不断提高，以色列 Solel公司的 UVAC 真空管的吸收比大于 96％、400℃时的发射比小于 10％、真空度小于0.01Pa，德国 Schott 公司的 PRT70 真空集热管吸收比大于 95％、400℃时的发射比与UVAC 管相同。汽轮机采用了西门子 75MW 再热式汽轮机，由瑞典生产。导热油由美国陶氏化学品公司供货，导热油型号为 DOWTHERM A 型。根据计算，不包括蓄热油量，单台机组管路中的导热油量大约 280m³。真空集热管入口温度 318℃、出口温度 393℃，集热器单元长度 100m，有效面积 470m²，每组 8 个单元，共计 760 组，整个太阳能镜场面积 357 200m²。电站采用储热技术，储热容量是机组额定发电容量的 0.5h。蓄热容量很小，蓄热目的主要为稳定发电负荷。根据计算，当机组热效率为 30%，仅 0.5h 的蓄热发电也需要 1700t 的导热油。蓄热时间和导热油量成正比，另外，导热油的工作温度在 300~400℃ 之间，高温下导热油将气化，为保持导热油的液态，需要施加一定压力，为储存 1700t 的导热油，需要建设相当体积的压力罐，这样建设成本将很高。因此，当蓄热量增加，采用导热油作为介质蓄热是很困难的。

由太阳能一号电站的建设得出的结论是，采用导热油作为储热介质，只能储存少量的热量，以解决在多云天气负荷的波动问题，而要储存更大量的热量，解决连续发电问题，就需要寻找新的蓄热材料。

6.8　熔融盐为介质的蓄热发电（三介质）

Andasol 1 号和 2 号电站位于西班牙南部的 Granada 地区[34]，每个电站占地面积 200hm²，机组容量 50MW，系统采用熔融盐间接蓄热，蓄热量为 7.5h 的发电量，电站总投资约 3.1 亿欧元。电站坐标为 N37°13′51″，W3°4′14″，电站外貌见图 6.18，（a）图为电站机组布置原理图，（b）图为电站整体布置图，可以看出，1、2 号机组已经投产，3 号机组正在建设。

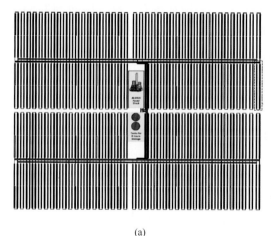

(a)　　　　　　　　　　　　　　(b)

图 6.18　Andasol 电站布置图

(a) 布置原理图；(b) 实际布置图

当地太阳能直射辐射值为 2136kW·h/(m²·a)，预计年发电量 1.58 亿 kW·h。电站于 2006 年 3 月开工，分别于 2008 年 11 月和 2009 年投产。上网合同于 2008 年 9 月正式签署，合同期 25 年，按照西班牙皇家 661 号法案，上网电价为 27 欧分/(kW·h)。项目业主方是西班牙 ACS/Cobra 集团，该集团拥有 100% 股权，EPC 合同方是 Cobra 集团下的 UTE CT 公司（80%）和 Sener 公司（20%），电站运营由 Cobra 集团负责。

每台机组占地东西方向长度为 1500m，南北向长度 1300m，太阳能镜场总面积 510 120m²，镜场部分配置有 SKAL - ET150 型槽式聚光器，焦距 1.71m，每个聚光器组件长 144m，包括 336 面反射镜和 36 支真空集热管，开口面积共 817.5m²，两排之间的间隔为 17.2m，每个回路由 4 个聚光器组件组成，设有 156 组聚光回路。整个太阳镜场总共 624 套聚光器组件，209 664 面抛物面镜，22 464 根真空集热管。根据估算，单台机组管路中的导热油量大约 350m³。槽式聚光器供货商为西班牙 UTE CT 公司，玻璃镜（RP3 型）供货商为德国 Flabeg 公司，真空管分别由以色列 Solel 和德国 Schott 公司供货，真空管入口、出口温度分别为 293℃、393℃。汽轮机容量 50MW，制造商为德国西门子，汽轮机入口蒸汽压力 10MPa，采用湿冷方式，强制循环冷却塔。汽轮机效率满负荷时 38.1%，太阳能电站效率 16%，燃料备用方式为天然气加热，备用量 12%。

电站设有两个高、低温熔融盐罐，储热量为 7.5h 的机组额定出力值，储热介质采用 60% 的硝酸钠和 40% 的硝酸钾混合盐，总容量 28 500t，熔融盐罐体积为直径 36m，高 14m 的钢制罐体，储热总量相当于 1010MW·h。系统原理见图 6.19。

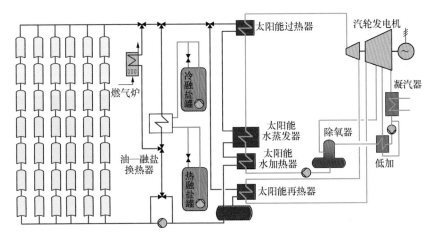

图 6.19　Andasol 太阳能槽式熔融盐储热电站系统原理图

熔融盐储热电站的工作介质有三种，导热油、熔融盐和水/水蒸气，系统也由三部分组成，镜场导热油吸热部分、熔融盐储热部分和水/水蒸气常规发电部分。每一种介质分别担任了不同单元的工作介质。从系统图中可以看到镜场部分，导热油经集热管串联、并联后，温度达到 393℃，经阀门切换分别送到蓄热系统和发电系统，太阳能热量不足时，直接给水/水蒸气换热发电，热量多余时，送到熔融盐换热器，加热融盐，动力由导热油泵提供。储热部分由两个独立的熔融盐罐组成，加热熔融盐时冷罐中的熔融盐流入导热油-熔融盐加热器，经加热后流入高温熔融盐罐中，放热时操作相反。常规发电部分白天和夜晚不同，白天由导热油提供热量，夜晚由融熔盐提供热量加热导热油，再由导热油加热水/水蒸气，注意这是两次换热，为了释放出熔融盐中的热量，需要经过两次换热，每一次的换热都有效率损失，所以采用三介质换热多一个换热过程，系统效率会下降。

汽轮机采用了双缸汽轮机，汽水系统为导热油两次加热蒸汽的回热-再热系统，导热油分两个回路，第一个回路加热主蒸汽，第二个回路加热再热蒸汽，经加热后的主蒸汽进入高压缸，蒸汽做功后排出汽轮机，再次进入导热油-水/水蒸气加热器，经再热后的蒸汽进入中低压缸，蒸汽完成做功后排入凝汽器，经冷凝的水经回热系统加压和加热，再次进入汽轮机高压缸，完成一个循环。

在太阳能热发电发展中，Andasol 电站和美国的 SEGS 电站一样，都是具有里程碑的意义的电站。通过三种介质的各自物理特性，达到了吸热、蓄热和发电的目的。美中不足的是该系统有三个弱点，介质形式多，系统复杂，可靠性和安全性降低；两次换热，使系统效率降低；由于导热油作为吸热介质，油温上限值仅 400℃，难以发挥熔融盐的高温储热优势，降低了本可以发挥的高效率优势。

根据上述数据计算，如果取消熔融盐介质，直接采用导热油蓄热，每小时蓄热量约需要 2550t 导热油，7.5h 约需要 1.9 万 t。要储存这样庞大的导热油，并且需要加压储存，从技术上讲能够实现，但是所需成本太大。因此，工程中采用熔融盐作为间接蓄热介质，因为熔融盐在储存过程中不需要加压。首先太阳的辐射热传给导热油，导热油经换热器，把水变成蒸汽推动汽轮机做功；多余热量经换热器传给熔融盐蓄热，熔融盐分为高温罐和低温罐，需要时高温罐中的熔融盐经换热器回到低温罐，把水变为蒸汽推动汽轮机做功。该系统中熔融盐起着间接蓄热的目的。熔融盐蓄热罐高 14m，直径 36m，体积约 14 000m³，可储存 2.85 万 t 熔融盐，满足 7.5h 的蓄热需求，当电站无蓄热时，年运行小时为 2000h，增加蓄热后，年运行小时增加到 3600h（在 12% 的补燃条件下）。Andasol 2 号机组技术参数和 1 号机组相同。蓄热罐布置及内部结构见图 6.20。

(a)   (b)

图 6.20　Andasol 电站蓄热罐图
(a) 蓄热罐远观图；(b) 蓄热罐内部结构图

由于增加了蓄热，使每天的运行小时数增加了，Andasol 电站机组的日负荷曲线见图 6.21，从图上可见，夏季工况时，当地太阳光线从早晨约 5 点开始出地平线，1 小时后，机组开始启动升负荷，经过约 2 个小时，机组达到满负荷输出，在早晨 8 点到下午 3 点机组发电和蓄热同时进行，当太阳辐射量降低后，蓄热量和太阳辐射量叠加发电，持续到夜里 2 点左右负荷下降。如果机组采用调峰发电形式，即从上午九点后满负荷运行，到下午 3 点后负荷减半运行，则可保持机组全天运行。各个季节每天的运行时间都不同，见（b）图中的秋季和春季，满负荷运行时间大约为早晨 8 点至夜里 1 点，而冬季从早晨 9 点到晚上 9 点。同理，采用调峰运行方式可延长每日的运行时间。在夏季时，白天可连续 16 个小时满负荷发电，晚上连续 8 个小时在 50% 负荷下运行，则可保持全天连续发电；在春、秋季节，白天有 10 个小时可以满负荷运行，其余时间全部 50% 负荷运行，则可保证一天之内连续发电；冬季时，则全天都必须在 50% 负荷下运行，才能保证全天发电。

与 Andasol 技术形式相似，都采用熔融盐双罐间接蓄热技术的电站还有 La Dehesa、La Florida 和 Manchasol‐1 号电站，电站容量均为 50MW。

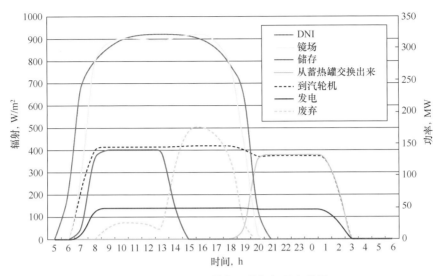

图 6.21　Andasol1 号和 2 号机组日负荷图

6.9　熔融盐为介质的蓄热发电（两介质）

间接蓄热增加了系统复杂性，系统包括导热油、熔融盐和蒸汽三种介质，导热油-熔融盐、熔融盐-蒸汽的两次换热，但是熔融盐在高温下运行不会气化，因此熔融盐在常压下可以高温运行，虽然熔盐罐体积很大，但可以在常压下运行，因而降低了设备费用，安全性也大大提高。为了解决系统复杂的矛盾，欧洲的太阳能示范电站又进行了新的尝试，采用两种介质、一次换热的直接蓄热技术。位于意大利西西里岛的阿基米德电站就是这种形式[35]。图 6.22 为意大利 Archimede 电站外观和镜场布置图。该电站靠近西西里岛以东的 Priolo Gargallo 市，电站坐标为 N37°8′3″，E15°13′0″，机组容量 5MW，电站总占地 8hm²，当地太阳直射辐射值（DNI）为 1936kW·h/(m²·a)，冬季温度基本处于零度线以上，电站于 2008 年 7 月开工，2010 年 7 月投产，电站的业主、建设方和运行管理都是 ENEL 公司。

(a)

(b)

图 6.22　意大利 Archimede 电站

（a）厂房图；（b）镜场布置图

太阳能镜场面积 31 860m², 镜场部分配置抛物面槽式聚光器, 每个聚光器组件长 100m, 包括 192 面反射镜和 24 支真空集热管, 开口面积共 590m², 每个回路由 6 个聚光器组件组成, 设有 9 组聚光回路。整个太阳镜场总共 54 套聚光器组件, 10 368 面抛物面镜, 1296 根真空集热管。根据估算, 单台机组管路中的熔融盐量大约 21m³。槽式聚光器供货商为意大利 COMES 公司, 玻璃镜供货商为 Ronda Reflex 公司, 真空集热管由意大利阿基米德公司供货, 真空管入口、出口温度分别为 290℃、550℃, 蒸汽轮机制造商为东芝公司, 燃气蒸汽联合循环机组容量为 130MW, 汽轮机入口蒸汽压力为 9.383MPa, 其中约 5MW 容量由太阳能产生的蒸汽进入汽轮机中, 机组为湿冷方式, 采用强制循环冷却塔。汽轮机效率满负荷时 39.3%, 太阳能电站效率 15.6%。

集热真空管内的介质直接采用熔融盐, 真空管出口温度 550℃, 采用熔融盐双罐直接蓄热技术, 蓄热时间为 8h, 蓄热罐高 6.5m, 直径 13.5m, 总体积 930m³, 可储存 1580t 熔融盐。熔融盐的配比为 40% 硝酸钾和 60% 硝酸钠的混合液。该系统使用熔盐量减少了, 主要提高了集热管出口温度, 使单位体积的熔盐蓄热量更多, 因而降低了设备造价, 年净发电量 9200 万 kW·h, 系统效率也提高了, 在 5MW 的小型机组条件下, 电站效率可达 15.6%, 这是非常有意义的。可以预见, 该项技术如果成功用于更大容量的机组, 电站效率将有进一步提高。

由于运行温度的提高, 真空集热管的运行条件将更加严酷, 需要时间的考验。目前真空集热管由 Archimede 太阳能公司和 ENEA 联合研制, 其中 HEMS08 集热管的吸收比大于 95%, 在 400℃ 运行温度下, 发射比小于 10%, 在 580℃ 条件下, 发射比小于 14%, 真空度为 0.0133Pa。

意大利阿基米德电站是世界上第一个两介质的熔融盐储热槽式电站, 即熔融盐完成吸热和蓄热两个模块的工作, 水/水蒸气做功的新型吸热-蓄热-发电方式。这是一个开拓性的工作, 机组虽小, 但意义是非凡的。坚持这项工作的是获得过诺贝尔奖的意大利物理学家鲁比亚, 他放弃巨大的荣誉而坚持研究太阳能技术应用, 并坚持开发熔融盐作为介质的太阳能蓄热电站, 为世界清洁发电和可再生能源发展做出了贡献。

熔融盐作为介质, 直接完成了吸热和蓄热两项工作, 减少了一次传热, 取消了导热油系统, 并且提高了介质温度, 直接使蒸汽温度从 350℃ 提高到 510℃ 以上。

太阳能储热发电系统也由三部分组成, 镜场熔融盐吸热部分、熔融盐储热部分和水/水蒸气常规发电部分, 换热部分由熔融盐-1 水/水蒸气一次换热完成。镜场部分中, 熔融盐经真空集热管串联、并联后, 温度达到 550℃, 经阀门切换分别送到蓄热系统和发电系统, 太阳能热量不足时, 熔融盐直接给水/水蒸气换热发电, 热量多余时, 熔融盐直接储存到高温熔融盐罐中, 动力由融盐泵提供。储热部分由两个独立的熔融盐罐组成, 加热熔融盐时冷罐中的熔融盐流入真空集热管加热, 经加热后流进高温熔融盐罐储存, 放热时高温罐中的熔融盐经过熔融盐-水/水蒸气换热器, 加热给水和蒸汽用于发电。常规发电部分白天和夜晚不同, 白天由熔融盐提供热量, 直接加热水/水蒸气, 夜晚由储存在罐中的高温融熔盐提供热量加热水/水蒸气, 这种两介质形式的储热-发电方式, 系统简单且效率高。

熔融盐作为常压下的液体, 储热罐可以在常压下运行, 降低了储热系统的成本, 但是, 目前熔融盐的固态温度点很高, 迫使在融盐的装料、流动和切换过程中带来极大的不便，特别是防冻结问题。槽式系统真空集热管的长度很长，散热快，给运行带来很大风险，因此，两介质的阿基米德电站进行了初步尝试，但系统经济性和可靠性需要经过运行摸索出经验，才能确定系统是否成熟，是否值得推广。

6.10　菲涅耳式太阳能热发电系统

线性菲涅耳式热发电系统类似于抛物面槽式热发电，由许多平放单轴转动的反射镜组成的矩形镜面自动跟踪太阳，将反射阳光聚集到集热管上，加热管中流体介质，直接或间接产生蒸汽，推动汽轮机组发电。线性菲涅耳式热发电系统较简单，反射镜可采用平板式镜面，成本较低，但系统效率也低。图6.23显示了线性菲涅耳镜的聚集光线跟踪结果。

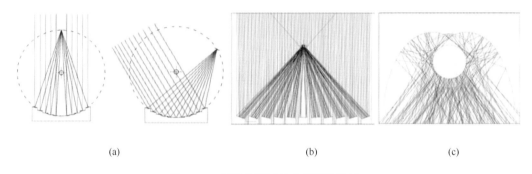

(a)　　　　　　　　　(b)　　　　　　　　　(c)

图 6.23　线性菲涅耳的光线跟踪结果

(a) 集热管跟踪方式；(b) 集热器截面图；(c) 具有二次聚光的集热器截面

除了镜面跟踪，解决聚光问题的另一个思路是，通过平面镜的反射聚焦，当光线由不同的方向射来时，只要转动集热器，就可以始终将焦点保持在集热器处。从图6.23(a) 中可发现，焦点可以聚集在反射镜的正上方，也可以聚集在侧面，但都在一个同心圆上；(b) 图中显示了在焦点处可以进行二次反射，便可将所有光线都能够捕获。菲涅耳镜设计的主要参数包括聚焦比，即玻璃镜数目 N，吸热管直径 D，和反射玻璃镜宽度 W 等，这些参数决定了，只要确定当地太阳辐射值，便可确定集热器的效率和提升温度。

菲涅耳式集热系统结构相对简单，传动机构易于操作，集热管可采用钢制管材，因而成本比槽式系统低，因此可以利用自身的特点，在很多地方得到应用。如加热水/水蒸气，向建筑物和工厂提供蒸汽（温度范围80~250℃），利用中小型热机进行中低温发电、供热、制冷等多联供，太阳能海水淡化等都有广泛用途。

但是菲涅耳式集热系统聚焦比较小，因此温度提升受到限制，集热管既需要吸热，同时又在散热，因此运行中热损失比较大，系统效率低于槽式系统。因此目前开展应用范围还较小，示范项目并不多。

美国加州 Kimberlina 建成了5MW 紧凑型菲涅耳示范电站。这是世界上第一个菲涅耳聚焦方式产生热而发电的项目。该电站位于加利福尼亚的贝克斯菲尔德市附近，电站坐标为 N35°34′0.0″，W119°11′39.1″，占地 12hm²，电站于2008年3月开工，同年10月投产，电站以全功率输出，以帮助满足加州的夏季用电高峰的需求，并享受当地减税政策。电站业主方是 Ausra 公司100％全控股，并承担项目建设和运营。电站镜场面积共

26 000m²，有三排反射镜，每排长度 385m，宽度 2m。反射镜和集热管由 Ausra 公司研制。集热管为非真空型，传热介质为水/水蒸气，集热管出口压力 4MPa，出口温度 450℃。电站布置见图 6.24[36]。

同年西班牙也开始建设 1.4MW 线性菲涅耳反射式示范电站。电站位于西班牙穆尔西亚省卡拉斯帕拉市附近，电站坐标为 N38°16′42.28″，W1°36′1.01″，占地 12hm²，当地太阳能辐射值 2100kW·h/(m²·a)，电站于 2008 年 3 月开工，2009 年 3 月投产，购电协议生效日为当年 4 月 1 日，当地电网公司以全部电力购入，合同期 25 年，购电电价为 27 欧分/(kW·h)。电站业主方是西班牙 Novatec 太阳能公司 100% 全控股，并承担项目的建设和运营。

电站镜场面积共 25 792m²，有两排反射镜，每排长度 806m，宽度 16m。反射镜和集热管由 Novatec 公司研制，为了保证反射玻璃镜的清洁，公司还研发了用于清洗玻璃的机器人，提高了玻璃清洁度。

集热管为非真空型，管内传热介质为水/水蒸气，汽轮机入口压力 5.5MPa，入口温度 270℃，给水回热温度 140℃。采用空冷型汽轮机，制造商为德国西门子公司。电站外形见图 6.25。

图 6.24 美国 Kimberlina 太阳能线性菲涅耳热电站　　　　　**图 6.25 西班牙卡拉斯帕拉太阳能线性菲涅耳热电站**

西班牙 Novatec 公司在一期工程的基础上，又开始建设二期项目，二期占地 70hm²，机组容量 30MW，项目于 2011 年 4 月开工，预计 2012 年 3 月投产。购电合同 25 年，合同电价 26.9 欧分/(kW·h)。二期项目业主为 Elektra Baselland 公司（73% 股份）。

电站镜场面积共 25 792m²，有 28 排反射镜，每排长度 940m，宽度 16m。反射镜由 Novatec 公司研制，集热管为非真空型，由 Fresnel 公司生产，玻璃镜由西班牙 Novatec 太阳能公司生产，传热介质为水/水蒸气，汽轮机参数和制造商同一期。

我国德州皇明公司也建造了 2.5MW 的线性菲涅耳热发电示范项目，电站位于公司车间屋顶，反射镜集热面积 32 000m²，反射镜标准长度 16m，可按照倍数延长，镜宽 13.5m，集热管距反射镜 7.2m，采用涡轮螺杆减速机构，机械结构单重 526.5kg/m，集热管公称直径 $\phi70×4$mm，采用钢管镀膜技术，吸收率大于 94%，400℃时的发射率小于 15%。工作风载不低于 17m/s，保护风载 28m/s。该系统可用于高温发电或中低温供热。项目已经投产利用，但所产蒸汽用于车间的工业利用和供热，没有用于发电，公司正在联合有关院校，开发中小型热机，以利于中、低温工业废热的综合利用。

6.11　不同类型槽式热发电的技术特点

抛物面槽式太阳能热发电技术是目前国际上应用最多的技术，有大量的不同系统形式的示范电站已经投入运行。系统在太阳辐射光-热转换方面相差不大，不同的是蓄热介质的使用和蓄热容量的大小。

水既是可靠的工作介质，又是储热、换热介质，具有很好的蓄热能力。如果采用槽式热发电和燃气机组组成联合循环，最好的工作介质选择就是水。燃气机组的发电效率和发电量与环境温度有关，在消耗同样燃料情况下，夜晚的发电量大于中午，这是因为中午环境温度高，而电网要求中午负荷远高于夜间，中东和西非国家在太阳能利用方面，都选择槽式系统和燃气机组联合循环的方案，槽式系统和燃气机组结合后，增加了机组中午的输出负荷（太阳辐射值中午最大），提高了机组整体效率，太阳能利用效率也远大于同等容量下的单独运行的太阳热发电效率。另外，由于有燃气轮机余热锅炉的调节，对槽式太阳能真空集热器的出口介质的参数品质要求有所降低，当温度发生变化时，可用余热锅炉调节。同时，水作为工作介质，转变为蒸汽后直接进入汽轮机，不需要热交换设备，减少了换热损失，使系统至少提高 2% 的效率，且简化系统，降低工程造价。

但是，水具有不同温度下的状态特征，高温水蒸气比体积大，比热容小，储存水蒸气的可能性很小，而储存高温水必须用更大的压力，如把超临界的高温水储存起来，需要消耗与同等工作条件下的 4 倍以上的能量，同时，热储存设备投资巨大。通过热传递，把水的热量储存给其他介质也是可能的，但水在传热过程中，由于相变的原因，即不同压力下的过热蒸汽、饱和水和过冷水的比热容不同，因而大大限制了水和其他介质的热的均衡传递的可能性，因此，采用导热油和熔融盐作介质，混凝土、砂石等各种材料作为储热的蓄热系统产生了。

按照热存储方式的不同，蓄热技术可以分为显热蓄热、潜热蓄热和化学反应热蓄热三种方式。显热蓄热材料，导热油、含有砂石的矿物油、土壤等，比热容 $0.6 \sim 2.6 \mathrm{kJ/(kg \cdot K)}$，适用温度在 $200 \sim 400 ℃$；耐高温混凝土和熔融盐，比热容 $0.8 \sim 1.6 \mathrm{kJ/(kg \cdot K)}$，适用温度在 $300 \sim 500 ℃$。熔融盐还能以潜热蓄热。能够显热和潜热复合蓄热的有高温合金、陶瓷和无机盐等，热容 $200 \sim 240 \mathrm{kJ/kg}$，适用温度在 $400 \sim 800 ℃$。

对于独立运行或者可以少量燃料进行稳燃、补燃的槽式电站，如果蓄热量不超过 1h，可以采用导热油＋水的两种介质运行方式，介质之间只有一次热交换，该系统设计方案基本定型，所有设备形式经过长期运行考验，设备可靠性高，运行过程遇到高温、寒冷、大风等状况，对于玻璃镜面清洁也具有一定的方法，整个系统是可靠的。

如果需要超过 1h 的蓄热，导热油用量将会大大增加，从系统可靠性考虑，可采用间接蓄热方案，即导热油＋熔融盐＋水的三种介质运行方式，介质之间最多有两次热交换，系统较复杂，但是该系统运行是可靠的，且系统效率和无蓄热的导热油为介质的电站相近。

如果采用直接蓄热方案，可采用熔融盐＋水的两种介质运行方式，介质之间只有一次热交换，该系统设计方案简洁，电站效率可提高 2%～3%，目前已有小型试验和示范电站，但要推广到大型机组，试验电站需要经过较长期运行考验，同时需要有大型机组的工程实践。该型机组有可能成为今后大型、规模化的太阳能抛物面槽式热发电典型化机组。但最大的问题是熔融盐在常温下是固体,熔点都在 100℃以上,因此,采用熔融盐作为介质在运行过程中一旦设备失去动力,熔融盐冷却凝固后将会发生重大事故。因此,如何发现更低凝固点温度的新型熔融盐介质是关键。表 6.3 对各种槽式系统方案进行了技术特点分类。

表 6.3   **线聚焦槽式太阳能热发电系统技术特点**

形式	系统特点	外部需求
槽式＋燃料发电的 ISCC 联合循环电站	燃料发电为主,槽式太阳能热系统为辅,太阳能利用效率高;以水为介质的系统简单,负荷易于控制;增大机组白天发电能力	电站附近需有场地条件;满足电网需求
槽式＋锅炉稳燃、补燃的无蓄热、少蓄热电站	单机容量大,系统简单,年效率 13%～15%;导热油温度受限制,油系统有较高压力;多云天气负荷会波动,只能白天发电	满足上网条件,但不满足电网对机组调节的要求
槽式＋锅炉稳燃间接蓄热电站（三介质)*	单机容量大,系统复杂,年效率 13%～15%;导热油温度受限制,油系统有较高压力;机组负荷平稳,可 24h 连续发电	满足电网需求
槽式＋锅炉稳燃直接蓄热电站（双介质)**	单机容量大,系统简单,年效率 15%～18%;机组参数提高,熔盐系统为常压;机组负荷平稳,可 24h 连续发电。系统尚未成熟	满足电网需求

  *   间接蓄热:太阳能电站中,吸热过程为一种介质,储热过程为另一种介质,两者之间通过换热器进行热交换,这种形式称为间接蓄热。

  **   直接蓄热:太阳能电站中,吸热和储热过程均为同一种介质,这种形式称为直接蓄热。

第7章

面聚焦太阳能热发电系统（塔式）

塔式太阳能热发电和槽式、碟式一样，受到世界各国的重视，目的在于满足不同环境的需求。塔式热发电系统以其规模大、热损耗小和温度高等特点已初步显露出优势，系统利用众多的定日镜，将太阳辐射光反射并积聚到吸热塔顶部的吸热器中，加热工作介质，达到聚光和转换成热能的目的。

7.1 太阳能塔式热发电

在众多聚光形式的太阳能热发电中，塔式聚光系统也很常见[37]。聚光原理见图7.1。

塔式系统在地面建立一座集热塔，塔顶安装集热器，集热塔周围安装一定数量的定日镜，定日镜将太阳光聚集到塔顶集热器腔体内，通过加热工质产生高温蒸汽，推动汽轮机组发电。工质可以用水、导热油或熔融盐等，也可以用空气。由于集热塔周围可以安装较多的定日镜，因而其聚光比可以很高。塔式系统聚光比一般在200～1000，当塔式系统聚光比为1000时，集热器受光面中心温度可达1200℃以上。通过光热转换产生蒸汽，推动汽轮发电机组发电；有的直接加热空气，产生的高温空气推动微型燃机发电，其效率也很高。采用塔式系统虽然聚光

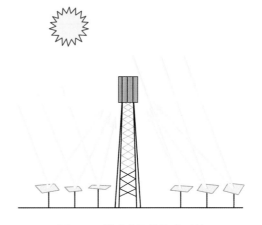

图7.1 塔式太阳能聚光系统

效率受余弦损失影响，但提高介质温度、增大单机容量大大提高了单机效率，因而整体效率要高于槽式系统。塔式系统的这一优势对太阳能热发电的经济运行和实际应用具有重要意义。

太阳能塔式热发电系统自身具有鲜明特点，与槽式系统比较，在太阳聚焦后的光-热转换过程中，槽式系统是分散形式，而塔式则采取集中聚焦的光-热转换形式。从技术特点分析，塔式系统可以进行规模化建设，可根据太阳辐射条件，确定最大效率和最佳经济性的太阳能塔式聚焦模块，然后采用串联和并联的方法，通过组合得到大规模的发电单机出力；其次，提高聚焦比后，可以提高介质温度和压力参数，使系统效率进一步提高；另外，通过蓄热也可增加每日的发电小时数，达到每天连续发电的目的，使机组发

电出力更加适合于电网需求的负荷模型。因此，太阳能塔式热发电系统需要加快研究，进行不同技术方案的示范项目建设，从而确定最佳的塔式热发电系统形式。

目前已投运的单机容量为 10MW 和 20MW 的西班牙 PS10 和 PS20 电站，采用了水作为工作介质；同样在西班牙的 Andalucía 地区单机容量为 19.9MW 机组，采用熔融盐为吸热和蓄热介质，也已经投入运行；利用空气作为介质的塔式热发电技术也已经运行；类似于塔式热发电的太阳能烟囱发电机组也有实践。从已经建设的示范项目看，塔式系统的单机容量相对比较小，太阳能发电年效率在 13%～16%之间。

塔式系统热发电形式很多，如表 7.1 所示，但要形成主流机型，得到大规模应用有如下关键因素：

表 7.1 不同塔式热发电系统主要特点

形式	系统特点	典型机组
塔式＋燃料	单介质（水），无热交换；无蓄热或少蓄热，燃料用于起动和补燃；间断发电	西班牙 PS10、PS20；美国 Sierra
塔式＋燃料	双介质（熔融盐＋水），一次热交换；有蓄热，燃料用于起动和补燃；连续发电	西班牙 Gemasolar
塔式＋燃料发电联合循环	单介质（水），无热交换；无蓄热，太阳能＋燃料联合发电；连续发电	
其他形式	空气为介质的燃机发电形式；空气为介质的太阳能烟囱发电	

（1）太阳能聚光系统和光-热转换系统要形成模块：实际上槽式系统的一个回路即为一个模块，由于槽式系统聚光比小，小流量的导热介质在集热管内流动吸热使温度上升，若干回路并联后得到大流量的工作介质。而塔式系统的吸热单元介质流量很大，通过高聚焦比的镜场，得到很高能流密度的辐射热。由于各种原因，即使采用再大的聚焦比，单元介质流量和光-热转换之间有一个最佳值。系统最佳值和当地太阳辐射条件、当地经纬度、当地环境和镜场条件等有关。根据目前的经验，实际工程应用中，塔式系统的电站很少，已投产机组中最大的塔式系统单元模块为 20MW。一种观点是，采用固定容量的单元模块形式，多塔组合，形成更大容量的塔式系统，以达到更高输出效率。另一种观点认为应继续增大单塔的容量。由于两种方案涉及因素太多，仅就理论分析不足以得到有说服力的结论。因此，还需要从理论分析和工程实践两方面摸索，得到一致和公认的结论。

（2）发电介质的工作参数要高：工作介质参数越高，系统效率越高。国际上根据不同示范项目，对不同的温度进行了各种试验和示范项目的考验，结合试验项目和人们已经掌握的耐高温材料性质，可得出以上结论，并认为太阳能热发电过程中的温度参数的使用可参考常规火电机组的已经采用的参数值。

（3）系统要有蓄热：这和槽式系统具有同样的结论。蓄热容量要达到额定机组出力 7h 以上的热量，夜晚低负荷运行条件下，春、秋和夏季情况就能连续运行。蓄热上限没有限制，但蓄热量越大，蓄热设备的制作成本越高，冬季和夏季蓄热和发电的偏差就越大，最大蓄热小时数的确定，全年至少 10 个月的正常太阳能辐射条件下能做到机组 24h 连续发电。但水作为蓄热介质，其蓄热量将很难提高，一般水的合理蓄热量约 1h，而采用熔融盐作为蓄热介质，理论上其蓄热量不受条件限制。

7.2　以水为介质的太阳能塔式热发电

继 20 世纪 80 年代美国 Solar One 电站、Solar Two 电站、法国的 Thémis 电站和西班牙 CESA 电站后，西班牙 Planta Solar 10 塔式太阳能热电站（简称 PS10）于 2005 年开工[38]，2007 年投入运行，2009 年 Planta Solar 20 也投运。Planta Solar 10 塔式电站项目位于西班牙塞维利亚市的桑路卡拉马尤地区，该区域属于丘陵地区。电站坐标为 N37°26′

30.97″，W 6°14′ 59.98″，海拔高度 53m，电站装机容量 11MW，单位造价 3500 欧元/kW，总占地 55hm²，PS10 电站是世界上第一个商业运营的塔式太阳能热电站，当地最大太阳直射曝辐量（DNI）为 2012kW·h/(m²·a)，预计年可发电 2340 万 kW·h。电站 2007 年 6 月投产，电站的业主、建设方和运行管理都是西班牙阿本戈（ABENGOA）太阳能公司（100% 股份），EPC 方为西班牙 ABENGOA 能源公司。根据西班牙 2007 年皇家 661 法案，售电年限为 25 年，电价为 27.1188 欧分/(kW·h)，电力销售给当地电力公司。项目从安达卢西亚地区政府获得 120 万欧元资助，从欧盟委员会获得 500 万欧元资助。电站外形见图 7.2。

图 7.2　西班牙 Planta Solar 10 太阳能塔式电站平面布置图

太阳能镜场面积 75 000m²，定日镜支架 624 面，每面面积 120m²，型号为 Solucar120 型，制造商为西班牙阿本戈太阳能公司，电站为单塔结构，镜场位于塔北侧，集热塔高 115m，吸热器为腔体结构，板面尺寸 5.4m×12m。发电介质为水/蒸汽，吸热器出口压力 4.5MPa，出口为温度 300℃的饱和水蒸气，主蒸汽流量 100t/h。饱和蒸汽进入汽轮机做功和发电，凝汽器压力为 0.006MPa，出口冷凝水温 35℃。汽轮机有两级回热抽汽，压力分别为 0.08 和 1.6MPa，第三级抽汽取自饱和主蒸汽，加热给水温度到 247℃左右再次进入吸热器。主蒸汽参数选择饱和汽，主要考虑因素是使吸热器的设计比较容易。蓄热介质为饱和水，蓄热能力为汽轮机 50% 负荷下运行 50min。电站备用方式为燃气补燃，燃料掺烧比 12%～15%，年发电量 2300 万 kW·h，发电机出口端电压 6.6kV，升压到 66kV 送出，电站设计点效率 21.2%，年均效率根据上述数据计算约为 13.41%。

PS10 塔式太阳能电站系统包括吸热镜场的金属架构定日镜、玻璃、转动机械和控制机构等；蓄热部分包括水蓄热装置压水蓄冷系统；常规发电部分包括蒸汽轮机和发电机，电站进行了长期和完整的测试，测试工作有助于避免技术的不确定性，并允许该项目将重点放在扩大规模，整合子系统，示范以及降低运行和维护成本方面。电站储热系统有机组 50% 负荷率下 50min 的过载能力，以处理云变化带来的太阳辐射值下降情况。该塔设计成条形中空结构，能够增加太阳穿透的感觉。图 7.3 为 PS10 太阳能塔式电站现场安装情景。

(a)   (b)

图 7.3   PS10 太阳能塔式电站现场安装情景

(a) 镜子安装图；(b) 调试镜场图

Planta Solar 20 塔式电站和 PS10 电站相邻，机组装机容量 20MW，总占地 80hm²，预计年可发电 4000 万 kW·h。太阳能镜场面积 150 000m²，定日镜支架 1255 面，每面面积 120m²，集热塔高 165m，吸热和蓄热介质为水/水蒸气，汽轮机采用水冷方式，电站备用方式为燃气补燃。其他数据和 PS10 相同。PS20 机组目前是世界上最大的塔式电站。系统和 PS10 类似，PS20 的吸热器得到了显著改善，如设计了给水自然循环管道，提高了吸热器辐射接收效率，使热效率提高了近 10%，并增加了净电功率输出。机组系统原理图见图 7.4。

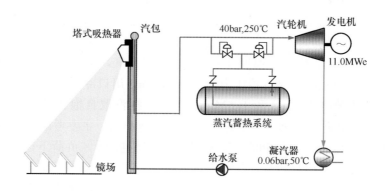

图 7.4   西班牙 Sevilla PS10 和 PS20 电站系统原理图

PS10 电站是西班牙第一个塔式太阳能电站，结合以前国际塔式电站的经验和教训，采用单循环回路，电站设计较为保守，提高了设计的成功率，如回热系统简单，选择了较低的饱和蒸汽温度，蓄热方面，考虑到水蓄热的难点，蓄热时间考虑科学，采用变压汽化的方法，从高压饱和水中降压汽化产生饱和蒸汽，达到了预想的结果。

与 PS10 相似的电站是美国 Luz II 电站（又称为 Solar two 电站），电站也采用水作为工作介质，系统简单，太阳辐射经反射镜聚焦后汇聚在集热器上，采用水作为吸热和做功工质，有两点与 PS10 机组不同，Luz II 机组经集热器后产生过热蒸汽，过热蒸汽压力

16.5MPa，温度 550℃，经汽轮机做功后，蒸汽凝结为水，经汽轮机回热系统加热到 257℃后，再进入吸热塔。工质参数大大提高了。另外，集热器采用圆筒形外置式布置结构，电站的镜场采用圆形布置，围绕在集热器四周，优点是工作介质参数提高，提高了机组发电效率，但不足是镜场效率和集热器的集热效率会略有降低。

2009 年美国加州 Sierra 太阳能塔式电站投入试验运行，Sierra 电站采用了 eSolar 公司的模块化技术，eSolar 公司在太阳能塔式技术方面具有世界领先地位，建立、拥有和经营具有美国塔式技术的太阳能电站。电站位于加利福尼亚州的于兰卡斯特市，距洛杉矶以北大约 40 英里，当地太阳辐射值为 2629kW·h/(m²·a)，机组容量 5MW。电站于 2008 年 7 月开工，2009 年 7 月正式投入生产，项目业主、建设和运营方均为 eSolar 公司，电站与南加州爱迪生电力公司签订购电协议，所有电力全部销售给电网。

太阳能镜场面积 27 670m²，24 360 面定日镜，每面玻璃镜 1.136m²，塔高 55m，吸热器制造商是美国 Babcock & Wilcox 公司和 Victory 能源公司，吸热器形式为双腔外管式吸热器。加热工质为水，入口水温 218℃，出口蒸汽温度 480℃。汽轮机容量 5MW，采用水冷式汽轮机。

镜场系统为多塔结构，镜场位于塔的四周，采用模块化技术，单个模块发电容量 2500kW，每个模块占地 4hm²，配置一个太阳集热塔，塔身为预制结构，基础完成后直接吊装完成。一个塔前后两排定日镜，每一排采用一套太阳跟踪控制系统。由于采用模块化的结构，施工简单，玻璃反射镜采用人工安装，该电站建设成本低，安装速度快。整个工程从开工到投入运行仅用了 12 个月的时间。该电站建设有两个模块，采用了一台 GE 公司在 1947 年生产的 5MW 汽轮发电机，汽轮机蒸汽压力为 6MPa，温度 440℃。配有补燃和稳燃用的锅炉。图 7.5（a）为 Sierra 塔式电站 5MW 旧机组正在安装，（b）图为太阳塔正在进行吊装，（c）图为电站建成后运行的状态。

  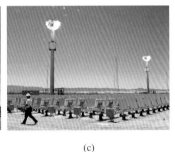

(a)　　　　　　　　　　(b)　　　　　　　　　　(c)

图 7.5　美国 Sierra 太阳能塔式热电站图
(a) 机组安装；(b) 塔安装；(c) 建成运行

eSolar 在单元模块的基础上，可以根据场地条件任意组合，如利用 10 个模块集成，可组合成 50MW 的发电单元，该单元包括 16 个塔，采用一台 50MW 汽轮发电机，电站还可以安装用于稳燃的锅炉。根据客户需要，可以将多个 50MW 单元集成，建成更大单机容量的机组。

由美国 Bright Source 公司开发的 6MW 塔式电站在以色列 Negev 沙漠地区于 2008 年投入试验运行，当地太阳辐射条件好，年日照天数超过 330 天，镜场面积 23 040m²，由 1600 面采光口面积 14.4m² 的定日镜组成。塔高 60m。传热介质为水/蒸汽，吸热器出口温度可达 550℃、16MPa。

世界已建成的塔式太阳能热发电站并不多，已经开工但尚未投产的项目不少，单机容量均为百兆瓦级的电站[39]。在建的以水为介质的塔式太阳能电站主要有以下几个。

1. 美国 Ivanpah 太阳能塔式电站

2009 年 Bright Source 公司申请建设的 Ivanpah 项目获得批准，Ivanpah 太阳能塔式电站项目位于美国加利福尼亚普里姆市的圣布那第诺山脉地区，电站坐标为 N35°33′8.5″，W115°27′31″，报道有三台 130MW 等级机组，也有说为一台 392MW 机组，电站总占地 3500hm^2，当地太阳能辐射值（DNI）为 2717kW·h/(m^2·a)，预计年可发电 10.8 亿 kW·h。电站于 2010 年 10 月开工，2013 年 10 月投产，电站的业主、建设方和运行管理都是 Bright Source 能源公司（100％股份），项目总承包方为美国 Bechtel 工程公司，购电方为美国太平洋煤气和电力公司和南加州爱迪生公司。

太阳能镜场面积 2 295 960m^2，定日镜支架 214 000 面，每面面积 14.08m^2，制造商为普拉特惠特尼公司，集热塔高 459ft（1ft＝0.3048m），塔式集热器承造商为莱利动力公司。吸热和蓄热介质为水/水蒸气，入口参数 249℃，出口温度 566℃。不同的报道汽轮机机组最大功率为 130MW 或 392MW，采用空冷机组，机组年综合效率 17.3％，电站备用方式为燃气补燃。

2. 美国 Bright Source 太阳能塔式电站

Bright Source 拟在美国内华达州狼泉地区，建设 1400MW 的太阳能塔式电站，共安装 7 台单机容量为 200MW 的机组，电站建成后将成为世界上最大的塔式太阳能发电站，预计年可发电 40.11 亿 kW·h，单台机组年发电 5.73 亿 kW·h。电站 1、3 号机组于 2011 年开工，2014 年投产；2、4 号机组于 2015 年投产；5、6 号机组于 2016 年投产；7 号机组于 2017 年投产。电站的业主、建设方和运行管理都是 Bright Source 能源公司（100％股份），购电方为美国太平洋煤气和电力公司和南加州爱迪生公司。

3. 美国 Gaskell 太阳能塔式电站

Gaskell 太阳能塔式电站项目位于美国加利福尼亚兰卡斯特市的 Kern 镇，电站装机容量 245MW，电站总占地 1100hm^2。电站于 2010 年开工，预计 2012 年 4 月投入试验运行，电站的业主、建设方和运行管理都是 eSolar NRG 能源公司（100％股份），购电方为美国南加州爱迪生公司。eSolar 正在执行的购电协议容量有 429MW，并与美国 NRG 能源公司和印度 ACME 公司分别签署了 500MW 和 1000MW 的技术许可协议。

国内在太阳能塔式热电站方面也进行了长期、深入的研究，2006 年中科院电工研究所承担了科技部"太阳能热发电技术及系统示范"项目[40]。项目地点在北京延庆，电站坐标为 N40°22′57″，E115°56′15″，海拔高度 521m。项目采用单塔结构，镜场位于塔北侧，其主要技术指标为：塔式太阳能电站最大容量 1.5MW，机组额定容量 1MW，镜场面积 10 000m^2，单台定日镜采光口面积 100m^2，镜场年光学效率 73.1％；工作介质为水/水蒸气，吸热器出口参数为：工作压力 2.9MPa，工作温度 400℃，出口流量 8.4t/h，设计效率 90％；汽轮机进口参数为：工作压力 2.35MPa，工作温度 390℃。

机组采用两级蓄热，包括导热油蓄热（350℃）和蒸汽蓄热（2.5MPa 压力下的饱和蒸汽），供汽轮机以 1MW 发电 1h，由于水的物理特性，采用水蓄热的设计是很困难的，因为从集热器中产生的是高温蒸汽，蒸汽的比体积很大，无法储存，在相同比焓下储存水又需要很高的压力，因此只能储存相应压力下的饱和水，需要时通过减压将部分饱和水气化为饱和蒸气，为了得到过热水蒸气，所以采用了二级蓄热装置，高温导热油再加热饱和水蒸气，使之变为过热水蒸气，这也是国际上首次采用的蓄热方法。以该项目为依托，我国对塔式热发电的关键技术、关键装备和系统集成进行了相关研究。

系统运行方面，中科院电工所提出了 10 种电站运行模式，并以 STAR90 为平台，搭建了八达岭电站的全场动态仿真机，并对系统进行了全工况动态仿真，可模拟不同工况下系统各部位的参数，分析事故工况。该电站已于 2011 年 7 月产出蒸汽，预计 2012 年下半年将投入试验运行。

7.3　以熔融盐为介质的太阳能塔式热发电

由于以水/水蒸气为介质的太阳能塔式热发电示范过程中，以水作为蓄热介质在增加蓄热容量方面难以突破；同时，将水/水蒸气的热量传递给其他介质时，不同温度段的焓值极不均匀，因而使热的传递过程损失很大。因此有必要寻找其他介质来替代水。

20 世纪 90 年代，各国开始研究以熔融盐为介质的蓄热方法[41]，美国 Solar Two 太阳能塔式电站采用了熔融盐作为吸热和蓄热介质，太阳集热器和蓄热装置内熔融盐通过一次换热，把集热器或蓄热器内的热量传递给水，产生的过热蒸汽推动汽轮机做功。即系统采用两种介质和一次换热形式，因而系统比较复杂，但是解决了大容量蓄热问题。Solar Two 电站的机组容量 10MW，电站于 1996 年投产，此后运行了 3 年时间，积累了许多经验，如启动工况、管道伴热、融熔盐的预热及防止凝固、主辅设备配置等问题，得到了许多实验数据，为后来的建设提供了丰富的设计依据和运行经验。提供借鉴的设计数据有，低风速条件下吸热器效率 88%，设计风速下为 86%，储热效率大于 97%，朗肯循环的汽轮机热效率 34%，测量峰值热效率 13.5% 等。该电站在 1998 年夏季的 39 天中，运行天数达到 32 天，仅有 2 天因设备故障停机。此后由于技术所有权和电价问题，使太阳能熔融盐电站的发展停滞。直到 2004 年西班牙政府制定了可再生能源相关法案，2005 年在西班牙 Andalucia 地区开始设计和建造 Gemasolar 太阳能塔式电站，又称 Solar TRES 电站，电站仍然用熔融盐作为介质，增加了机组蓄热容量，给熔融盐的研究和应用带来了新的机遇。

图 7.6 显示了 Gemasolar 太阳能塔式电站概况。Gemasolar 太阳能塔式电站是西班牙第一个采用熔融盐为介质的高温热电站[42]。项目位于西班牙南部的富恩特斯安达卢西亚市，电站坐标为 N37°33′44.95″，W5°19′49.39″，电站容量 19.9MW，电站总占地 195hm²。当地太阳直射辐射值（DNI）为 2172kW·h/(m²·a)，预计年可发电 1.1 亿 kW·h。电站总造价为 2.3 亿欧元。电站于 2009 年 2 月开工，2011 年 4 月投产，电站业主方和建设方都是西班牙塞纳公司（60% 股份）和西班牙马斯达尔公司（40% 股份），项目总承包方为西班牙 UTC 特雷斯公司，电站运行管理是西班牙 Gemasolar 公司。

太阳能镜场面积 304 750m²，玻璃镜支架 2650 面，每面面积 120m²，支架形式为钣金冲压面结构，支架及转动机械、吸热器制造商为西班牙塞纳公司，定日镜设计是整个技术的关键的问题之一，因为除了要保证聚焦精确度外，成本控制也是重要部分，定日镜投资是电站中主要成本部分，占了 40% 的投资份额，其中又 40% 是与驱动系统有关的成本。

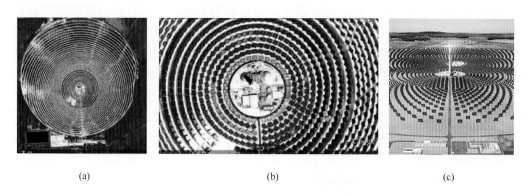

(a)　　　　　　　　　　　(b)　　　　　　　　　　　(c)

图 7.6　Gemasolar 太阳能塔式电站
（a）全景俯视图；（b）近景俯视图；（c）侧视图

集热塔高 140m，圆筒结构，承造商为美国 Pratt&whitney 电力系统联合技术公司。吸热和蓄热介质为熔融盐。汽轮机机组容量为 19.9MW，冷却介质为水，采用湿式冷却结构。机组备用燃料为天然气，备用量为 15%。

根据预测发电量推算，机组效率为 16.6%，电站蓄热小时数为 15h 的机组额定发电量，机组年运行小时数为 6500h，采用熔融盐双罐直接蓄热技术，一个冷熔融盐罐，储盐温度 288℃，通过熔融盐泵打入集热器中加热到 565℃，存储在高温熔融盐罐中。熔融盐比热容为 1.55kJ/（kg·K），熔融盐的配比为 40%硝酸钾和 60%硝酸钠的混合液，该系统使用的熔盐量能的减少，主要是提高了集热管出口温度，使单位体积的熔盐蓄热量更多，因而降低了设备造价。按照政策，电站燃料掺烧比为 15%，实际采用大容量蓄热后，电站掺烧燃料的重要性就下降了。图 7.7 为 Gemasolar 电站系统示意。

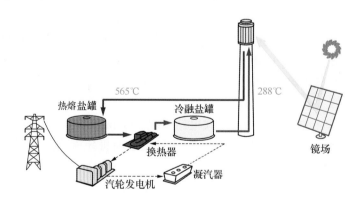

图 7.7　熔融盐为介质的太阳能塔式电站系统示意图

Gemasolar 电站与 Solar Two 电站相比，在技术上的优势有：采用了更大单镜面积的反射镜，同等条件下减少了机械驱动机构；采用了 120MW 容量的集热器，具有负荷适应能力强的优点，热量损失小，减少了热应力，集热管采用高镍合金材料，更能耐高温，增加了材料的抗腐蚀性；优化系统，减少了管道系统阀门数量，保证在事故情况下，熔融盐能够顺利自流到融盐罐中，防止熔融盐凝固；采用锅炉补燃措施，在事故情况下可开启备用锅炉，防止融盐凝固；大容量的蓄热系统，总容量 647MW·h，设计出力工况下储热 15h，单罐储存融盐 6250t，在温度 565℃条件下，每天的温度降不高于 1～2℃；低温融盐罐的温度设计点在融盐凝固点以上 45℃，防止融盐凝固；采用了高效、高压和具有再热的汽轮机，设计点汽轮机热效率 39.4%，年均效率 38%，在每日启停情况下保证机组寿命大于 30 年；优化了机组控制系统，优化了机组冬季防冻系统；优化了镜场、吸热器、蓄热装置和汽轮机的出力，保证机组在夏季时连续 24h 发电，年设备利用率大于 64%，包括备用燃料情况下，年设备利用率大于 71%。

具有储热功能的太阳能热发电装置的应用，证明了技术的两大优势，高容量储热提高了电力调度的良好性能，单位千瓦造价随着储热下降，这是因为介质参数的提高从而提高了机组效率，另一点是熔融盐的成本低于其他蓄热介质的成本。这些优势将有助于巩固熔融盐储热技术的发展和应用。

采用熔融盐作为储热的塔式电站还处于示范阶段，今后会不断地有新电站建成，机组规模和单机容量也会越来越大。以下为正在建设中的以熔融盐为介质的塔式电站。

1. 西班牙 50MW Alcázar 模块化塔式电站

2009 年，Solar Reserve 公司在西班牙建设 50MW Alcázar 模块化塔式电站，电站位于马德里以南约 180km 的 Alcazar de San Juan 镇附近。当地太阳辐射值 2208kW·h/(m²·a)，电站利用熔融盐作为传热和蓄热介质。电站设计蓄热能力可使汽轮机全天 24h 运行，年太阳容量因子超过 80%。同时，电站设计采用空冷技术，用水量只相当于湿冷技术的 15%。Solar Reserve 公司还分别和美国 PG&E 公司、内华达能源公司签订了 150MW 和 100MW 电站的购电协议。Solar Reserve 公司以 Solar Two 技术为基础，提出了模块化的概念，进行电站的复制扩容。

2. 美国 110MW 新月形沙丘太阳能塔式电站

Crescent Dunes 太阳能塔式电站项目位于美国内华达州西北部的托诺帕市，机组容量 110MW，电站总占地 1600hm²，当地太阳直射辐射值（DNI）为 2685kW·h/(m²·a)，预计年可发电 4.85 亿 kW·h。电站于 2011 年开工，2013 年 10 月投产，电站的业主、建设方和运行管理都是托诺帕太阳能有限责任公司（100%股份），购电方为美国内华达能源公司。

太阳能镜场面积 1 071 361m²，玻璃镜支架 17 170 面，每面面积 62.4m²，制造商为普拉特惠特尼公司，集热塔高 540ft，圆筒结构。吸热和蓄热介质为熔融盐，入口参数 288℃，出口温度 566℃。汽轮机机组容量为 110MW，汽轮机入口蒸汽压力为 11.5MPa，采用混合方式制冷。

3. 美国 150MW Rice 太阳能塔式电站

Rice 太阳能塔式电站项目位于加利福尼亚南部的 Rice 市，莫哈韦沙漠深处，机组容量 150MW，电站总占地 1410hm²，电站建成后将成为世界上最大的塔式太阳能发电机组。当地太阳直射曝辐量（DNI）为 2598kW·h/(m²·a)，预计年可发电 4.5 亿 kW·h。电站于 2011 年 1 月开工，2013 年 10 月投产，电站的业主、建设方和运行管理都是 RICE 太阳能有限责任公司（100%股份），项目总承包方为美国 Pratt&Whitney 电力系统联合技术公司，购电方为美国太平洋煤气和电力公司。

太阳能镜场面积 1 071 361m²，玻璃镜支架 17 170 面，每面面积 62.4m²，制造商为公司，集热塔高 540ft，圆筒结构，承造商为 Pratt&Whitney 电力系统联合技术公司。吸热和蓄热介质为熔融盐，入口参数 288℃，出口温度 566℃。汽轮机机组容量为 150MW，汽轮机入口蒸汽压力为 11.5MPa，采用空冷机组。

按照汽轮机满负荷运行 1h 蓄热设计，机组效率为 40%，熔融盐比热容为 1.55kJ/(kg·K)，则需要 3130t 熔融盐，取 3500t 值作为设计值。蓄热罐高 13m，直径 14m，总体积 2000m³，可储存 3500t 熔融盐，熔融盐的配比为 40%硝酸钾和 60%硝酸钠的混合液，系统使用熔盐量比槽式系统减少，主要是提高了集热管出口温度，使单位体积的熔盐蓄热量更多，因而降低了设备造价。

7.4 以空气为介质的太阳能塔式热发电

2009 年，以空气为介质的德国 Jülich 塔式太阳能示范电站建设完成，如图 7.8 所示，电站规模为 1.5MW，采用空气和水两种介质，整个电站占地 8hm²。镜场面积 17 922m²，共安装 2153 面可移动定日镜，每面镜子 8.3m²，聚光面跟踪太阳运行轨道，集热器开口面积约 22m²，集热器安装在 60m 高的塔顶。传热介质为空气，吸热器由多孔陶瓷元件构成，通过抽吸周边的空气带走陶瓷元件的热量。空气被加热到约 700℃，然后进入到锅炉炉膛内，加热水变为过热蒸汽，锅炉管道出口蒸汽压力 6.5MPa，温度 460℃，过热蒸汽通过汽轮机做功，带动发电机产生电力。

该装置设有集成的蓄热装置，蓄热介质为陶瓷材料，蓄热装置占了塔的两层高度，通过周边流过的热空气而得以被加热。其蓄热能力为汽轮机 1h 的额定发电量。太阳能电站的塔楼中间位置设置了一个研究平台，开口面积为 3m×7m，可接收定日镜反射的太阳辐射，通过热化学方法进行太阳能制氢的试验，还可以做其他方面的试验。

此外，2008 年，法国科学院 CNRS 对 1983—1986 年期间运行的 2MW Thémis 塔式电站（图 7.9）进行改造。原 Thémis 电站以熔融盐为介质，镜场面积 11 800m²，由 201 面采光口面积 53.7m² 的定日镜组成。塔高 104m，传热介质为熔融盐，经过一次换热，将热量传递给水，产生蒸汽推动汽轮机做功，汽轮机进口参数为 430℃，5MPa。由于较早的熔融盐技术不成熟，计划保留全部镜场和吸热塔，取消熔融盐系统，改用空气作为传热介质，推动燃气轮机发电，燃气轮机放在塔顶。

图 7.8 德国 1.5MW Jülich 电站　　　　　图 7.9 法国 2MW Thémis 电站

2005 年，由河海大学、南京春辉科技有限公司与以色列魏兹曼研究院合作研发建设的 70kW 塔式试验系统在南京投入运行，电站包括 32 面定日镜，单面采光口面积

$20.25m^2$，塔高 33m。传热介质为空气，吸热器出口最高工作温度 1000℃，吸热器峰值热效率 85%。系统采用太阳能与燃气混合方式运行，燃气轮机组热效率 28.5%。电站外观如图 7.10 所示。

中科院电工所也对高温空气发电技术及碳化硅泡沫陶瓷作为吸热体的空气吸热器进行了研究，研制热功率 1MW 空气吸热器系统，出口空气温度达到 850℃。通过耐热实验、吸热体流动阻力实验，并在法国科学院的太阳炉上进行了材料抗氧化实验和理论分析，得到碳化硅泡沫陶瓷可耐受强非均匀分布聚光能流热冲击特性，高温空气下的流动阻力特性，集热器入口辐射能流极限特性等进展。

由于介质的加热温度高，以空气为介质的塔式电站系统效率较高，但是由于空气的比体积大，集热器难以做大，因此机组容量受到限制，另外，空气作为介质的蓄热系统的换热速率将受到影响。

与塔式系统相近的还有空气烟囱发电形式[43]，其原理见图 7.11。利用太阳能集热棚加热空气，驱动旋转涡轮机带动发电机发电。这种发电方式无需常规能源，基本原理是太阳辐射能照射到集热棚顶的玻璃，加热棚内的空气，集热棚以太阳能烟囱为中心，呈圆周状分布，与地面有一定间隙，以引入周围空气。太阳能烟囱离地面有一定距离，周边与集热棚密封相连，由于高温空气的密度低于环境温度下的空气密度，使空气在烟囱内产生流动，在烟囱抽吸作用下，烟囱内形成的上升气流，驱动安装在烟囱底部的单台空气涡轮发电机或多台小型空气涡轮发电机发电。塔式空气烟囱发电还可以采用蓄热，在加热棚地面设置水管，白天利用热空气加热管中的水，夜晚热水加热空气继续发电。

图 7.10　南京 70kW 塔式电站

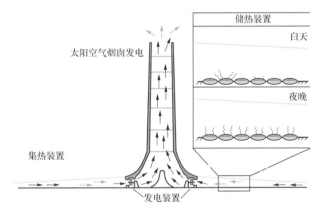

图 7.11　太阳空气烟囱发电原理

世界上第一座 50kW 的太阳能空气烟囱于 1986 年中期在西班牙 Manzanares 地区建成，外观见图 7.12，烟囱直径 10m，高 194m，质量 125t，积热棚直径 240m，高 2m，面积 44 000m^2，当烟囱内风速达到 2.5m/s，即可并网发电。电站总共运行了 32 个月，年平均每天运行 8.9h。1987 年全年，当地太阳辐射大于 $150W/m^2$ 的共有 3067h，全年并网时间为 3157h，包括 244h 蓄热发电。此后由于接地导线腐蚀问题，在一次风暴中烟囱倒塌了，但三年的运行经验证明其发电原理是可行的。此后也有很多人研究其技术，首座太阳能空气烟囱发电的效率非常低，但当机组容量达到 200MW 时，效率将会在此基础上提高 2.45 倍，占地大约需要 20km^2。

图 7.12　Manzanares 电站图

7.5　不同类型塔式热发电的技术特点

对塔式系统而言，提高工作介质初参数是提高效率的最有效方法，但 10MW 等级机组不宜采用更高的参数，这就决定了 10MW 等级的塔式热发电系统不是最佳的运行机组，机组单机容量需要加大，因此要在形成最佳的高效吸热、蓄热模块的基础上，使多塔集热量合并，形成更大的单机容量，才能综合提高整个塔式电站的效率。

各国塔式热发电系统主要在三种类型方向发展，以水为单介质的塔式系统，集热器出口水蒸气温度可以较高，蓄热量很小，系统简单，系统效率较高，必须采用锅炉补燃和稳燃；以熔融盐和水为双介质的塔式系统，集热器出口介质温度高，蓄热容量大，系统较复杂，系统效率高，宜采用锅炉稳燃；以空气为介质的塔式系统，单机容量小，空气介质温度高，蓄热量较小，系统简单，系统效率很高。各种塔式热发电系统的技术特点列于表 7.2。

表 7.2　　　　　　　　　　　　塔式热发电系统技术特点总结

形式	系统特点	外部需求
单介质（水）＋无蓄热或少蓄热	系统简单，年效率较高；多云天气负荷会波动，只能白天发电	满足上网条件，但不满足电网对机组调节的要求
单介质（水）＋燃料机组 ISCC＋无蓄热	系统简单，年综合效率高；与煤电或气电组成联合循环；太阳能与燃料电站互补，解决负荷波动问题	满足电网要求
双介质（水＋熔融盐）＋蓄热	系统较复杂，年效率高；多塔并联可提高单机容量；机组负荷平稳，可 24h 连续发电	满足电网需求
单介质（空气）＋蓄热	单机容量小，系统简单，年效率高（太阳烟囱除外）；负荷平稳	满足上网条件，但不满足电网对机组调节的要求

7.6　太阳能热发电形式的分类

国际上太阳能热发电分类尚没有一致的结论，主要由于实践中新的结构形式还不断出现，有的兼有塔式和槽式系统的共同特点。Solar Energy 杂志 2007 年第四期登载了中科院工程热物理所袁建丽等写的"太阳能热发电系统与分类"文章，文中按太阳能聚光特性，分为五种类型，塔式、槽式、碟式、热气流、热池；按能源转化特性分为三类，单纯发电、与化石能源互补、与热化学复合作用。

通过国际上各种类型的太阳能热发电方式的分析，新发电方式不断出现。不考虑能源转化特性，仅就目的用于聚光发电的范围分类，太阳能热发电的最基本特征就是聚光发电，不同的发电方式，聚光比例有所不同，碟式发电在 20kW 及以下的系统中，集热腔的面积基本在 0.2m×0.2m 范围，聚光直径在 5～12m 范围，面积在 20～200m² 范围，集热腔面积和聚光面积比约 0.002～0.0002；按照以上原理分析，槽式系统聚光比约 0.14～0.1；塔式系统聚光比约 50～0.1（指集热器开口面积和一台玻璃镜面的面积比）。槽式系统另一特点是长度和宽度差距大，目前常规集热管的有效宽度为 70mm，单根长度大于 2m 以上，组合长度在 100m 以上，宽长比约 0.007～0.002。因此，假定光斑和镜面比小于 0.01 的聚光方式，称为点聚焦方式，碟式系统符合这类特征；而聚光比在 0.01～0.1 范围，同时聚光宽度和长度比小于 0.01，称为线聚焦方式；而光斑和镜面比大于 0.01 的聚光方式，同时聚光宽度和长度比大于 0.01，称为面聚焦方式。这样就将太阳能聚光发电方式仅分为三种类型，点聚焦类型，其代表为碟式发电系统等，线聚焦类型，其代表为槽式发电系统等，面聚焦类型，其代表为塔式发电系统等。按照以上分类原则，菲涅耳式系统可归到线聚焦方式中，太阳烟囱发电系统可归到面聚焦方式中。

第8章

太阳能热发电负荷输出特性

电网中的电负荷既是用户随时间所需要的电量，又是不同的发电形式随时间产生的电量，发电量和用电量必须相等，电网中的电负荷才能达到平衡。为达到平衡，部分发电单元必须担任调峰任务。电网中一天的最小负荷和最大负荷比，是电网中这天的负荷变化率。理论上说，如果所有机组都参与负荷调节，则每台机组的最小负荷变化要求就是当天的电网负荷变化率。由于电网负荷越来越大，发电形式多种多样，一部分发电形式难以承担负荷变化的要求，则电网中其他发电形式则需要承担更多的负荷变化要求。

电网中的负荷是一条夜晚低、白天高的不断变化的曲线，电网需要发电机组具有很好的负荷变化特性，以适应用户不断变化的负荷需求。电网中有各种不同的发电形式时，充分发挥各种发电形式的特点，让其相互弥补，也能满足用户对电量的需求。各国的发电形式多种多样，我国的电量近70%是煤电机组，调峰能力强，核电和其他形式的发电相互配合，完成电网的负荷分配。而巴西70%的水电，其他是燃料发电、可再生能源和核电，因此，水电也参与大部分的负荷调节。

任何发电形式的输出都具有一定特征，发电形式自身的输出特性决定了这种发电形式在电网中的比重。风电、太阳能发电的输出特性怎样，有什么办法达到电网对负荷特性的要求，是风电、太阳能热发电需要解决的主要难题。

世界近30年的太阳能技术发展，就是在探索如何具有更好的发电特性，以满足电网对发电负荷的要求。

8.1　不同发电输出特性对电网的影响

影响发电输出特性的发电形式分两类，一类是输入能量人为可控的发电形式，如以化学能释放形式的燃煤、燃气、燃油等发电，核电发电，可再生能源中部分发电形式也是可控的，如水力发电、生物质能发电等，输入能量可以通过一定手段进行控制，达到按照输出能量的需要进行控制发电。另一类能量是输入能量不可控的发电形式，如风能、太阳能、海洋波浪能等，基本是可再生能源发电形式，这些能量是大自然中自然形成，难以人为控制，虽可将自然能量转化为电能，但转化是同步进行的，大量的能量储存有困难，因此，这部分可再生能源发电后对电网的影响最大，因此，可再生能源发电不仅要得到最大的发电效率，还要解决在不可控的能量输入情况下，得到可控的能量输出。这是可再生能源发电需要解决的关键性问题。如何解决这些问题，需要从发电形式和电网结构两个环节上共同研究。

风力发电是典型的可再生能源发电形式，我国制定的节能减排目标，风力发电是主要部分[44]，根据中国气象局《第三次风能资源评估报告》的数据，我国陆上风能资源总储量达 43.5 亿 kW，技术可开发量 2.97 亿 kW，根据离岸 20km 的近海、50m 高度风能资源分析，海上风能技术可开发量 1.8 亿 kW。如果近 5 亿 kW 的风电全部开发上网，对电网的冲击是不可想象的。图 8.1 是某地区电网和当地风电实际逐月负荷率曲线。

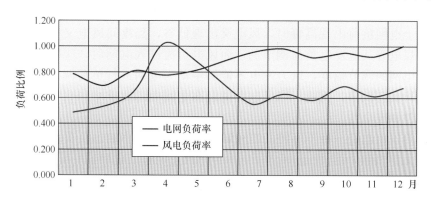

图 8.1　某地区电网和风电年度负荷变化趋势图

从图 8.1 可知，蓝色线条代表该地区一年中电网负荷曲线，全年总趋势是逐渐升高，2 月和 4 月份的负荷有所下降，到夏季迎来高峰，9 月和 11 月有所下降，12 月又升高。一般来讲，这种负荷情况比较有代表性。有些农业地区，当地春灌如采用地下水时，电负荷会急剧升高，形成了不少地区独有的负荷特征。风电是由于大气环流形成的推力所发出的电力，图中紫红色线条代表当地风负荷的逐月变化情况，全年晚春和早夏期间是全年风负荷的高峰，夏季风负荷减弱，到秋冬季有两个小高峰，不断波动到年底。因此，全年风负荷变化大，电网负荷高峰出现时间和风力发电负荷高峰非常不吻合。

除了季节性的变化外，每天风力变化也非常大，图 8.2 显示了内蒙古辉腾锡勒某风电场 2 天的风速变化曲线[45]。

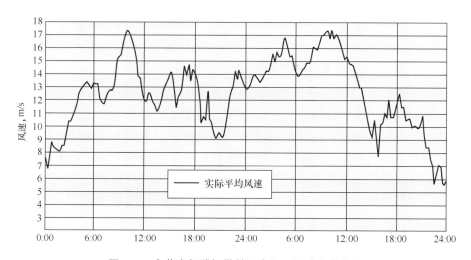

图 8.2　内蒙古辉腾锡勒某风电场日风速变化曲线

风速基本代表了负荷变化的趋势，一天中电网实际负荷和风力可发电负荷相差也很大，一般电网一天中最大负荷出现两次，上午 9 点和下午 19 点，白天负荷基本在 90%～100%，夜间在 60% 左右。而风电负荷一天的变化差别较大，一般一天有三个高峰，夜间风速逐渐增加，清晨达到高峰，上午 10 点左右是第二个高峰，下午 5 点是第三个高峰，每天的平均负荷也是不同的，有可能某几天很大，某几天又很小。上述情况说明，风电输出负荷小幅波动能够通过多台风电机组相互弥补，大的波动一天有 3 次，夜间风大，负荷也大，当早晨电网需要升负荷时，风电输出下降，白天需要负荷时，风电输出负荷出现低谷，晚上电网负荷出现高峰时，风电又出现低谷，到夜间风电又持续发电。电网的峰谷差是由煤电等其他发电负荷调节的，而风电负荷进入电网后，这种无规律的输出负荷，加重了电网的调节幅度，风力发电不能够主动为电网进行负荷调节，而需要更多的其他能源进行负荷调节，因此，当风电负荷量在电网中的比重增加到一定量时，将影响电网的稳定性和安全性。

太阳能热发电也是一种不可控的能量输入形式，其功率输出负荷和能量输入负荷特征相似，在无蓄热和无燃料补燃条件下，太阳能热发电输出典型日负荷曲线见图 8.3。

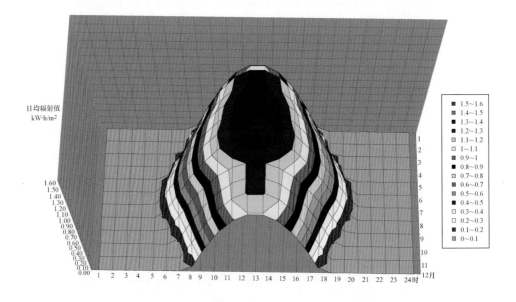

图 8.3　太阳能热发电输出典型日负荷曲线

图 8.3 中纵坐标的 12 条曲线，分别代表在北纬 35° 条件下 1～12 月中典型日的太阳能热发电输出负荷特性，横坐标为 1 天 24h 分布，高度坐标是单位时间的日均太阳能辐射值，在冬季时，日照时间短，白天的发电小时数也短，中午的发电单位负荷值小；夏季时，日照时间长，白天的发电小时数长，中午的发电单位负荷值大。从上述典型负荷曲线的分布看，在无蓄热和无补燃条件下，虽然太阳能热发电负荷曲线和电网用电负荷不相同，但是负荷趋势是一致的，这种日发电负荷特点能够部分起到调峰负荷的作用。

8.2　储能技术对电网负荷调节的意义

储能技术是指将某种能量以各种方式加以储存的技术，其技术要点在于能量能够稳定地储存，储存随时间无损失或损失小，可以在不同的能量形式之间转换，转换速度要快。说得简单就是存的住、不损失、易转换。当然，按照广义的储能概念，堆放在一起的煤炭就是储能，本篇除去以燃料形式存放的储能方法，包括燃料电池等，只考虑以物理机械能、电化学能、电磁能、热能原理的储能。

电能是一种优秀的能源，使用最方便，但电能的使用和生产是同时进行的，如果保存电能并再使用，需通过某种装置转换成其他便于存储的能量高效存储起来，同时在需要的时候，可以将所存储的能量方便地转换成所需形式。其内容包括两方面：高效、大容量存储能量的方法；快速、高效的能量转换。

传统电力系统遵循电能生产、传输和使用的模式运行，这是一个同时、连续的系统过程。储能技术的应用可以在这个系统中增加一个"存储"环节，使发电侧的能量和用户侧的能量在不平衡时，通过"积蓄"和"补充"进行调节，使"刚性"电网系统变得"柔性"起来，电网运行的安全性、经济性、灵活性也会因此得到大幅度的提高。在用户侧使用储能技术，可以充分发挥电能的许多优良特性，如洁净、便于收集、容易高效地转换成多种其他形式的能源等特性，实现用传统能源系统很难实现，甚至不能实现的功能。因此，储能技术的发展意义有以下三方面：

（1）建立智能电网研究和发展的新思路：大容量储能系统用于智能电网，通过提供有功功率和无功功率支持，实现储能系统在能量管理系统中的应用，适应用户侧的新要求，随着科技发展和生产力提高，各种能源应用形式不断出现，譬如电动汽车大量出现，汽车充电过程将给用电负荷带来更大的峰谷差，而大容量储能技术的应用将减轻电网压力，实现电力系统的负荷水平控制、峰值负荷整形和负荷转移等。

（2）适应大规模可再生能源系统接入的形势：由于风能、太阳能、海洋能等形式都是不可控的能源形式，一旦发生，必须使用，将储能系统与可再生能源系统相结合，可以最大限度地发挥电能转换效率和运行经济性，加强电力系统的绿色、环保功能。新能源和可再生能源的应用，将减少二氧化碳的排放，减轻传统能源日益枯竭带来的压力，而不可控的可再生能源发电大量进入电网，加重了电网的负荷波动，将储能技术用于能量管理系统，可以在系统的谷负荷期实现电能的储存，在系统的峰负荷期实现电能的生产，从而在发电侧开辟稳定上网负荷的作用，自动根据用户和电网需求，调节电力负荷的供应，真正做到了发电、电网、用电的友好配合。

（3）保证电网的安全、稳定和高效运行：作为不停电电源（UPS），储能系统可以提高智能电网的运行可靠性；通过抑制电力系统的频率漂移，使用可提供 30min 以上有功功率支撑的储能系统，智能电网在运行过程中供电频率漂移的问题可以得到有效的解决；改善系统的功角稳定性，使用能向电网提供 $1 \sim 2s$ 有功功率补偿的储能系统，电网中各机组在受扰动后的暂态过程中，可以保持同步运行，避免系统崩溃事故的发生；改善系统的电压稳定性，通过向电网提供无功功率补偿加上 2s 之内的有功功率补偿，储能系统可以使全系统中各机组和负荷节点的电压保持在正常运行水平；改善供电系统电质量，与先进的电力电子技术相结合，在电源瞬时和长时间退出运行的情况下，储能系统可以向系统提供备用功率支持，减小系统的谐波畸变、消除电压凹陷和肿胀，使供电质量得到提高。

因此，智能电网的建立需要储能技术的应用。对储能技术的要求是要有很大的储能容量和交换功率，功率响应速度快，能量转换效率高，充放电周期短，使用寿命长和运行费用低。

从上述意义上说，为了保证用户的利益，即满足用户在任何时刻、任何地点都可以用到高品质的电量，电网就必须提供充足的电力。不同电源形式的"搭配"是提供电力的关键。各种发电电源按照可控和不可控、可调和不可调的原则，可分为四种类型，各种发电电源形式及特点见表8.1。

表8.1　　　　　　　　　　　　不同发电电源形式特点

形式[①]	可调性[②]	发电方式
稳定负荷的发电形式	可调节	核电、水电、煤电、气电、生物质发电等
	不可调节	风电、太阳能光伏、太阳能热发电、波浪发电、地热等
变动负荷的发电形式	可调节	水电、煤电、气电、生物质发电等
	不可调节	具有蓄能的风电、具有蓄热的太阳能热发电等
调峰负荷的发电形式	可调节	抽水蓄能、煤电、气电，新型太阳能热发电等
	不可调节	储热蓄能

① 弃电不作为调节手段；

② 指输入的调节状态。

如果各种发电形式很多，并且不同发电形式能够提供合适比例，电网就能满足客户的用电要求。但是，在可持续发展、减排二氧化碳的目标下，如果煤电、气电等发电量减少，以可再生能源为主的不可调的发电形式就必须要有负荷调节和储存手段。

根据这一要求，太阳能热发电的发展可以提供三种类型的电站，不可调的太阳能热发电；可调节的太阳能热发电（24h全天运行，白天50%～100%负荷，夜晚30%～50%负荷）；可调峰的太阳能热发电（100%蓄能，电网需要的任何时候发电）。第一种形式的太阳能热发电技术在国际上已经成熟，如美国的SEGS电站，西班牙的PS10电站等；第二种发电技术国际上正在研究中，并已逐步取得成果并商业化，如西班牙Andasol电站、Gemasolar电站，意大利的阿基米德电站等；第三种形式在技术上首次提出，这种形式的太阳能热发电站具有抽水蓄能电站的特点和功用，可广泛地用于太阳辐射条件好、西部地区或缺水地区等。

8.3　太阳能常规发电负荷输出特性

一般来讲，大气上界的太阳能辐射值决定了地球表面相应位置处的辐射水平，表现出每日的辐射特征，每月的辐射变化特征，每年的辐射变化趋势。因此，了解大气上界的太阳辐射值年度变化，就能够了解当地太阳辐射的变化，当地的年度太阳辐射值由当地的各种因素决定，同时决定了没有蓄热的太阳能常规发电负荷的输出特性。

由于太阳内部的核聚变反应，太阳辐射是恒定和持续不断的，每年总量的变化差距很小，只是因为地球的自转和公转，对于地球表面确定位置的太阳辐射出现了周而复始的变化。图8.4是在北纬0°、10°、20°、30°、40°和50°位置处，大气上界太阳辐射的年变化规律。

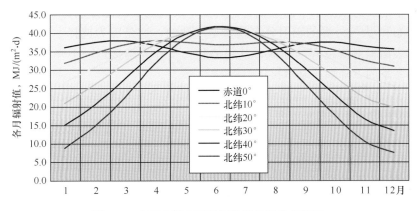

图 8.4　大气上界太阳能辐射值各月分布情况

由于大气上界不受大气固体颗粒、空气中的水蒸气和海拔高度的影响，因此太阳辐射只受到太阳倾角和距离的影响，因而其辐射能量分布非常有规律。从图 8.4 中可得出如下结论：

（1）北纬地区同一纬度下，不同月份时每天的太阳日照时间不同，冬季短夏季长，南纬相反。

（2）越接近赤道，一年中白天和夜晚的时间差变化越小，在赤道上没有变化，当纬度越高变化值越大，接近北极出现半年白天、半年黑夜的现象。

（3）赤道上的太阳辐射值一年的变化率最小，最大值出现在春季和秋季，最小值出现在夏季，平均值出现在春夏之间、夏秋之间和冬季。

（4）随着纬度增加，各月的辐射值的差值变大，基本趋势是夏季辐射值越来越大，冬季越来越小。

（5）越接近赤道，年总辐射值越大。

（6）纬度从 0°至 50°，其最大辐射值和最小辐射值的比值分别为 1.13、1.22、1.54、2.08、3.07、5.25。白天最长时间和最短时间的比值分别为 1.0、1.10、1.22、1.38、1.61、1.98。

上述规律为大气上界的太阳辐射变化值。在地球表面的情况和大气上界相比，其变化趋势是一致的。图 8.5 为美国位于北纬 19.7°的夏威夷、30.3°的得克萨斯和 40.8°的内华达州的全年辐射值（数据取自美国 1961～1990 年 30 年平均气象测量值）。

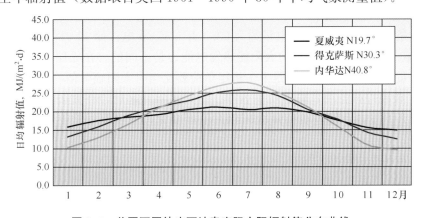

图 8.5　美国不同纬度下地表实际太阳辐射值分布曲线

美国三个地区的太阳水平面全辐射值的全年最大最小值比分别是 1.54、2.43、3.89。其辐射量分布和大气外界的辐射分布趋势是一致的，这是因为选择了太阳辐射条件好的地区，地球表面辐射值越好的地区，其趋势和大气外界越接近。下降幅度和图 8.3.1 比较，夏季和冬季的下降幅比基本接近。

我国位于北纬 31.15°的昌都和 40.15°的敦煌的全年辐射值（数据取自中国 1961～1990 年 30 年平均气象测量值）见图 8.6。

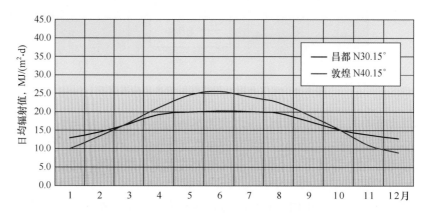

图 8.6　我国不同纬度下地表实际太阳辐射值曲线

我国两个地区的太阳水平面全辐射值的比分别是 1.59、2.91。其辐射变化规律与大气上界辐射变化趋势相一致。误差是由于当地的雨季雨量、气温条件和海拔高度等因素影响造成。

对于太阳能利用来说，太阳辐射能量相当于燃料输入，因此，当地的太阳辐射变化规律会影响到电量的输出。了解太阳辐射变化，就能预测到太阳能发电负荷输出情况。如果太阳能电站的纬度选择过高，则夏季的发电量会很大，而冬季就很小。这也是为什么欧洲提出的在北非地区建设大规模太阳能热发电，通过电网输送到欧洲的原因，因为北非除了太阳辐射条件好之外，纬度比欧洲低也是重要因素。

太阳能瞬时辐射值和发电量的曲线见本书第六章的图 6.16，美国 SEGS 太阳能热发电站第 9 号机组分别在 2010 年的 7 月 5 日和 11 月 11 日两天实际太阳能辐射条件下，发电负荷的输出曲线，机组容量 80MW，无蓄热。根据当地纬度，当日的太阳日出时间分别是 4 时 40 分 54 秒和 6 时 24 分 53 秒，日落时间分别是 18 时 56 分 3 秒和 16 时 43 分 44 秒。在晴天条件下，6 月的日发电量约为 93.5 万 kW·h 电，而 11 月的日发电量仅为 30 万 kW·h 电。这说明不同月份的太阳能热发电能力是不同的。在无储热情况下，太阳能热发电输出负荷类似该曲线，但是上午机组负荷要比当时太阳辐射值峰值晚 1～2h，下午要早 0.5h，夜晚停机备用，输出功率为零。白天太阳升起后，在太阳辐射能具备足够能量后，机组开始发电，发电负荷随太阳辐射值而变化，通过锅炉补燃和稳燃，使输出负荷达到稳定。

从夏季和冬季的典型日负荷分布看，夏季从上午 8 点后到下午 5 点，机组都在满负荷运行状态运行，冬季时运行时间在上午 9 点到下午 4 点，机组在 50%满负荷值下运行。而且负荷稳定性比较好，没有剧烈波动，负荷曲线和电网负荷曲线特征相似。

从图 6.16 中分析可得出结论，没有储热的太阳能热发电输出负荷与当日太阳辐射条件相关，系统只能在机组有限的热惯性条件下，使输出负荷更为平滑，避免大的波动。当天气发生变化时，机组只能跟随太阳辐射条件决定继续运行或停机。

一年中各月的变化也是不同的，图 8.7 为云南景洪和内蒙古伊金霍洛旗地区不同纬度条件下各月辐射值的比较。

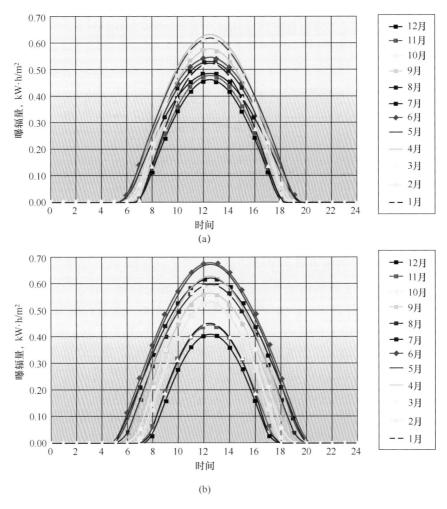

图 8.7　景洪地区（a）和伊金霍洛旗地区（b）月均日太阳辐射分布

图 8.7（a）为云南南部景洪地区，当地经度 100°48′，纬度 22°00′，海拔高度552.7m；图 8.7（b）为内蒙古鄂尔多斯市伊金霍洛旗，当地经度 109°48′，纬度 39°22′，海拔高度1310m，图中各条曲线分别为 12 个月的月平均日太阳辐射曲线（步长 1h），由于景洪地区纬度低，12 个月的月辐射值曲线分布较密，最低月太阳辐射值高于0.45 kW·h/m²，日照小时数有变化，但变化幅度不大。而鄂尔多斯地区纬度高，各月辐射值曲线分布较疏，最低月太阳辐射值稍低，约 0.4 kW·h/m²，日照小时数变化趋势增大，即夏季白天时间更长，冬季白天时间更短。这些变化，都会影响到日太阳曝辐量，从而影响日负荷输出值。

没有储热的太阳能热发电输出日负荷分布、月均负荷分布和年度负荷总量由当地的太阳能辐射条件决定。

8.4 太阳能储热发电负荷输出特性

具有储热的太阳能热发电具有很大的灵活性，可以模拟电网负荷特征，按照事先确定的不同负荷模式运行，形成智能型的太阳能热发电模块，以天为单位，学习电网前一天的负荷特性，形成当天负荷模式，在运行过程中，及时根据当日的负荷变化，调整运行策略并完成运行。图 8.8 说明具有储热功能的太阳辐射分配情况。

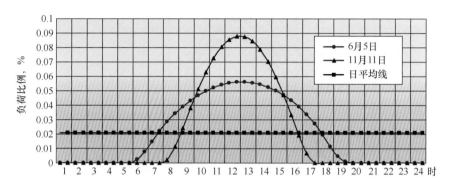

图 8.8　日太阳辐射能量分布（6、11 月）

图 8.8 是 6 月和 11 月典型日的太阳辐射分布，太阳辐射能量与单位时间的关系曲线，为了处理数据的原因，太阳辐射能量值经过了换算，积分结果 6 月、11 月曲线内的面积均等于 1。蓝色线是 6 月典型日的太阳辐射分布，半小时内最大负荷值为 0.055 96，经过储热，可以削去粉色线以上正弦曲线的上部，充填到粉色线以下 24h 范围内，储热高度为 0.020 84，粉线以下的面积仍然为 1，平均辐射值为峰值的 37.24%。即当以峰值负荷的 37.24% 运行时，可保持 24h 运行。同理，图上可见 11 月典型日的太阳辐射值分布，储热高度仍然为 0.020 84，红线以下的面积为 1。当以峰值负荷的 23.78% 运行时，可保持 24h 运行。这说明，每一天的太阳辐射绝对值是不同的，因而负荷比值每天也不同。

在有蓄热的情况下，需要多少蓄热容量，一天内负荷如何分配，需要确定一些原则。常规火电机组运行时，锅炉有最低稳燃负荷，当运行工况低于锅炉稳燃负荷时，锅炉需要投油进行稳燃。即使投油燃烧，锅炉仍然处于暂时稳定的状态，因此，一般情况下机组负荷调节都控制在 100% 负荷和锅炉最低稳燃负荷之间，最低稳燃负荷值和锅炉燃烧煤种有关，一般在 30%～50% 额定负荷范围。汽轮机负荷运行比较稳定，特别是现代大型机组的效率很高，比如 600MW 超临界或亚临界压力机组，40% 以上负荷时，效率都大于额定效率的 90%，负荷在 15%～40% 时，效率在额定效率的 80%～90% 之间，机组负荷小于 15% 以后，机组效率下降会非常迅速。因此，原则上太阳能热发电机组负荷率不低于 30% 左右，就能保持较高的运行效率。机组在低负荷条件下可延长运行时间的计算公式为

$$t = \frac{\eta_x \eta_{th}}{k} \tag{8.1}$$

式中　t——可延长运行时间，h；

　　　η_x——机组相对于额定负荷时的效率，%；

　　　η_{th}——蓄热系统效率，%；

k——机组运行时的负荷率,%。

假如机组运行负荷率为 30%，汽轮机此时效率值为额定负荷时的 85%，蓄热效率为 94%，则计算得到可延长运行时间 $t=2.66h$。

任何一天需要蓄热小时的计算式为

$$t_x = \frac{k(24 - N + x_1 + x_2)}{\eta_x \eta_{th}} \tag{8.2}$$

式中　N——日照小时数,h;

　x_1、x_2——太阳升起到机组发电期间、机组停机到太阳落山期间的时间,h。

根据美国 SGES 太阳能电站的运行经验，一般情况下 x_1、x_2 的间隔时间在 0.5～1.5h 左右。

根据上式计算，6 月 5 日的日照小时数为 14.79h，11 月 11 日为 9.98h，得到 6 月典型日的所需最短蓄热时间为 4.58h，11 月典型日所需最短蓄热时间为 6.28h。

因此，从白天机组带满负荷，夜晚机组带部分负荷的原则出发，通过上式，可以计算得到任何月所需的蓄热小时数计算值。典型的负荷模型见图 8.9。

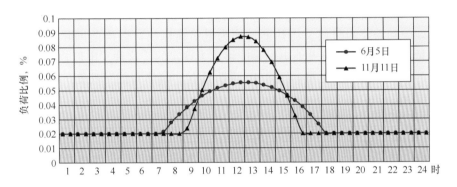

图 8.9　连续发电的典型日负荷模型

具有连续太阳能发电的输出负荷在夜晚时发电负荷是机组容量的 30%～50%，白天是一个近似抛物线的发电负荷，最大负荷点可以达到机组 100% 满负荷出力，当电网需要时，也可根据电网负荷进行调节，多余太阳辐射能通过蓄热储存，在夜晚发电或根据电网需要随时发电。

在有蓄热情况下，机组发电输出将更为稳定，在具有充足储热情况下，既可以全天满负荷输出，也可以根据电网要求，按照不同时段不同的负荷输出。特别是当夜晚采用低负荷输出时，将延长蓄热发电时间，有利于电站的持续运行。

从本书第 6 章中的图 6.21 中可见，夏季工况时，早晨约 5 点日出，6 点机组启动升负荷，2h 后满负荷，早晨 8 点到夜里 3 点停机。秋季和春季，满负荷早晨 9 点至夜里 1 点，冬季早晨 10 点到晚上 9 点。

如果采用调峰发电，夏天上午 9 点后满负荷，下午 3 点后负荷减半运行，则可保持机组全天运行。夏季时，白天可连续 16h 满负荷发电，晚上连续 8h 在 50% 负荷下运行，则可保持全天连续发电；春、秋季节，白天 10h 满负荷运行，其余时间全部 50% 负荷运行，则可保证全天连续发电；冬季时，全天都必须在 50% 负荷下运行，则才能保证全天发电。

全年各月的负荷变化和地球纬度有关，在地球纬度确定时，各月呈现出不同的输出

123

特点。图 3.12 说明了不同纬度下的太阳辐射值各月是不同的。

常规汽轮发电机组停机和启动过程中，由于机组冲转和升负荷过程中系统损耗能量较大，停机过程中的机组和管道散热等情况，使机组能耗大大增加，因此，在有可能情况下，要求机组在满足发电情况下，夜间持续发电到第二天太阳升起，辐射能足够推动机组发电，这种运行状态和停机再启动相比有优点，减少了能量损失，减少了设备的磨损。

具有储热的太阳能热发电输出日负荷分布、月均负荷分布和年度负荷总量可以根据电网条件，决定白天和晚上的负荷模式，只要储热量足够大，就能够保持全天 24h 连续发电。

8.5 太阳能"储热蓄能"电站负荷输出特性

为了满足用电负荷的增长和峰谷差的加大，电网必须要有充足的电负荷调控能力，但可再生能源发电的增长，又迅速加大了电网调节的难度，所以，太阳能热发电能不能成为具有抽水蓄能电站功能的发电形式，答案是完全可以。一种新型的太阳能储热蓄能电站产生了（"储热蓄能"一词来自"抽水蓄能"），它可以在有太阳辐射条件下以 100% 的容量储热，等到需要的时候又将热能转换为电负荷输出，以当前国际太阳能技术的发展，单机容量 200MW 的储热蓄能电站是能够成为现实的，这种发电形式转换效率高，可称为平面型的"抽水蓄能"电站。图 8.10 说明具有"储热蓄能"功能的太阳能热发电站的负荷输出情况。

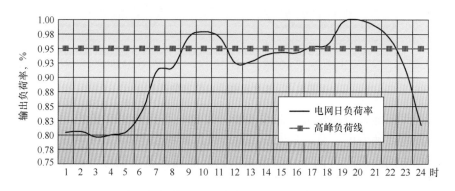

图 8.10 具有"储热蓄能"功能的太阳能热发电站每天发电情况

图 8.10 为某地区一日的电网负荷情况，假定 95% 以上高峰负荷时，电网的可调节机组的裕度很小，需要有机组带高峰负荷。作为连续运行的储热蓄能太阳能热电机组早晨 8 点启动带负荷，11 点停机，下午 4 点机组又启动，10 点停机，白天 11 点至下午 4 点之间机组仅作为蓄能运行，白天其他时间可一边发电，一边蓄热。完成每天的调峰任务。

作为蓄能功能，当天的蓄热量可以在 24h 后使用，根据分析，通常保温条件下，一天的温度降可控制在 20℃ 以内，由于融盐罐散热引起的热损失为 3.6%～5%，而采用更好的保温技术，甚至可以控制在 2℃ 以内，则热损失低于 0.4%～0.5%。所以整个机组作为直接发电和蓄热延迟发电的效率差可控制在 6% 范围内。

虽然抽水蓄能电站在高峰期发电，在低谷期耗电，抽水蓄能电站调峰能力是机组容量的一倍，调峰能力很强，但从节能角度来说不可取，因为总电量并没有增加，整个过程是能量的损失，仅为了平衡电网中峰谷差。太阳能储热蓄能电站可调峰能力即为机组容量，但其发电过程是可再生能源的应用过程，并没有消耗电网中的电量，这就具有积极的意义。当电网中可再生能源占有一定比例后，机组负荷能力和电网负荷需求不匹配的状况将会更加突出，不应该采取弃风、弃电的方式调节电网负荷，而以储热蓄能的方式既兼顾电网的调峰功能，又满足环境保护、节约能源的目的。所以说，电网非常欢迎纯粹用于负荷调节的太阳能热发电站。

技术上能够建设具有"储热蓄能"功能的太阳能热发电站。其输出功率以机组额定容量和持续运行小时决定，如一台 50MW 的机组可持续发电 6h，即"储热蓄能"量为 50（MW）×6（h）＝300MW·h，这台机组在白天储存 300MW·h 的能量后，可以在此后的 24h 内任意时间以每小时 50MW 的容量连续或间断运行 6h，当负荷量小于 50MW 时，运行时间可以延长。

目前，用西班牙 Andasol 电站的机组形式，系统经过调整和部分改进就可以完成"储热蓄能"电站的功能。这种机组的输出负荷已经脱离了正弦波太阳辐射能量分布特点，其输出量完全按照人的要求进行。

具有"储热蓄能"功能的太阳能热发电站，可以根据电网调度要求，在任意时间、以任意负荷比例发电，如果要求白天发电，储热蓄能工作仍可进行。其负荷调节速度可以和抽水蓄能电站相同。

8.6　太阳能热发电站机组容量的确定

电网中一般以单机容量衡量机组的出力的大小，机组容量也决定了电网的调度指标容量。实际上，对于太阳能热发电来说，单机容量已经不能表达这台机组的大小，不能说明一年可能的发电量，甚至不能判断机组的单位千瓦造价水平。太阳能热发电机组的单机容量和当地纬度有关，和当地年度太阳辐射值有关，和机组的负荷定位在夏至、冬至或者春、秋分的位置有关，和机组的蓄热量与蓄热小时有关，和镜场面积有关。

前面已经论述过，不同纬度地区年度月均日最大辐射量和最小辐射量的比值是完全不同的，一天中的任意时间段内辐射量也是不同的，当镜场面积确定后，如果机组额定负荷确定在一年中太阳辐射最大月份，这一天又确定在中午太阳最强时间段，则一年中只有这一点的机组负荷是满负荷的 100％。其他时间段太阳辐射值都低于这一点，形成其他时间段的机组始终处于低负荷下运行，这种情况说明机组容量配大了。但机组容量确定在春分或秋分点上，假如机组没有蓄热，由于机组容量确定了，有一部分太阳辐射能量由于不好应用而丢弃。以下的计算说明负荷点不同所带来的差别，假定电站地点为北纬 35°，系统年均效率 15％，镜场按照南北方向布置。计算结果见表 8.2。

表 8.2　　　　　　　　　　　选择不同负荷点的参数变化

机组负荷点	单机容量	年发电量	镜场面积	占地面积
	MW	万 kW·h	m²	ha
夏至	50	12 053	447 652	139.4
春分	50	14 712	546 391	170.8
冬至	50	22 916	851 119	265.9

从表 8.2 可看出，同样的机组容量并不能代表什么，上表中虽然三种情况的容量相同，但是当机组分别用夏至、春分或冬至作为负荷点时，年发电量、镜场面积和工程投资都发生了变化，特别是冬至点的镜场面积和年发电量几乎增加了一倍。当负荷点设在冬至时，还要注意，因为机组容量小的原因，实际上全年有部分太阳辐射量因机组配置小而损失掉，所以当机组负荷点设在秋分或冬至，发电形式必须采用蓄热型机组，蓄热小时可以根据可能损失的太阳辐射量确定。否则，应当将负荷点确定在夏至点上。

从投资角度来说，当发电量的增加大于投资的增加时，电价将降低。汽轮机容量增大使汽轮机辅机等设备容量相应增大，但汽轮机系统在电站中所占比例有限，发电量增加了，投资并没有线性增加，可以看到美国和西班牙电站中的槽式系统汽轮机部分都适当增大。其好处是机组在没有蓄热情况下，全年的太阳热辐射量都能够充分使用，减少由于机组出力不足引起热负荷的丢弃。

实际上，机组容量确定在一年中的哪一天应通过优化计算确定，从热量利用角度，对于无蓄热机组，因为由于纬度和地理原因等，太阳辐射值最大月不一定是夏至的月份，负荷点应定在当地太阳辐射值最大月的某一天，这样机组的小时发电能够消耗全年任何一天收集的太阳辐射量；对于有蓄热机组，首先根据用户意愿确定机组容量，再综合考虑蓄热量目标，确定蓄热小时数，反算得出实际的负荷点位于那一天。最大发电蓄热量应以一年中最大太阳辐射量的某一天确定。

因此对于太阳能热发电来说，单说机组容量没有意义，西班牙 20MW 的 Gemasolar 蓄热塔式电站的占地、发电量和投资都相当于一座无蓄热的 50MW 电站规模。

定位电站的规模宜用电站单机容量（MW）和年发电量（MW·h）两个参数确定，经济指标中同时采用单位千瓦造价（元/kW）和全年单位千瓦时发电量［元/（kW·h）］所占投资作为指标。这样才能准确判断电站的规模和大小。

从另一个角度出发，当地太阳辐射值确定后，在确定的电站效率条件下，太阳辐射部分的发电量每年基本都是定数，考核指标中只要确定全年发电量后，这部分的电价按照太阳能电价补偿，多余部分发电量可执行正常上网电价。

8.7 不同纬度地区的太阳余弦效率

各种形式的太阳能热发电的效率计算方法都不同，效率计算是电站各部分效率的乘积。效率项有很多，但其中可以分为几类，一类是和材料性质有关的效率，如玻璃镜反射系数、不同温度下的真空管吸收率等，其效率始终不变（除非材料性质发生变化）；一类是和机组负荷有关的效率，当机组负荷处于不同工况点时，机组效率会发生变化，如不同负荷下的温度变化引起的散热损失等；第三类是和太阳能热发电形式、地理位置和时间函数有关的效率，如太阳余弦效率。了解不同发电形式、不同纬度、不同时间段的余弦效率情况，就可以确定当地适宜采用哪一种发电方式。

影响太阳能热发电余弦效率最大的因素就是当地日太阳辐射曲线、月均太阳辐射值、地理纬度和时间。我国南北陆地纬度在 $18°\sim 53°$ 之间，海洋延伸到北纬 $5°$ 区域。如果采用槽式太阳能热发电，我国的海口纬度为 $20.03°$，那曲为 $31.48°$，敦煌为 $40.15°$。

余弦效率计算比较复杂，分为年总余弦效率、月均余弦效率和任意时间段的余弦效率。不同时间和纬度时的余弦效率都是不同的。如果不考虑太阳辐射值，采用均值的方法得到的余弦效率非常有规律，即赤道上的槽式太阳能热发电系统、采用南北布置形式的年总余弦效率为 91.38％，海口、那曲和敦煌分别为 86.42％、79.07％ 和 71.57％。这一结果可供参考。但是不同时间段的太阳辐射值是不同的，效率也不同，实际效率值应是不同辐射值下的效率所占比例。海口等三处按照不同辐射值的比例得到年总余弦效率分别为 90.13％、79.77％ 和 78.62％。数值比平均值都大，这是因为太阳辐射值大的月份，其效率值也大，这一情况越明显，差值就越大。赤道和其他三处计算得到的月均余弦效率情况见图 8.11。

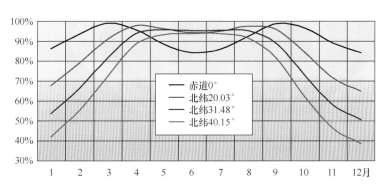

图 8.11　南北向布置的太阳月均余弦效率曲线

从图 8.11 上可以看出，赤道上采用南北布置的槽式系统，其效率曲线和大气层外的太阳辐射值的趋势是一致的，这也说明为什么实际年总余弦效率要大于平均值得到的年总余弦效率了。图上也说明，当纬度越高时，夏季的余弦效率保持高效率，而冬季的余弦效率迅速下降。这说明纬度越高的情况下，采用南北布置的槽式系统年总效率会下降，夏季时太阳辐射高，效率高，发电量更高，冬季时发电量更低。图 8.12 为东西向布置的太阳余弦效率曲线。

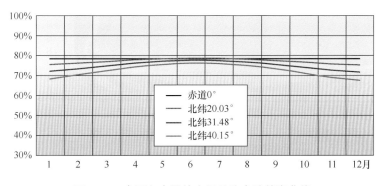

图 8.12　东西向布置的太阳月均余弦效率曲线

槽式系统采用东西向布置，其年总余弦效率赤道为 78.32％，全年为一条直线。其余的三个点分别为 77.07％、74.95％ 和 72.43％。和南北向布置一样，考虑当地太阳辐射值后，三个点分别为 77.5％、75.05％ 和 73.43％。图 8.12 说明，采用东西向布置的太阳年总余弦效率低于南北向布置的效率，这就说明全世界的槽式系统基本全部采用南北布置方式的原因了。但是，东西向布置虽然全年效率低于南北向，但是冬季四个月的月均余弦效率都高于南北向布置时的情况，这说明采用南北向布置的槽式系统全年发电量夏季更高，冬季更低，而采用东西向布置后，夏季发电量会降低，冬季发电量会提高，全年最高发电量和最低发电量之比会降低。这对电网来说是非常重要的。

按照纬度由低到高的顺序，采用东西向布置方案，不同月份的任意时段内太阳余弦效率情况见图 8.13。

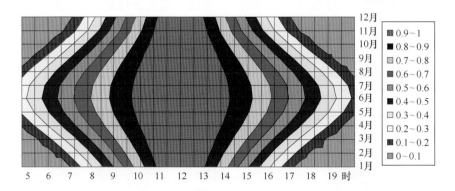

图 8.13　东西向布置槽式系统任意时段太阳余弦效率分布（敦煌 40.15°）

采用东西向布置方案，上表说明任意时间段内的太阳余弦效率分布情况，如果纬度发生变化，但效率分布状况不变。

仍然按照纬度由低到高的顺序，采用南北向布置方案，不同月份的任意时段内太阳余弦效率情况见图 8.14。

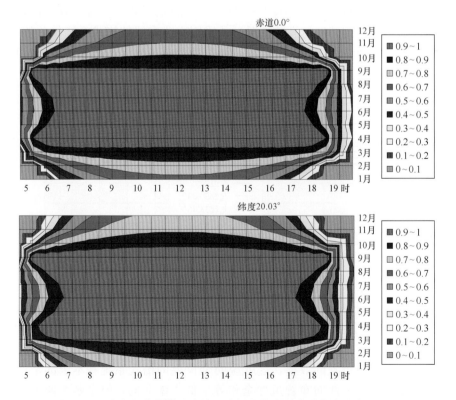

图 8.14　南北向布置槽式系统任意时段的太阳余弦效率分布（一）

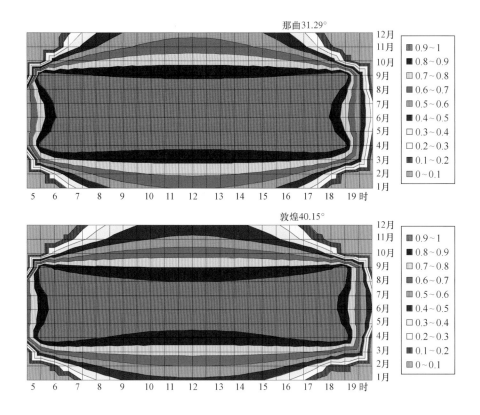

图 8.14　南北向布置槽式系统任意时段的太阳余弦效率分布（二）

从图 8.14 中可以明显看出，北纬 20°地区的太阳余弦效率大于 90% 以上的面积最大。这说明，当槽式系统安装在北纬 20°地区时，其他条件相同的情况下，太阳能热发电站的年均发电效率也大于其他高纬度地区。世界上北非地区，太阳辐射条件好，地处北纬 20°区域，年总余弦效率、月均余弦效率都高，因此是建设槽式太阳能热发电的最佳地点。

8.8　太阳能热发电负荷输出的局限性

利用蓄热技术，可使太阳能热发电在低成本和好的环保条件下，做到 24h 连续发电，通过周而复始的太阳条件，产生连续不断的电力。但是，太阳能热发电，当然也包括其他的太阳能热利用形式，都有一些自然的局限性，使人们无论采用何种技术都无法解决，或者解决的成本很高。

每天的太阳辐射条件都是不一样的，如果阴天下雨或者多云，都会影响到当日的发电。一般全年 365 天中，有太阳的日子是不同的，美国 SEGS 电站位置，全年太阳日大约有 330 天，属于太阳日照时间长的地区，当地的落基山脉阻挡住了太平洋潮湿的气流，使当地沙漠干旱，天高云淡，具有很高的年太阳辐射能量值，但每年也有若干天无法利用太阳能量，如果电网中太阳能发电量比例较小，可能对电网的影响不大，但是比例大的情况下，一旦持续阴天将会严重影响电网供电。

由于太阳黄道和赤道的夹角，既形成了地球上丰富多彩的气候条件，也产生了不同月份太阳辐射的变化，这一变化将影响每个月的发电总量，造成冬季发电量低，夏季发电量高的情况，这对电网的影响也是巨大的。按目前的技术水平，日蓄热和利用是可以实现的，但是达到季节蓄热和利用将非常困难，特别是年蓄热和利用，其投资和运行成本是非常高的。这也是大规模太阳能利用过程中遇到的困难，即实际输出负荷和能源利用的匹配问题。当然，月负荷的差值可以尽量选择低纬度的地区作为发电区域，减少月度差值，从而减少对发电的影响。另外，在系统和设计中，尽管冬季太阳能辐射值较小，但可充分利用冷源温度低的特点，使其发电量达到最大，以减小辐射值带来的影响。

第9章

常用储能技术特点

常用的储能技术有四类，物理方法储能，化学方法储能，电磁方法储能，热力方法储能。不同的储能方法具有不同特点。

9.1 物理方法储能及特点

物理储能通常利用物体的动能或势能，通过保持其动能或势能达到储能目的，通过能量的转换进行能量释放。储存方式包括抽水蓄能、飞轮储能、压缩空气储能等。

抽水蓄能系统就是储存势能的一种方法，使用具有不同水位的两个水库，低谷负荷时，系统将下位水库中的水抽入上位水库，高峰负荷时，利用反向水流发电。抽水蓄能电站的最大特点是储存能量非常大，几乎可以按照任意容量建造，储存能量的释放时间可以从几小时到几天，其效率在 70%～85% 之间，适合用于电力系统调峰和长时间用作备用电源的场合，包括能量管理、频率控制以及提供系统的备用容量。

抽水蓄能的转化过程是以电能的消耗提升水的势能，保持水的势能以储存能量，需要时以水的势能转化为电力能。因此转化过程是从电能到势能的转变，再从势能到电能的转变，这一过程有势能和电能两种能量形式的变化。

法国国家电力 70% 以上是核能发电，核电的特点是带基本负荷，即核电不能大幅调节负荷。相应地抽水蓄能发电比例占全国 20% 以上。抽水蓄能的容量大，发电和用电的转换时间短，从零转速到并网发电约需 2min，从静止状态到满负荷抽水约需 5min。虽然抽水蓄能量大，调节运行方便，但抽水蓄能的转换能耗较高，利用抽水蓄能一般进行电网峰谷差的调节。因此，核电和抽水蓄能两种发电方式配合才能保证电网的稳定运行。

天荒坪电站目前是我国装机容量第三的抽水蓄能电站。电站位于浙江省安吉县境内，1994 年 3 月动工，2000 年底全部竣工投产。电站下库位于海拔 350m 的半山腰，是由大坝拦截太湖支流西苕溪而成，上水库位于海拔 908m 的高山之巅，有主坝和四座副坝围筑，呈梨形，平均水深 42.2m，库容量 885 万 m^3，湖面面积达 28 hm^2，相当于一个西湖，其昼夜水位高低变幅达 29m 多。电站上、下水库间的大山中凿有长达 22km 的洞室群，大小洞室 45 个，地下厂房全长 200m，宽 22m，高 47m，建有 6 台 300MW 机组。电站高峰发电能力为 1800MW，低谷填谷能力为 1890MW，峰谷最大调峰能力可达 3690MW。抽水蓄能电站能否建立，主要由地形地貌决定。图 9.1 为天荒坪电站的地形外貌和蓄能原理。

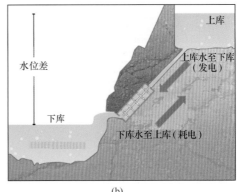

（a）   （b）

图 9.1　天荒坪抽水蓄能电站

（a）地形外貌；（b）蓄能原理

除了利用液体的势能，固体势能也能利用。一个典型例子是四川峨嵋地区水泥厂，当地取矿石区域高于水泥厂约 500m 以上，以往都是用汽车运输，山路盘桓，耗费许多能量，后采用皮带从山上将矿石输送到水泥厂，由于高差，皮带自行下滑，用发电机发电作为刹车系统，因此，除了运输 200t/h 矿石外，每小时还得到 1.5MW·h 的电力。

飞轮储能系统也是采用物理动量储能的方法，主要组成部分由悬浮轴承支撑的具有巨大转动惯量的旋转体组成，即利用物体运动后的动能并加以储存，悬浮轴承的作用是减小旋转体转动时的轴承摩擦损耗，提高系统的寿命。为了提高系统的效率，飞轮系统常常运行在低真空系统中。飞轮储能的突出优点就是几乎不需要运行维护，设备寿命长（可完成 20 年或者数万次深度充放能量过程）、对环境没有不良的影响，飞轮具有优秀的循环使用以及负荷跟踪性能，它适用于功率型应用，积木式组合后也可以实现较长时间的输出。飞轮储能的应用较多，如德国 Piller 公司的飞轮储能具备在 15s 内提供 1.65MW 电力的能力，而中国的 10kW 永磁体磁悬浮飞轮储能装置的开发，是在国家 985 项目支持下研制成功的。

图 9.2 为美国 Beacon 公司生产的用于电网蓄能的真空高速飞轮蓄能装置[46]，（a）图为飞轮储能装置外貌，（b）图为单个飞轮蓄能装置结构简图。

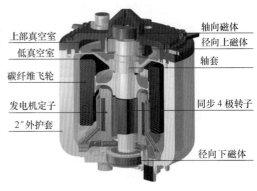

（a）   （b）

图 9.2　飞轮储能系统

（a）装置外貌；（b）飞轮内部结构

美国 Beacon 公司提供的飞轮蓄能产品输出功率可在 100kW 至 6000kW 之间选择。使用寿命可达 20 年，采用全密封结构，维护少，可以作为备用电源，用于禁止使用蓄电池的特殊区域，考虑占地的因素，飞轮可以采用地下安装方式。操作全部采用自动控制装置，系统参数和运行状况通过控制信号直接到达中控室，工作人员可实时监控。

压缩空气储能在规模化方面能够和抽水蓄能相比，单机容量也可达百兆瓦级，已经实现大规模商业化应用。目前国际上两座大型压缩空气储能电站，分别位于德国和美国，德国的压缩空气储能电站容量为 290MW。美国在建的压缩空气储能电站达到 6000MW，其中俄亥俄州 Norton 大型压缩空气储能商业电站于 2001 年建成，爱荷华州的也在规划建设中，该压缩空气储能电站是风电场的组成部分，风电场规模约 3000MW，配置 300MW 的压缩空气储能系统，从而使风电场负荷输出更平稳，无风状态下仍能提供电力。

传统压缩空气储能是基于燃气轮机的储能技术，将燃气轮机的压缩机和透平分开，在储能时，风电场风能产生的机械功可以直接驱动压缩机旋转，其他电站可以用电能将空气压缩并储存在储气室；在能量释放时，高压空气从储气室释放，进入燃烧室膨胀做功发电。压缩空气储能系统与燃气轮机发电配套使用时，产生相同的电力输出，机组所用燃料比传统燃气轮机机组少 40%。系统困难的是压缩空气储存容积很大，100MW 的储能电站需要近 10 万 m^3 的储气装置，因此目前已运行的电站大都采用废弃矿井或岩洞，由于美国天然的岩洞多，分布均匀，因此压缩空气储能发展较好。

为解决空气储存容积大的问题，另一种方法是液化压缩空气储能，利用超临界状态下空气的特殊性质，综合常规压缩空气和液化空气储能系统优点。这种方式具有储能规模大、效率高、投资成本低、能量密度高、不需要大的储存装置等优点，其效率接近 75%，储能成本较低，投资大约为 4000 元/kW，运行寿命可达 40 年。压缩空气储能的响应时间和抽水蓄能接近，机组启动时间约 5~10min，单机容量可达 300MW。因此，为建设西北地区风电场，迫切需要配备大规模储能装置，但西北地区不具备建设抽水蓄能电站条件，液化空气压缩式装置是解决储能的好方法。

9.2　化学方法储能及特点

化学储能是运用最广泛的储能方法[47]，储存煤炭、石油、天然气等燃料，在需要的时候燃烧产生热量并用于发电，因为这是一种常规的发电形式，故不作为储能的问题加以研究。一般化学方法储能指各类蓄电池储能，即电化学方法的储能技术。

蓄电池是广泛应用的储能装置，它使用电化学方法存储较大容量的电能。除了常规的铅-酸蓄电池外，有其他各种不同类型的电力用蓄电池，如钠-硫电池、锂离子电池和液流电池等。

钠-硫电池具有较高的储能效率（约 89%），同时还具有输出脉冲功率的能力，输出的脉冲功率可在 30s 内达到连续额定功率值的六倍，这一特性使钠-硫电池可以同时用于电能质量调节和负荷的削峰填谷调节两种目的，从而提高整体设备的经济性。图 9.3（a）为钠-硫电池原理示意图，（b）图为日本 NGK 公司在风电场安装的 34MW 钠-硫储能系统。

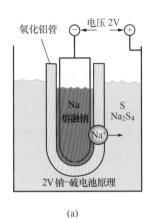

(a)　　　　　　　　　　　　　　　　　　(b)

图 9.3　钠-硫电池的原理示意图和应用实例

(a) 原理图；(b) NGK 安装的储能系统实景图

　　锂离子电池的主要优点是储能密度高，每立方米的体积可储约 350kW·h 的电力，且储能效率高，使用寿命长。目前大型锂离子电池主要用在电动汽车以及电网。电力公司 AES 在智利建造的 12MW 锂离子电池储能项目如图 9.4（b）所示，集装箱装有锂离子电池以及控制系统；(a) 图给出了锂离子电池的原理示意。电池组主要用于调节电能质量和平衡电网的供需，为太阳能和风能等可再生能源电力并入电网提供帮助。平时，电池从电网获取并存储电力，在电网供不应求时，电池组将向电网供应电力。我国南方电网公司于 2011 年 1 月 25 日成功并网的兆瓦级电池储能站标志着中国大容量电池储能集成应用技术取得重大技术突破。

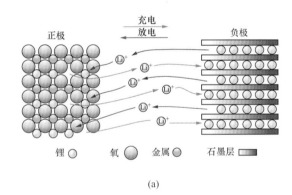
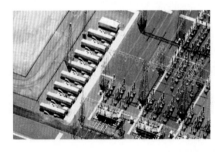

(a)　　　　　　　　　　　　　　　　　　(b)

图 9.4　锂离子电池的原理示意图和应用实例

(a) 原理图；(b) AES 的储能项目

　　液流电池是利用正负极电解液分开，各自循环的一种高性能蓄电池，具有容量高、使用领域广、循环使用寿命长的特点原理示意图如图 9.5（a）所示。它不同于使用固体材料电极或气体电极的电池，其活性物质是流动的电解质溶液，最显著特点是通过增大电解液储存罐的容积或提高电解质浓度可实现规模化蓄电。用于电站调峰和风力储能的钒液流电池发展迅速，图 9.5（b）为日本 Tomamae 风电场的 4MW×1.5h 钒液流电池储能系统示意。

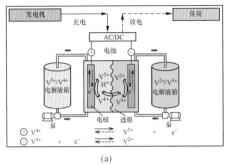

(a)　　　　　　　　　　　　　　　　　(b)

图 9.5　钒液流电池的原理示意图和应用实例

（a）原理图；（b）Tomamae 风电场的储能系统

电池作为常规电站的备用电源已被广泛应用。火电厂动力负荷、控制负荷和升压站继电器室通常采用蓄电池作为直流备用电源，对于一台 600MW 机组，常规配置一套动力直流电源，选用密封阀控式铅酸蓄电池，输出电压 220V，功率为 550kW·h，在失电情况下可保证安全用电 5h。4 套控制直流电源，输出电压 110V，功率为 88kW·h，在失电情况下可保证安全用电 8h。

9.3　电磁方法储能及特点

电磁方法储能包括超导磁储能、超级电容蓄能等。超导磁储能（SMES）是一种将电能以直流形式用直流磁场进行存储的储能装置，载流导体工作在低温环境下，呈超导体态，产生磁场时，磁体不产生损耗，因此超导磁储能装置的储能效率非常高，并具有快速电磁响应特性，在电力系统中可用于负荷均衡、动态稳定、暂态稳定、电压稳定、频率调整及电能质量改善等。目前超导磁储能比较昂贵，如果将超导磁储能线圈与现有的柔性交流输电装置相结合，可以降低变流单元费用，对输配电应用而言，小于0.1MW·h和0.1～100 MW·h 的超导磁储能系统较为经济。

在国家 863 和 973 项目支持下，华中科技大学研制了我国第一台高温超导磁储能装置，容量为 35kJ/7kW，通过测试，取得了比常规电力系统稳定控制更好的效果。该装置的外形见图 9.6。

该装置可以方便地用在抑制振荡最有效部位，控制量直接作用于导致系统振荡的源头，即对不平衡功率进行"精确"补偿。图 9.7为系统震荡后投入和不投入 7kW 超导磁储能装置的对比。

图 9.6　7kW 超导磁储能装置外形图

超级电容是一种基于电化学原理的电容，它将电能存储在两个串联的电容器中，这两个电容的双层带电薄膜是在电极和电解质离子间通过化学的方法生成的。由于带电薄膜间的距离很近，只有几个埃，所以电容器的容量和储能密度非常大，是传统电容器的

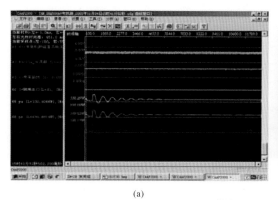 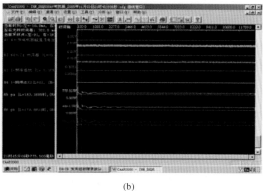

(a)　　　　　　　　　　　　　　(b)

图 9.7　7kW 超导磁储能装置投入系统前后的对比曲线

（a）投入前；（b）投入后

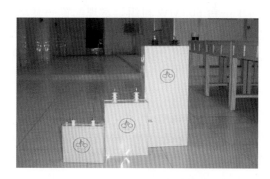

图 9.8　超级电容装置外形图

数千倍。超级电容大多用于高峰值功率、低容量的场合。由于能在充满电的浮充状态下正常工作十年以上，因此超级电容器可以在电压跌落和瞬态干扰期间提高供电水平。超级电容器安装简单，体积小，并可在各种环境下运行，可以为低功率水平的应用提供商业服务。华中科技大学所研制的高密度电容储能密度达到 1.7kJ/L，处于世界先进水平。图 9.8 为超级电容装置外形图。

9.4　热力方法储能及特点

热力方法储能在各领域中都有应用，如民用工业中的纺织、酿酒、卷烟等行业，建筑领域蓄热空调和冰蓄冷空调也属热力储能，此外储能在工业生产中、航天航空领域中都有广泛应用。在太阳能热发电中储热起着关键的作用，储热技术让无序的可再生能源发电变为了可控的发电形式，而储能技术的成熟和推广应用，关键在于能够寻找到理想的储热介质。

蓄热按材料类型分类，分为高温类和低温类，高温类材料包括单质盐类、两种以上的复合盐类、金属与合金类，温度应用范围在 120～850℃。低温类的包括有机物类和无机物类，温度应用范围在 0～120℃。按热源不同进行的蓄热材料分类，分为显热材料和潜热材料。显热类的包括土壤、地下蓄水层、砖石和水泥等；潜热（相变）材料包括固相-液相、固相-固相、固相-气相、液相-气相的相变潜热；同时还包括具有可逆反应的化学反应热。这些不同的蓄热方式为太阳能储热提供了广泛的选择。

9.4.1　水/水蒸气的储热能力

各种物质都有储热的能力，但不同物质的储热能力是不同的，水/水蒸气就是良好的储热介质。1t 水加热到 100℃，以饱和水的形式存在时，在压力为 0.101 48MPa 条件下，其质量热容为 419MJ/t，体积热容为 402MJ/m³；以饱和水蒸气的形式存在时，在压力为

0.10148MPa 条件下，质量热容为 2675MJ/t，体积热容为 1.6MJ/m³。水蒸气状态的单位质量热容比水增加了 6.38 倍，但体积热容下降了 251 倍。所以在常压下，一般不储存水蒸气，而直接储存水，单位体积的热容量才相对比较大。当温度升到 200℃时，压力升到 1.5547MPa，此时水的单位体积热容 737MJ/m³，而水蒸气为 21.9MJ/m³，体积热容下降了 34 倍。当压力和温度升高时，水和水蒸气的单位体积热容比逐渐下降，到达水/水蒸气的临界参数点时为 1。

如果将温度 400℃，压力 25MPa 的超临界状态的水降到 2.5MPa，每吨水所含的热量为 2578.59MJ/t，体积为 6.005 m³，单位体积热容 429.4MJ/m³。根据热平衡和质量守恒计算得到，释放热量为 2461.77MJ/t，剩余水量为 0.1214t 水，剩余热量为 116.82MJ/t。单位体积释放热量 409.9MJ/m³。则每立方米的超临界蒸汽/水储罐理论储存 0.12MW·h/m³当量热量，实际可使用 0.11MW·h/m³ 当量热量。

所以，在高压条件下水可以储存更多的热量，利用高压、高温的水储存热量，通过降低压力使饱和水部分气化，释放热量，已成为水/水蒸气储热的常用方法。西班牙 PS10 和 PS20 塔式电站的储热采用了水/水蒸气储热的方法，储热量达到额定机组出力的 0.8h；我国第一个 1MW 的八达岭塔式太阳能热发电站更进一步，也是采用了以水为基础，水、油混合的储热方法，按照额定机组容量的 1h 储热。图 9.9 为西班牙和中国的塔式电站使用的以水为介质的储热系统。

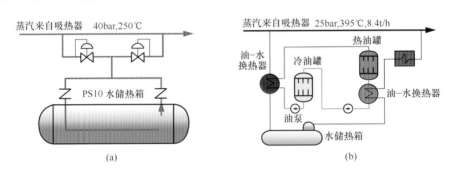

图 9.9　以水/水蒸气为介质的储热系统

(a) 西班牙 PS10 储能原理图；(b) 八达岭塔式储能原理图

图 9.9 (a) 为西班牙 PS10 电站的储热系统，有类似于除氧器的容器，吸热塔产生的蒸汽进入蓄热器，与容器内的水混合，形成压力 4MPa、温度 249.2℃的饱和水储存在蓄热器中，需要时可逐步打开阀门，随着压力的降低，部分饱和水气化产生饱和蒸汽进入汽轮机做功发电。一般压力可降至 1MPa，此时温度约 179℃，饱和蒸汽做功能力进一步下降。PS10 的饱和水蓄热系统简单，操作方便，但由于主蒸汽没有过热度，为防止饱和水蒸气中的液滴冲刷叶片，汽轮机必须采用防冲刷型的机型。

图 9.9 (b) 为八达岭 1MW 塔式电站的蓄热系统，主要储热单元仍为蓄热器，在蓄热器的出、入口分别安装了高低温蓄热油箱和换热器，蓄热时可将压力 2.5MPa、温度 395℃的过热水蒸气的热量传递给导热油储存在高温油箱中，需要放热时，蓄热器减压，饱和水产生部分温度为 223℃的饱和水蒸气，再经过换热器，高温导热油将热量传递给饱和水蒸气，使温度可升至 300℃的过热水蒸气，进入汽轮机做功发电，这样就可以采用普通型汽轮机。

系统的研究包括蓄热器的运行方式和切换方式，蓄热器设备制造主要参数的计算和确定，蓄热设备的生产制造，结构设计、加工与装配，蓄热器保温结构，储热介质的装载和卸载方法，管路系统的动力和控制技术等。蓄热容器包括高压饱和水蓄热器，高、低温储油罐，还有高、低温换热器。

该项目研究了系统在起动、正常运行、待机、停机和事故等多种工况下的性能，蓄热器的运行工况，各单元的动作及对不同运行工况的适应程度，以满足电站运行及监控的要求，满足太阳能电站在非正常工况或短时无太阳情况下的发电需求，保证太阳能电站的连续运行，目前电站已在调试阶段。系统提供的蒸汽量可保证发电 1h。该系统蓄热器换热效率 98%，蒸汽和油换热端差 40℃。冷、热蓄热油箱容积均为 $10m^3$，蓄热水箱 $90m^3$。蓄热系统出口压力 1～2.5MPa，出口温度 260～300℃，出口流量 8.4t/h。

以水/水蒸气作为介质的蓄热系统，虽在 1MW、11MW、20MW 三种太阳能热发电系统中得到了应用，但是，由于压力参数的提高，使储存容器均要耐压。11MW 机组的蓄热器容积在 $1000\ m^3$ 以内，如果要建设更大型机组，如此大型的压力容器的建设是难以想象的，因此，10MW 级以上机组的蓄热系统需要采用水以外的其他介质。

9.4.2 导热油作为储热介质的技术性能

采用导热油作为吸热和储热工质，已成为太阳能热发电环节中的主要形式。槽式系统中绝大部分都采用导热油作为吸热工质，为考虑简化系统的目的，储热系统也采用导热油是理想的选择，因此，许多早期槽式热发电站在小容量储热系统选择中，都采用了导热油。导热油制造厂家较多，考虑不同的使用环境也有各种型号，数据资料最完整的是美国陶氏公司。

1. 性能描述

按照 DOWTHERM A 的数据[48]，工作温度在 12～400℃ 范围，导热油是一种可燃物质，但并不易于燃烧，其物理特性见表 9.1。

表 9.1   **导热油（DOWTHERM A）物理特性表**

特性	单位	参数
沸点（常压下）	℃	257.1
固相点	℃	12
闪点（SETA）	℃	113
着火点	℃	118
自动燃点温度	℃	599
密度	kg/m³（25℃）	1056
冻结时的收缩度	%	6.63
溶解时的膨胀度	%	7.1
熔解热	kJ/kg	98.2
比电阻	Ω-cm（0℃/20℃/40℃）	$1.2×10^{12}/0.64×10^{12}/0.39×10^{12}$
介电常数	频率为 $10^3/10^4/10^5$（24℃）	3.26/3.27/3.27
损耗因子（24℃）	频率为 $10^3/10^4/10^5$（24℃）	0.0012/0.0001/0.0001
介电强度	V/nm	20866
空气中的表面张力	Dynes/cm（20℃/40℃/60℃）	40.1/37.6/35.7
临界压力	0.1MPa	31.34

续表

特性	单位	参数
临界温度	℃	497
临界比体积	L/kg	3.17
燃烧热值	kJ/kg	36053
分子量	(avg.)	166

导热油的功能定位主要是作为热传递介质,因此,希望其工作温度范围宽广,工作性能稳定,具有良好的导热性能和流动性,如果作为储热介质,还希望体积热容大。

DOWTHERM A 型导热油是联苯($C_{12}H_{10}$)和二苯醚($C_{12}H_{10}O$)的共晶化合物,是一种非常稳定的有机化合物,这两种化合物具有相同的气化压力,所以可以相互混合,其工业应用已经超过 60 年,可用于液相或气相的换热或储热系统。导热油的冷冻温度点为 12℃,低于 12℃以下,黏度将急速上升,流动就比较困难。一般液相使用温度为 15～400℃,气相使用温度为 257～400℃,200℃时的气化压力是 0.024MPa(表压),最大推荐使用温度下气化压力是 1.06MPa。在允许使用温度范围内,导热油的黏度对系统有一定的影响。图 9.10 显示了导热油温度与其他物性参数之间的关系。

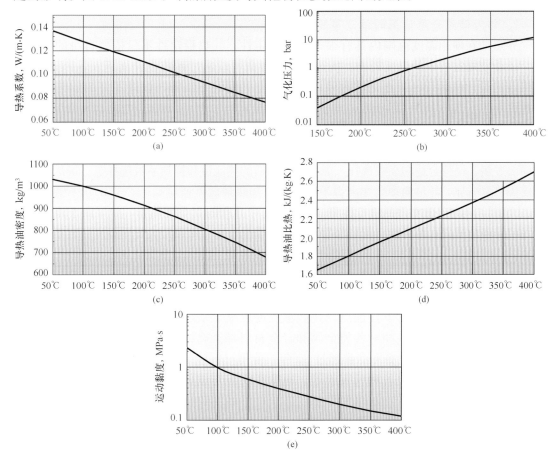

图 9.10　导热油温度和其他特性参数之间的关系

(a)温度—热导率;(b)温度—气化压力;(c)温度—密度;(d)温度—比热;(e)温度—运动黏度

从图 9.10 可以看出，在常温和极限温度点上，导热性能下降 50%，压力增加 10 倍，黏度下降了 99.75%，密度下降 65%，比热容增加了 80%。

运行过程中，如导热油与空气接触，空气中的水蒸气可能会进入导热油中，不同温度情况下，导热油的含水率见图 9.11。

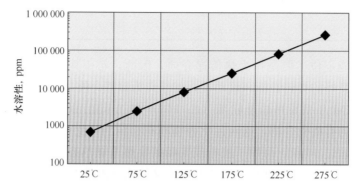

图 9.11　导热油中饱和水含量和温度关系曲线

从图 9.11 中可见，导热油中水的溶解度随温度升高而升高，当温度为 50℃时，水的溶解度为 1200ppm，而 200℃时，水的溶解度达到 55 000ppm。

2. 作为储热介质使用的注意事项

导热油在使用温度范围内具有很好的热稳定性，其热稳定性不仅依赖自身的化学组成，还受使用过程中的温度影响。传热流体的寿命可以通过系统设计而延长，因素包括：加热器的设计和运行；防止化学污染；流体与空气隔绝方法等。设计不好的加热器或传热过程中的不当操作会引起导热油局部超温，影响最大的是超温和超温时间，要避免如燃烧加热时引起的导热油局部过热。有时导热油出口油温并没有超温，但导热油流速过慢，加热过程中局部会形成超温层，引起导热油的失效。因此应严格按照限定温度条件设计，考虑避免局部过热，保持合适的参数选择，如流速，合适的热流量和换热系数选择等。局部流速降低使传热量增加，导热油系统在高温下运行时，加热最低流速应高于 2m/s，并控制在 2～3m/s 范围，同时经常对油品进行检测。槽式系统中并联的真空集热管，如果由于流量分配不均或是阻力变化，都可能引起局部管路超温等情况出现。所以最大使用温度一定不能超过 425℃，温度超过 400℃以上，导热油分解和失效的可能性就大。

化学污染对导热油的品质影响极大，传输导热油的管道和罐内如果存在少量的化学物品，会引起导热油的化学品质变差，高温下会加速这种化学变化，从而腐蚀管道和罐体，特别是在焊缝处会留下侵蚀点，其严重程度取决于系统的污染物的数量和类型。在液相和气相状态下，导热油对各类金属和合金材料都无腐蚀性，即使在高温下，设备通常都能长期使用，很多设备寿命都超过 30 年。使用材料包括低合金钢、不锈钢、锰合金钢等，它们也用于各类设备和仪表管等。通常在没有其他化学品污染的情况下，不会发生腐蚀，当渗入化学品后，其影响程度取决于化学品的数量和污染区域。有些材料使用时，应特别预防混入如下污染物质，如奥氏体不锈钢需防止氯化物的腐蚀，镍基合金应避免接触含硫物质，铜类金属不要接触氨水。

高温下导热油的空气氧化性很强，氧化反应程度依赖于导热油品质、运行温度和空气混合程度。因此，导热油系统有一套安全运行系统，包括导热油箱和管路内任何时刻都应充满惰性气体，以防止导热油的高温氧化，还有不同温度引起的体积变化的平衡箱等设计考虑。

太阳辐射会引起导热油的热解，辐射大于一定值后导热油的热分解就会加速。因此平时导热油应避光存放。

作为工作条件下的导热油，选择液相或气相状态传热，主要考虑传热温度、传热空间位置和导热率情况，一般液相和气相之间的体积比差别随压力变化，在压力0.101MPa、温度100℃条件下，气相和液相体积比相差约3.7万倍，导热率为10%；而在0.238MPa、300℃条件下，体积比为89倍，导热率为30%；在1.064MPa、400℃条件下，体积比为16倍，导热率为46%。气相条件下体积增大，导热率下降，但优点是气相条件下，导热油可以释放气化潜热，从而增加换热量；另外，可以降低导热油压力。所以，利用气态导热油还是液态导热油需要根据换热条件具体分析。

采用强制循环的液相和气相导热油系统，系统都需要提供泵功，因而要损失部分能量，其成本要高于自然循环冷却的系统形式。如果系统中同时有液相和气相变化时，系统传热率就大，即传同样的热量就会减少传热面积或减少导热油使用量。但是，具有两相流的换热情况更复杂，需要分别考虑液态、相变态和气态不同情况下的换热，因为这三种情况下的换热系数不同。

液相换热的优点有：系统简单；运行操作方便；管内流动换热，因而没有温度梯度；液相系统中的通气阀管径很小；不需要气-液凝结系统等一套复杂装置。

气相换热的优点有：单位质量提供的换热量更大；凝结换热部分提供了恒温的换热；系统流量和流速易于控制；蒸发凝结过程可采用自然循环；介质用量少；凝结过程避免大温差下的传热，使系统更稳定。

室温下气态导热油的泄漏一般不构成火灾，因为在大气中气态导热油饱和浓度低于爆炸下限，但是应在可能有气态导热油溢出的管道或容器位置安放危险标志。从管道中泄漏气态导热油具有一定危险，高温可能引起保温材料着火而引起火灾。在特殊场合下，易燃气雾的形成是可能的，为了降低这种可能性的发生，要注意导热油泄漏点的封闭情况；泄漏点可能的泄漏时间和积聚温度；与空气的体积混合比。

当气体导热油从容器中泄漏到炉膛时，将会引起炉膛内的剧烈燃烧，但不会爆炸，而液体导热油泄漏到炉膛时，不完全燃烧将引起大量黑色浓烟。气态导热油泄漏到大气中也会发生，由于大气温度较低，一般发生着火的情况极少，气态导热油泄漏到大气会伴有强烈气味，因此，发生泄漏时一般都能发现，但是导热油介质的损失会比较大。

导热油对环境和人体健康的影响也是需要考虑的，各导热油厂家都应有导热油安全运行手册，说明导热油对环境和人体健康的影响，提供正确的操作程序，避免由于不当操作产生危害。

国外曾经做过试验，在鼠、兔子和猪的动物实验表明，浓度低于 7 ppm，一天 7h，每周 5 天，连续 6 个月条件下，动物没有出现严重症状。而用老鼠口服导热油实验的结果，母鼠每天食用 2.487g/kg 有可测出的伤害，而每天 100mg/kg 的剂量，每周 5 天，连续 6 个月条件下，肝脏和肾脏出现中毒症状。另一项研究显示，鱼体内含有联苯和二苯基氧化物的化合物，但这些鱼放置在清水中时，短时间体内的联苯化合物浓度就会降低，如果水体中联苯类化合物被鱼类吸收，但多氯联苯量很小，水体中的浓度降低，体内浓度也会降低，而且联苯化合物在环境中可以随时间被降解。

对于人来说，更需要正确操作和安全防护知识，一般导热油都有较大的特殊气味，可以刺激人的眼睛和鼻子，为防止过度的气体吸入，对于含联苯组分在空气中的含量，OSHA 和 ACGIH TLV 标准为 1ppm，STEL 标准为 2ppm，TWA 标准为 0.2ppm。因此，高浓度状况下工作应佩戴防护面具，局部浓度过高时应采取排风措施。人如果误食少量导热油可能没有伤害，但对人会有不良影响，大量摄入情况下应采取催吐方法或及时就医。在常温导热油液体溅入眼睛里一般不会引起角膜损伤，但需要用清水连续冲洗 5min 以上，在具有溅起的生产操作中，应佩戴面罩或护目镜，避免溅入引起伤害。导热油接触到皮肤后一般不会对皮肤产生伤害，过多的接触可能会引起皮肤不适或刺激作用，应避免长期接触以防止皮肤发炎，处理可采取清洗液或皂液清洗方法，污染衣服和鞋可洗净后再使用。

导热油中的联苯化合物在环境中能够逐步被生物降解，因此废水处理过程中，超出排放标准的联苯化合物能够满足排放标准要求。通常环境温度下联苯的水溶性物质大约是 14ppm，如果超出这数值，部分量会析出并沉淀，数据显示，污水处理最初阶段的曝气过程中大部分联苯就会被析出。

失效导热油应有回收方案，导热油失效后，可根据情况采取不同处理方法，如果轻微失效，油中少量带水的情况，可以现场采取再生措施；比较严重失效需要返回制造厂处理，当失效是由化学污染引起的话，有的制造厂将不再进行回收处理，只能进行报废处理了。

如果不能判断油质情况，可以提供给位于美国、荷兰和巴西当地公司的实验室进行导热油的化学分析和鉴定，用户只要提供大约 0.5L 的液体便可。样品取出位置应进行认真分析，取最有代表意义处的样品。样品从系统取出后，应自然冷却到 40℃ 以下，再放入运输容器中送到相应测试实验室。分析可确定导热油失效的程度，包括何种物质引起的污染，是否能够继续使用或报废处理等。

假定蓄热器出口温度为 400℃，入口温度 300℃，工作压力 1.6MPa，则每立方米中导热油储罐理论储存 0.227MW·h 当量热量，实际可使用 0.08MW·h 当量热量。以 50MW 机组储存 1h 的蓄热量计算，假定机组效率为 40%，则需要 1563 m³ 的蓄热器容积，如果 50MW 太阳能热发电机组能够连续发电，则储热油箱容积将大于 10000 m³，尽管工作压力 1.6MPa，其结构设计和成本也是难以想象的，因此，50MW 级以上机组如果要达到连续发电，蓄热系统则需要采用水、导热油以外的其他介质。

9.4.3 熔融盐储热介质的特点

熔盐是一种很好的传热和储热介质，但由于国际上对熔融盐的研究没有像水、导热油那样深入，因此，没有权威的数据资料，只有相关研究学者的论述。采用熔融盐作为介质，主要是要实验研究出熔融盐材料配方指标，如液态温度范围、比热容、腐蚀性等各种指标满足介质的特性要求，同时，进行各种物性参数的测量，这样才能在工程中得到应用。

1. 二元硝酸盐的性能以及应用实例

目前应用较广的是美国 Solar Two 电站使用过的 40% 的硝酸钠和 60% 的硝酸钾，分子式为 $KNO_3 + NaNO_3$，称为 Solar Salt。1996 年在美国建成的 10MW 塔式熔融盐电站[49]，系统采用双熔融盐罐蓄热，总蓄热能力达到 105MW·h，罐体容积为 1164m³，单罐可储存熔盐 1500t。西班牙 Andasol 电站为大容量槽式蓄热电站，采用三介质系统，其中熔融盐也采用了二元盐。Solar Salt 是一种二元硝酸盐[50]，凝固点 207℃ 以上和常压条件下为液态，工作温度范围为 290～600℃。

二元硝酸盐的主要性能是稳定性好，不燃烧、无爆炸危险、泄漏蒸汽无毒，电站现场不会产生二次污染。熔盐密度在 300℃ 和 600℃ 温度点上为 1725 kg/m^3 和 1535kg/m^3，普朗特数为 58.7 和 178.17。液态条件下温度与压力无关，即气化温度点在 600℃ 以上，工程应用中采用熔融盐作为储热工质，储存容器可以是常压或微正压运行。不足之处是由于熔点高，工作温度范围较窄，机组冷态启动过程复杂，耗热量大，系统维护费用高，另外熔盐成本也较高。

假定蓄热装置出口温度为 500℃，入口温度为 350℃，工作压力为正常大气压下，机组热效率为 35%，则二元盐每立方米理论储存 0.391MW·h 当量热量，实际可使用 0.137MW·h 当量热量。工作温度范围内的比热容变化见图 9.12。

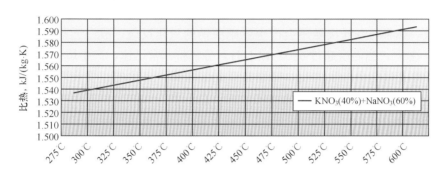

图 9.12　二元硝酸盐温度-比热容关系

二元混合盐开始熔解的温度为 207℃，开始凝固的温度为 238℃，在 207~238℃ 之间为固液共存态。熔解潜热 161 kJ/kg。300~600℃ 液态物性特征如下 ［式中密度单位是 kg/m^3，比热容单位是 J/(kg·K)，黏度单位是 mPa·s，导热系数单位是 W/(m·K)］，即

$$\rho = 2090 - 0.636\ T \tag{9.1}$$

$$cp = 1443 + 0.172\ T \tag{9.2}$$

$$\mu = 22.714 - 0.120\ T + 2.281 \times 10^{-4}\ T^2 - 1.474 \times 10^{-7}\ T^3 \tag{9.3}$$

$$k = 0.443 + 1.9 \times 10^{-4}\ T \tag{9.4}$$

固态熔盐的物性特征如下，20℃ 环境温度下，$NaNO_3$ 密度 2260kg/m^3，KNO_3 密度 2190kg/m^3，混合盐熔点温度 207℃，$NaNO_3$ 比热容（熔点温度附近）37.0cal/(℃·mol)＝1820J/(kg·K)；KNO3 比热容 28.0cal/(℃·mol)＝1160 J/(kg·K)。按照 $NaNO_3$－KNO_3 质量比（6∶4），得出固态混合盐平均比热容 1556 J/(kg·K)。工作温度范围内的导热系数变化见图 9.13。

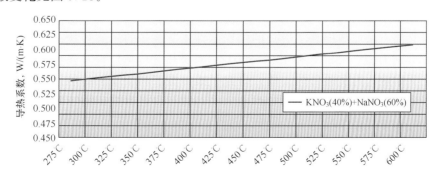

图 9.13　二元硝酸盐温度-导热系数关系

2. 三元硝酸盐的性能以及应用实例

三元熔融盐（HITEC）也是常用的熔盐[51]，含 53% 的硝酸钾、40% 的亚硝酸钠和 7% 的硝酸钠，分子式为 $KNO_3+NaNO_2+NaNO_3$，熔盐不燃烧、无爆炸危险、泄漏蒸汽无毒。特定温度下的主要物性数据包括熔点 142℃，气化点 680℃，工作温度范围 149～580℃，介质密度在 150℃和 600℃时分别为 $2000kg/m^3$ 和 $1650kg/m^3$，介质密度曲线呈线性；运动黏度在 150℃时为 $1\times10^{-5}m^2/s$，随温度升高按指数规律下降，在 400～550℃接近不变值（约 $0.8\times10^{-6}m^2/s$）；比热容 $1.55kJ/(kg\cdot K)$；导热系数在 500℃时为 $0.3W/(m\cdot K)$；固态盐的体积膨胀系数为 $0.001\,59m^3/K$，液态时 $0.001\,12m^3/K$；该三元盐在 455℃以下时不分解，455～540℃时亚硝酸钠将有缓慢分解行为，变为硝酸钠、氧化钠和氮气，如果与空气接触还会产生亚硝酸钠的氧化反应，故三元盐在高温下应注意运行的安全性[52]，当温度超过 620℃以上时，分解将非常迅速，产生熔盐沸腾现象。

熔盐长期使用后会产生劣化，特别是亚硝酸盐类，劣化的主要表现在化合物发生分解和氧化，使亚硝酸盐类含量降低，化合物熔点上升，此时介质参数将发生变化，对蓄热能力、换热能力有多方面影响。随着劣化程度加剧，混合物熔点上升，可通过补充亚硝酸盐的方法降低熔点，使介质成分保持原样。如果熔点温度上升值超过 50℃时应加强观测，超过 80℃时应及时进行调整处理。测量中如发现熔盐中产生大量碳酸盐，并且有沉淀情况，为防止管道堵塞等严重情况发生，应处理或更换全部介质。

三元盐作为介质情况下，储热罐温度在 470℃以下可采用铁素体耐热钢，470℃以上采用奥氏体钢。

假定蓄热装置出口温度为 500℃，入口温度为 350℃，工作压力为正常大气压下，机组热效率为 35%，则三元盐每立方米理论储存 $0.356MW\cdot h$ 当量热量，实际可使用 $0.122MW\cdot h$ 当量热量。计算分析可知，三元盐的熔点温度降低，同等条件下蓄热能力和二元盐相比下降 10.7%。三元盐的凝固点低，有利于系统的安全运行，减少了启动过程和停机过程的能耗和运行维护，北京工业大学也在研究更低熔点的硝酸盐类，美国桑地亚国家实验室正在研究新的混合熔盐，使其熔点低于 100℃。但熔点降低的结果，使最高使用温度也有所降低，高温下的热稳定性有所下降，熔盐成本也较高。

3. 其他盐类的性能及国内相关研究

国内在熔融盐材料方面做工作比较多的研究单位是中山大学和东莞理工学院，开展了熔融盐材料的制备与热物性表征研究，强化高温吸热-传热-蓄热过程的研究，建立了高温熔融盐"吸热-传热-蓄热"实验平台，取得了一些初探性研究成果。主要结论有：采用静态熔融法制备添加剂材料，既强化了熔盐的传热性能，又扩大了复合熔盐的工作温度范围，并且高沸点添加剂提高了熔盐的热稳定性，所制备的硝酸熔盐、碳酸熔盐最佳工作温度范围分别为 220～580℃和 450～800℃；对吸热管传热过程及强化途径进行了实验研究，以三元熔融盐为实验传热工质，研究了螺旋槽管和横纹管的传热和流阻性能，得到了管结构参数、管内雷诺数 Re 和熔盐 Pr 数，以及参数对螺旋槽管和横纹管管内强化传热的影响；通过对蓄热过程中多孔介质材料的研究，发明了熔融盐新型混合蓄热方式。图 9.14（a）是中山大学的熔融盐实验平台。

北京工业大学在熔盐传热蓄热方面，建立了熔盐受迫对流换热试验平台，通过实验得到了熔融盐（硝酸锂）过渡流和充分发展紊流的管内强迫对流换热数据，并拟合出了

(a)
(b)

图 9.14 高温熔融盐实验平台

(a) 中山大学平台；(b) 北京工业大学平台

相应的传热关联式，证明了经典关联式仍然适用于熔融盐管内换热情况；购置了同步热分析仪、高温导热系数分析仪和高温黏度仪，建立了混合熔盐配制和热物性测试平台，进行了混合硝酸盐、混合碳酸盐和混合氯化熔盐的配制，得到了不同混合熔盐的热重（TG）和差示扫描量热（DSC）曲线，获得了熔盐的熔点、分解温度、比热容、熔化潜热和使用温度范围，分别推荐了显热和潜热蓄热的优选熔盐配方。图 9.14（b）是北京工业大学熔融盐热物性测试平台。

中山大学所研究的硝酸熔盐为四元盐，工作温度范围在 $220 \sim 580$℃，成本更加低廉，热稳定性好，在温度范围较低的条件下可以应用。但是高温段的可使用工作温度范围仍然偏窄，低温段的熔点温度也没有降低太多。

氯化物盐类具有高温性能好的特点，应用温度范围在 $460 \sim 750$℃，成本和碳酸盐相近，但是低温熔点偏高，高温腐蚀性强，整个系统包括管道、阀门、熔融盐泵、罐体等均需采用高强不锈钢材料，增加了系统投资，由于腐蚀的严重性，氯化物盐类在太阳能蓄热方面没有应用。

碳酸盐类的介质材料高温性能好，应用温度在 $460 \sim 750$℃范围内，系统稳定性好，成本低廉，对材料的腐蚀性弱，但在作为太阳能蓄热材料方面国内外都没有应用实例，其应用领域主要在燃料电池方面，或者用于碳酸盐类回收核废料等，美国在高温碳酸盐研究方面具有优势，材料配方和制备工艺等都处于垄断地位。

东莞理工学院在国际碳酸盐材料研究的基础上[53]，采用静态混合熔融盐的方法制备出新型的高温多元熔盐材料，对制备的混合熔融盐体系的熔点、沸点、固液体密度、比热容、导热系数、运动黏度、体胀系数等材料物性进行了测定，研究了多元熔盐材料在实际应用中对钢材的静态腐蚀程度和对环境的影响，获得了低成本、高蓄热性能、高效导热性的两种材料。其中 D04 熔盐材料采用碳酸钠、碳酸钾和 A 型添加剂，质量配比 $1:1:0.7294$，最佳工作温度范围 $450 \sim 800$℃，熔点、分解温度点和相变潜热分别为 394.85℃、869.7℃和 159.7kJ/kg。C12 熔盐材料采用碳酸钠、碳酸钾和 B 型添加剂，质量配比 1 : 1.406 : 0.9667，最佳工作温度范围 600～800℃，熔点、分解温度点和相变潜热分别为 566.9℃、852.1℃ 和 103kJ/kg。

D04 熔盐材料的比热容拟合曲线如下 [式中 Y 的单位是 kJ/(kg·K)，T 为绝对温度]，即

$$Y1 = 5.1619 - 0.005\,95T \quad 450K \leqslant Y1 \leqslant 564.5K \tag{9.5}$$

$$Y2 = 0.843\,07 + 0.001\,70T \quad 564.5K \leqslant Y1 \leqslant 684.5K \tag{9.6}$$

$$Y3 = -3.3463 + 0.007\,82T \quad 684.5K \leqslant Y1 \leqslant 1020K \tag{9.7}$$

D04 熔盐材料的密度拟合曲线如下（式中 ρ 的单位是 kg/m³），即

$$\rho = 2.4302 - 0.4347 \times 10^{-3}\,T \tag{9.8}$$

D04 熔盐材料的黏度拟合曲线如下（式中 μ 的单位是 mPa·s），即

$$\mu = 9.816 - 0.009\,35\,T + 3.005 \times 10^{-6}\,T^2 \tag{9.9}$$

D04 熔盐材料的固体比热容较小，并随温度上升而下降，到 550K 时开始上升，随温度呈渐升趋势，温度高于熔点以上时，比热容较大；密度随温度上升呈直线型下降；黏度随温度上升呈曲线型下降。

C12 熔盐材料的比热容拟合曲线如下 [式中 Y 的单位是 kJ/(kg·K)，T 为绝对温度]，即

$$Y1 = 0.252 - 0.001\,93T \quad 370K \leqslant Y1 \leqslant 690.2K \tag{9.10}$$

$$Y2 = -0.942 + 0.003\,66T \quad 690.2K \leqslant Y1 \leqslant 1045.5K \tag{9.11}$$

$$Y3 = -32.16 + 0.0335T \quad 1045.5K \leqslant Y1 \leqslant 1100K \tag{9.12}$$

C12 熔盐材料的密度拟合曲线如下（式中 ρ 的单位是 kg/m³），即

$$\rho = 2.4777 - 0.5099 \times 10^{-3}\,T \tag{9.13}$$

C12 熔盐材料的黏度拟合曲线如下（式中 μ 的单位是 mPa·s），即

$$\mu = 18.592 - 0.0280\,T + 1.24 \times 10^{-5}\,T^2 \tag{9.14}$$

C12 熔盐材料的比热容随温度呈渐升趋势，温度越高升速越快，温度高于熔点以上时，比热容较大。密度随温度上升呈直线型下降，比水和导热油的密度大 1 倍；黏度随温度上升呈曲线型下降，黏度明显低于液态导热油的黏度，接近水的黏度，因此具有很好的高温流动性。

仍然假定蓄热装置出口温度为 500℃，入口温度为 350℃，工作压力为正常大气压下，机组热效率为 35%，则 D04 熔盐每立方米理论储存 0.507MW·h 当量热量，实际可用 0.314MW·h 当量热量。C12 熔盐每立方米理论储存 0.357MW·h 当量热量，实际可用 0.171MW·h 当量热量。分析可知，D04 熔盐熔点低，温度范围宽，上限温度点高，特别是蓄热能力强，和 C12 熔盐比蓄热能力要大 84%。

通过选择熔融盐的种类，选择工作温度范围内的合适参数，如比热容、密度、导热系数、运动黏度、热扩散率等，可使单位体积条件下储存最多的热量。

9.4.4 三种传热、蓄热介质的综合分析

通过上述比较，假定在相同体积下，用水/水蒸气作为蓄热介质，需要极高压力条件下，才能得到一定的蓄热量。因此，采用超临界压力储存的水作为储热的方法成本是非常高的，储存容器昂贵，储存耗能大，经济上是不合理的，在太阳能热发电方面，只用于 10MW 级机组和短时的储热。用导热油作为储热，由于储存导热油也需要一定压力，但压力参数比水/水蒸气小得多，特别是槽式镜场集热管系统均采用导热油，吸热和储热

采用同一介质，使系统大大简化，因此，导热油储热用于 50MW 级的机组短时储热是可行的。采用熔融盐储热，在储热工作温度范围内不需要承压，因此储热罐的结构成本大大降低，一般用于大容量机组和大容量储热情况。

作为太阳能热发电研究的方向，介质特性的研究也是关键因素。遗憾的是，目前研究的无论是硝酸盐类、碳酸盐类或其他混合盐类，某些指标还达不到要求，如熔点温度等。要满足蓄热和发电的目的，目前还需要寻找更好的蓄热介质，这一介质在整个蓄热的工作温度范围内，希望都是以液体的形式存在，而液体的单位热容和导热率要尽量大，流动性要高。作为熔融盐材料，则希望找到凝固点要尽量接近常温，气化点要远离最高工作温度点，同时，由于蓄热材料使用量大，因此成本还需要尽可能低。

9.5　储能技术性能比较

由于增加了蓄热，才使太阳能热发电真正成为适应于大规模上网的发电形式。总结上述四种储能方法特点，机械储能主要包括利用物体的势能和动能蓄能，压缩空气储能也是势能的一种方法；电化学储能主要采用电化学方法通过蓄电池储能；电磁储能利用超导原理和电荷吸附原理，如超导磁储能和超级电容储能等；蓄热储能就是采用不同材料在不同温度段下所具有的蓄热能力，达到蓄热和放热的目的。

储能技术重要指标是储存功率大小、储存能量密度、能量转换时间、能量转换效率等，其他还包括运行寿命、储存设备的投资和运行费用。不同的储能方式可以用于不同方面。表 9.2 根据其储能技术特点，对其进行了分类。

表 9.2　　　　　　　　　　不同储能技术性能比较表

类型	形式	功率 MW	时间	转换时间	应用
机械能	抽水蓄能	100~300	12h	小时级	日负荷调节、调频、系统备用
	势能蓄能	0.1~1.5	>24h	分级	短时负荷调节
	压缩空气	10~300	24h	分级	负荷调节、系统备用
	飞轮蓄能	0.1~1.5	10min	秒级	调频、电能质量调节
电化学能	各类电池	0.001~50	>1h	秒级	电能质量调节、可靠性调节、频率控制、系统备用、黑启动
电磁蓄能	超级电容	0.001~0.1	<1min	毫秒级	电能质量调节、输电系统稳定性
	超导蓄能	0.01~1	<5min	毫秒级	电能质量调节、输电系统稳定性
储热蓄能	熔盐蓄热	1~300	>1h	1~10 分级	日负荷调节，系统备用

从表 9.2 可以看出，不同储能形式都具有自身特点，在储存容量、储存时间和能-电转换时间方面差别较大。电化学储能是最佳的储电和放电方式，作为 UPS 不停电源，小规模使用是合理的，大规模储电在经济性、环保性和技术方面是困难的；电磁储能容量很小，但转换速度极快，因此适用于电能质量调节和输电系统的稳定性调节；机械储能中应用最广泛的是抽水蓄能，具有调节能力强，容量大的特点，在电网中得到了广泛的应用，但抽水蓄能电站受地形影响大，只能在有条件的地方建设。

作为新型的储热蓄能，具有和抽水蓄能相似的特点，可以大规模储热，因而具有大容量的特点，储热过程实际上是在发电过程中进行的，即多余的热量进行储存，当需要提高发电负荷时，直接从储热罐中取出热量，因此负荷调节过程是连续的，不存在断点的情况，更加适用于参与电网负荷的调节，热负荷的储存和发电过程互不干扰。另外，热量的储存过程中形式不发生变化，只是缓用热量，因此其损失只是换热过程和储热过程中的损失，根据现有的技术，其储热热损失可以控制在 6% 范围以内，和抽水蓄能相比转换效率是很高的。

太阳能热发电设备

2010 年 7 月，太阳能光热联盟专委会在中科院电工所报告厅召开内蒙古鄂尔多斯太阳能槽式热电站项目设备清单审查会，徐建中院士主持了会议。会议研究了电站镜场、储热、常规岛系统及设备的技术指标问题，标志着我国第一个太阳能热发电商业化电站的正式启动。

10.1 真空集热管

真空集热管是槽式太阳能热发电中最关键的设备，一座 50MW 电站的真空集热管长度都在 50km 以上，表面积达到 1.15 万 m^2，所以真空集热管每平方米的微小散热，都会引起巨大的热损失，使电站效率下降。另外，由于真空集热管使用量大，成本高，寿命也是判断真空管质量好坏的关键。所以，真空集热管产品采取了多种措施，以提高吸热能力和降低散热损失。国外真空集热管开发生产和应用已超过 20 余年，国内的试验、研发也经历了较长时间，通过研制也掌握了核心技术，但规模化生产和工程应用还需要走较长的路。

真空集热管的研发进程中还有以下几方面的关键技术，需给以特别关注。

（1）在高温太阳能选择性吸收涂层研究方面：反射层是阻止高温工作时的红外辐射能量损失；减反层是利用光学干涉原理提高光线的透过率；吸收层是实现对太阳光能量更好的吸收；粘接层的目的是提高膜层与不锈钢管的附着力，同时解决高温热稳定性和制作成本问题。早期应用的高温涂层由澳大利亚专家提出的 Mo、Mo - Al_2O_3 和 Al_2O_3 涂层，红外反射层采用 Mo，减反层采用 Al_2O_3 和 SiO_2，吸收层为多层组分渐变的 Mo - Al_2O_3 金属介质陶瓷。出现的问题是 Al_2O_3 和 SiO_2 射频溅射沉积，溅射速率慢，特别是 Mo - Al_2O_3 高温下部分氧原子和钼结合生成钼的氧化物，挥发后在玻璃罩上形成沉积，降低了玻璃管的透射率。

（2）波纹管的设计与生产方面：用膨胀节波纹管来弥补金属与玻璃胀差，减少内应力。金属和玻璃的熔封连接技术方面：金属管和玻璃之间的连接主要有胶联、密封圈联、热压封联和熔封连接等，从长期运行角度考虑，主要采用热压封联和熔封连接两种焊接方式。热压封联适合于低于 200℃ 工作温度下的集热管，温度过高时会影响使用寿命。熔封连接利用火焰将玻璃熔化，将金属和玻璃封接在一起。通常采用氩弧焊方法完成，以保证焊接的密封性能和强度。

（3）真空的获得和保持技术方面：有的厂采用高温烘烤抽真空的方法，获得集热管的高真空性能，同时采用蒸散型吸气剂方式，在管子制作完成后，通过高频激活，吸气材料沉积在玻璃管和不锈钢管壁上，用以吸附气体。吸气剂为钡铝吸气剂或钡钛吸气剂。

世界真空集热管市场供货商有以色列 Solel、德国 Schott 和意大利阿基米德公司等，Solel 太阳能公司是根据以色列 Beit Shemesh 的专利技术制造的太阳能真空集热管设备，2007 年 Solel 公司与美国太平洋燃气-电气公司签订合同，计划在美国加利福尼亚莫哈韦沙漠太阳公园建设 553MW 太阳能热发电站，在西班牙建设 150MW 的太阳能热电站。2009 年西门子公司收购了 Solel 太阳能公司，合并后为 Siemens－Solel 公司。作为成交的一部分，西门子同意原公司总部和生产厂留在以色列至少五年，其工作主要集中在集热管的研究和开发方面。

Siemens－Solel 和 Schott 两家公司都可以量产高温集热管，总产能年可达 1600MW，Siemens－Solel 在美国和西班牙有生产厂，年产能为 600MW；Schott 目前在德国、美国和西班牙有生产厂，产能分别为 200MW、400MW 和 400MW。

10.1.1　Siemens－Solel 公司集热管介绍

Siemens－Solel 公司的真空集热管外形结构见图 10.1。

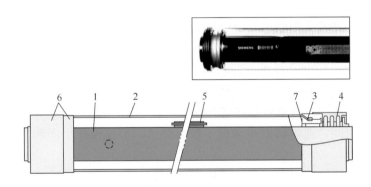

图 10.1　Siemens－Solel 公司 UVAC 型真空集热管外形结构
1—带涂层的不锈钢吸热管；2—带涂层的玻璃套管；3—玻璃与金属接头；
4—膨胀节；5—锁吸氢材料；6—外封；7—内封

真空管的关键技术和工艺主要是玻璃与金属的封接、选择性吸收涂层和真空获得与维持技术[54]。Siemens－Solel 公司在集热管应用基础上，对产品进行了改进，降低了热发射率，增加有效受光面积，配备了真空维护模块，在集热管内管表面安置了条状吸气剂模块（见图 10.1 真空管中部位置），模块面上安装金属网，防止吸气剂粉末掉到玻璃管内罩和金属管表面，能够长期防止管内氢气的析出，始终保持较高的真空度。不足是要防止装配过程中破坏金属管涂层。玻璃涂有防荧光涂层，增加透射率；集热管金属表面涂有金属陶瓷选择性吸收涂层，在高温下能够有效吸收和保持太阳能，减少发射。金属和玻璃之间采用特殊封口形式，用称为"Housekeeper"封接法，将不锈钢接口制成刀片形状插入玻璃，该方法的薄壁机械加工和封接技术难度大但效果好，既保持真空，又能减少高温下的内应力，提高真空管的使用寿命。UVAC 型真空集热管主要技术数据见表 10.1。

表 10.1   UVAC 型真空集热管主要技术数据

部件名称	规范及数据
主要尺寸	20℃环境温度下，管长 4060mm；350℃温度条件下，有效面积与长度比 96.4%
吸热管	带有选择性涂层的不锈钢管外径 70mm；吸收率大于等于 96%；400℃工作温度下发射率小于等于 9%
玻璃管	带有防反射的硼硅玻璃罩管外径 115mm；透射率大于等于 96.5%
热损失	400℃下小于 250W/m；350℃下小于 175W/m；300℃下小于 125W/m
真空度	设计条件下保持真空 25 年

10.1.2 Schott 公司集热管介绍

Schott 公司的主要领域为家电、医药、太阳能、光学、电子、汽车工业以及建筑等，该公司与中国合资的精密材料和设备国际贸易有限公司位于上海。美国位于内华达的 64MW 电站和西班牙 Andasol 的 50MW 电站都采用了 Schott 公司的集热管产品。

Schott 真空集热管采用玻璃真空密封[55]，玻璃和金属直接镶嵌在一起，材料为高度透明和稳定的硼硅玻璃，为弥补玻璃和金属的不同膨胀系数，两端采用金属膨胀节，内层金属管表面涂有选择性吸收涂层，能够有效地减少阳光的反射率，以提高集热管效率。Schott 公司的真空集热管外形结构见图 10.2。

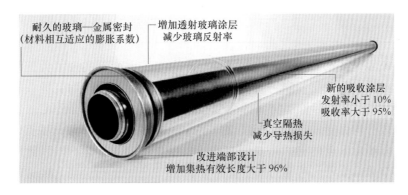

图 10.2 PTR70 型真空集热管外形结构

真空封闭玻璃管的耐久性取决于在不同温度下玻璃与金属的封接稳定性，同时整体效率要高，必须具有高的太阳能吸收率和低的发射率。在这两方面，PTR70 型集热管提供了良好指标，并具有如下特点。

新型的吸收涂层：发明并已开发了一种新的具有显著热吸收又能减少发射的涂层，新涂层的吸收率与发射率各为 95% 和 10%。根据美国国家可再生能源实验室的热损耗测量，确认在工作温度为 400℃时，其发射率为 10%，相应的热损失仅为 250W/m。

创新的玻璃—金属密封：为了最大限度地减少热传导损失，关键在于真空度的保持。PTR70 玻璃-金属密封结构主要通过玻璃原材料的配方，将玻璃膨胀系数由 $3.3 \times 10^{-6}/℃$ 调整为 $5.5 \times 10^{-6}/℃$，使其与封接处金属的膨胀系数较为接近。这种匹配封接方法可靠，但调整玻璃原料配方成本和技术要求高，可处理剧烈的温度变化，并确保真空稳定，减少了由于电站运行不当带来的大量真空管的失效。

高品质的玻璃防反射涂层：为提高真空集热器玻璃管太阳能透射比，通常玻璃上涂有防反光薄膜，但一般防反光薄膜和低硼硅玻璃的附着力很低，因而很容易失效。Schott 公司生产过程中，引进了具有最大附着力和抗磨损的镀膜材料，达到了 96％以上的透光率值，同时具有更长的耐用寿命。

改进的波纹管设计：Schott 公司的波纹管专利使吸热面积增加到 96％，尽管波纹管所占尺寸很短，但完全能够抵抗不同温度引起的内力变化，甚至在温度发生剧烈变化时也能够不发生内部应力不平衡，吸热面积增加使集热管总效率提高。此外，通过整合吸气材料的位置，既保证吸热面积，又布置了足够的吸气材料量，使集热管长期保证高度真空，延长了集热管寿命达 30％。集热管的主要技术参数见表 10.2。

表 10.2　　　　　　　　　　Schott 公司的 PTR70 型真空集热管技术指标

部件名称	规范及指标
主要尺寸	20℃环境温度下，管长 4060mm；工作温度大于 300℃时，承载体积大于理论体积 96.7％
吸热管	外径 70mm；使用材料：DIN1.4541 或等同；ISO 标准下吸收率大于等于 95.5％，ASTM 标准下吸收率大于等于 96％；400℃工作温度下发射率小于等于 9.5％
玻璃管	采用硼硅玻璃；外径 125mm；玻璃涂有抗反射镀膜；透射率大于等于 96.5％
热损失	400℃下小于 250W/m；350℃下小于 175W/m；300℃下小于 125W/m
真空	小于 0.1Pa
运行压力	小于 4MPa

从以上两家主要技术参数看，指标差距微小，工艺方面都实现了大面积钢管镀膜技术；在太阳选择性吸收涂层材料方面，采用金属红外反射、金属陶瓷吸收和介质减反层的多层干涉吸收薄膜结构，涂层材料成分复杂，含 Mo、W、Ni、Pt、Cu、Al、Au 等稀有金属（涂层成分均保密）；由于目前导热管内的介质普遍为导热油，根据真空原理，真空材料出气量随绝对温度的指数增长，真空管长期处于高温下运行，因此对真空的预处理和吸气剂环节非常重要。两家的真空管都有 20 年以上的运行经历，经过现场的各种工况的运行考验，并且都经过重大改进，融合当代新材料的应用，主要技术指标先进，运行寿命有保证。

10.1.3　Archimede 公司集热管介绍

意大利阿基米德公司（Archimede Solar Energy）真空集热管在意大利阿基米德电站上成功应用，管道内的介质是熔融盐。图 10.3（a）为真空管，镀膜技术为 ENEA 的专利，经测定，在 400℃和 580℃条件下，没有涂层的真空管发射率为 50％和 65％，有涂层的发射率为 10％和 20％。图 10.3（b）是 4m 长的真空镀膜机。镀膜技术是专门为熔融盐为介质的真空管设计的，工作温度为 550℃，所以镀膜在高温条件下具有更好的特性减少辐射损失。图 10.4（a）为金属焊接机。阿基米德公司也采用了薄壁钢管插入熔化的玻璃中的焊接方案，图 10.4（b）显示了玻璃和金属熔接的情况，（c）图网格状况显示的是金属-玻璃内应力分布状态，尤其要注意金属端部的情况，尖锐的角度会引起温度差增大，产生应力集中，从而破坏封接口。

阿基米德公司对真空管的散热进行了测试，在真空管两端导电，测量电压和电流，可换算为输入的热量，再通过测量其温度，可计算出不同温度条件下的散热损失，

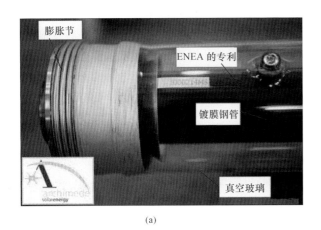

(a)　　　　　　　　　　　　　　　　　　(b)

图 10.3　阿基米德公司 1000214MS 真空集热管

（a）真空集热管细节图；（b）镀膜机

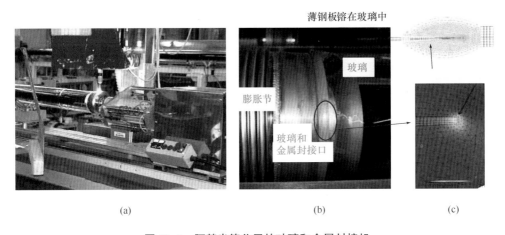

(a)　　　　　　　　　　　(b)　　　　　　　　　　　(c)

图 10.4　阿基米德公司的玻璃和金属封接机

（a）金属焊接机；（b）真空管细节图；（c）应力分布状态

图 10.5 显示了真空管温度和散热的关系曲线。通过这条曲线，可以在太阳能镜场设计中，预测其效率关系，从而得到更准确的设计结果。

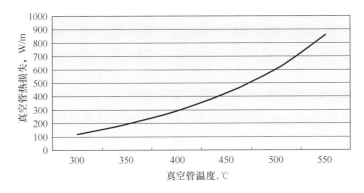

图 10.5　真空集热管温度与散热的关系曲线

10.1.4 我国集热管研制情况

我国真空管的研制起步很早，"八五"期间就制作出高温真空管样管，以后发展进展较慢，"十一五"期间研究加速，试制出耐温 400℃的 2m 样管。目前，从事于真空管开发较有实力的单位已近十余家，正抓紧试制 4m 真空管。其太阳吸收比约 92%～96%，400℃条件下高温发射率约 10%～14%。玻璃金属封接可在 400℃的高温下工作。但尚未批量化生产，真空管的长期工作特性有待验证。

图 10.6 为我国试制的真空集热管产品，（a）图为改进的选择性涂层、改进了玻璃-金属封接、可重复抽真空的产品，正在西班牙进行行业认证测试；（b）图为正在国内进行性能测试和分析。提供的主要指标有，产品最高可耐受温度 520℃（已试验），400℃下长期运行，玻璃封接可承受 450℃缓变高温和 200℃热冲击，真空度小于 5×10^{-3} Pa，泄漏率小于 1×10^{-10} Pa.m^3/s，吸收率大于 94%（AM1.5），400℃发射率小于 14%，透射率大于 94%（AM1.5），设计运行寿命 20 年。

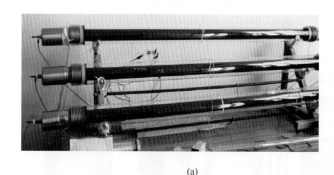 

(a)   (b)

图 10.6 我国试制的真空集热管产品

(a) 在西班牙进行认证；(b) 在国内进行测试

我国的真空管技术研究仍在进步，在玻璃增透膜技术方面，为减少太阳光在玻璃管表面的反射损失，需要在玻璃管内外表面镀制增透膜，由于玻璃管形状的特殊性，有的厂拟采用溶胶-凝胶法制作，将工件放置在前驱液中，通过旋转或提拉方式对薄膜沉积过程进行控制，实现对异形大尺寸表面的增透膜镀制。这种方法可在常压下进行，可降低镀制成本。希望通过该方法的应用，选择合适的膜系材料，能够得到 300～1800nm 的增透膜，以进一步提高玻璃透射率。

我国在镀膜方面也持续进行了研究，并具有自己的特色。在单靶涂层方面，介质为 Al、Al-AlN 和 AlN 选择性吸收涂层，用反应直流溅射方法，控制各层中成分比例，制作成本低，已在太阳能热利用方面获广泛采用，但该介质金属 Al 熔点较低，高温条件下的稳定性有待研究。另一种合金靶涂层技术，采用硅基合金氮氧化物材料，金属-介质复合材料，也在研究并获得应用。根据报道，最新的采用 Al、Al-AlN、AlN 和 Al_2O_3，Mo、Mo-SiO$_2$ 和 SiO$_2$，Cu、TiAlN、TiAlON 和 Si$_3$N$_4$ 介质分别用于不同层的方法也在进行。

10.2 平面及抛物面玻璃镜

采用镜面反射原理的玻璃镜是太阳能量聚集和转换过程中最常用的设备，要求镜面具有高反射率和低吸收率，还要有反射精确度。常说汽车前面板的弧形非常精确，其实和抛物面反射镜相比差远了，即在抛物面玻璃镜面上按规律选择一定数量的点，反射到焦点区域的点数要大于 99.5％。国际上专门生产抛物面镜的厂家不多，国内有大量生产玻璃厂家，但还没有专门从事于抛物面镜的生产厂，主要是没有用户，国内不少厂家正在积极转型。图 10.7 为镜场的抛物面玻璃照片。

图 10.7　槽式热发电站玻璃镜照片

10.2.1　国外产品介绍

FLABEG 是一家德国玻璃镜公司[56]，公司成立于 1882 年，利用熔炉生产玻璃，1947 年实现自动化生产平板和中空玻璃，1953 年完成镜面镀膜生产线，1956 年生产曲面玻璃，1976 年开始开发太阳能反射镜，1983 年第一个太阳能抛物面镜开始生产，订单来自以色列，面板运往美国的 SEGS 太阳能槽式电站。2004 年在中国成立合资公司。2007 年全球分公司总数达到 11 家，位于美国匹兹堡的工厂是制造适用于所有 CSP（聚焦式太阳能发电）应用（平板、碟式、抛物面槽式）的太阳能镜面，目前是全世界提供太阳能热发电最大的供货商，设备供应的单机容量有 125、250MW 等机组。

FLABEG 提供的玻璃标准厚度为 0.95、1.6、2.0、3.0、3.2mm 和 4mm，如果现场风力较大时也可以采用 5mm 玻璃，甚至可采用边缘厚度 5mm，内侧 4mm 的玻璃，以解决由于风阻引起的振动问题。玻璃镜在清洁的情况下反射率可达到 94.5％以上，一般厂家建议每周清洗一次。图 10.8 为玻璃镜出厂包装和固定件外形。（a）图为出厂包装方式，根据经验采用这种包装能保证到达现场破损率控制在 0.07％以下。（b）图为玻璃镜与钢

(a)

(b)

图 10.8　玻璃镜运输外包装及连接件

（a）出厂包装；（b）连接件

架固定的连接件，采用树脂材料，具有一定柔性，粘接在玻璃上非常牢固。注意固定件在玻璃上的位置，连接件应放置在玻璃对角线的两个质量中心点位置处，这样玻璃受到的内力才最小。

制造厂对整个反射镜的保证寿命为30年。玻璃为无机材料，其寿命极长，玻璃镜的寿命主要体现在镀膜上面，一般为提高镜面反射率，基本采用银为镀层，为保护银层，在镀银后再镀一层铜层，以隔绝空气，在铜表面镀上密致层，主要为保证防止铜的氧化，并易于镀上第二层保护膜层，最后镀上抵抗恶劣环境的保护层，这一层较厚，可以抵抗紫外线的长期照射，局部的摩擦，酸碱等腐蚀气体的侵蚀。特别提出的是，银层易遭到氧化的是玻璃镜边缘，所以镀层过程中考虑到了在玻璃边缘的各层的过渡，保证其密闭性能，使银层紧密地包裹在保护层中。

FLABEG产品型号，抛物面镜见表10.3，平面镜见表10.4。目前国际上槽式系统的镜面尺寸和抛物面开口尺寸基本定型，因为玻璃集热面积与集热器出口温度有关，RP-1型基本不用，RP-2和RP-3型为流行使用的型号，RP-4为新开发型号。

表 10.3　　　　　　　　　　　　　抛物面反射镜玻璃参数

抛物面玻璃镜形式	单位	RP-2	RP-3	RP-4
内侧镜尺寸	mm	1570×1400	1700×1641	1570×1900
外侧镜尺寸	mm	1570×1324	1700×1501	1570×1900
内侧镜面积	m²	2.2	2.79	2.98
外侧镜面积	m²	2.08	2.55	2.98
开口尺寸（宽）	mm	4908	5657	6618
玻璃厚度	mm	4/5	4/5	4/5
4mm 内侧玻璃重	kg	22	28	30
4mm 外侧玻璃重	kg	21	25	30
5mm 内侧玻璃重	kg	28	35	37
5mm 外侧玻璃重	kg	26	32	37
镜反射率	ISO 9050	>93.5%	>93.5%	>93.5%
低铁浮法玻璃	EN572-2	√	√	√
70mm 聚焦度		>99.7	>99.7	>99.5
聚焦偏差	mm	<10	<10	
角偏差	mrad	<2.3	<2.3	
钢化玻璃		√	√	√
韧性玻璃		研制中	研制中	研制中
无铅保护层		√	√	√
可再生包装		√	√	√
固定件胶粘		√	√	√
产品编号		√	√	√

表 10.4　　　　　　　　　　　　　平面反射镜玻璃参数

玻璃镜形式	单位	Fl - 0.95	Fl - 1.5	Fl - 2.0	Fl - 3.0	Fl - 4.0
玻璃镜厚度	mm	0.95	1.5	2	3	4
镜宽	mm	1651	1651	1651	2540	2540
镜长	mm	1701	1701	1701	3658	3658
玻璃单重	Ibs/ft²	0.49	0.77	1.03	1.54	2.06
玻璃单重	Ibs/m²	5.27	8.29	11.08	16.57	22.17
镜反射率	ISO 9050	>95%	>94.5%	>94.3%	>93.6%	>93.5%
低铁浮法玻璃	EN572 - 2	√	√	√	√	√
钢化玻璃		√	√	√	√	√
韧性玻璃		研制中	研制中	研制中	研制中	研制中

根据制造厂介绍，现有设备可生产平面镜的最大尺寸为 2.54m×3.66m，厚 0.7～5mm。玻璃镜的试验检测基本参照欧洲标准，主要为四项试验。根据 DIN EN ISO 6270 - 2 标准，抗恒定湿试验在湿热环境下放置 480h；DIN EN ISO 9227 标准是抗中性盐雾试验，在湿盐雾条件下放置 480h；DIN EN ISO 9227 标准是抗酸性盐雾试验，在酸性盐雾条件下放置 120h；气候循环稳定性试验基本将试验产品放置在＋90℃温度下 4h，快速降到－40℃下 16h，连续进行 10 次循环试验。

目前 FLABEG 公司供应了全世界太阳能电站一半以上的玻璃镜产品，为西班牙提供了 356 万面玻璃镜，计 942 万 m²，相当于 910MW 装机容量。为美国提供了 196 万面玻璃镜，计 481 万 m²，相当于 669MW 装机容量。为埃及和阿联酋提供了 32 万面玻璃镜，计 84 万 m²，相当于 125MW 装机容量。

10.2.2　国内产品介绍

国内的某玻璃制品 A 公司，由其他 4 家公司联合组成，主要经营超白浮法玻璃、导电膜玻璃、太阳能定日镜等深加工产品。目前正在建设国内槽式反射镜生产线，成型和钢化生产线主要设备从美国 GlassTech 进口，可生产不同曲面的反射镜，成型和钢化一次完成。超白浮法原玻璃由另一家玻璃公司提供。玻璃镜成型、钢化炉模型见图 10.9。图 10.10 为引进意大利生产的玻璃镜生产线，生产自动化水平高，产品性能和质量稳定，可在线对产品进行直接测量。图 10.11 为引进德国生产的 FORMSCAN 在线检测系统，可对玻璃的曲面精确度进行检测，确保每一片成型钢化后产品的精确聚光度，在玻璃镀膜后，从两个方向对玻璃内的气泡、结石、光畸变点、波筋等问题进行检测，帮助达到零缺陷目标，确保产品的聚光度达到 99.5% 以上。

图 10.9　玻璃成型、钢化炉外形图

图 10.10　玻璃镜生产线　　　　　　　　图 10.11　在线检测系统

如要保证玻璃镜的质量，产品具有高反射度，原材料可采用透光度好的超白浮法玻璃作为原板，经抛光、打磨、镀膜。玻璃成型和钢化生产线必须保证曲面弧度的精准成型，经过在线检测系统，使产品的机械强度好，抗击风沙能力强，抗腐蚀，使用年限长。

产品主要技术参数包括：板面常规参数为 1700mm×1500mm、1700mm×1641mm，最大规格为 1700mm×1900mm。厚度常规参数为 3.2~4mm，可扩大至 2.8~8mm。玻璃基片采用高透光超白浮法玻璃，可钢化处理。聚焦度大于 99.5%，反射度大于 92%，镀银厚度大于 1000mg/m²，机械强度达到 69~90MPa，抗风强度不低于 120km/h，使用寿命为 15~20 年。

国内的另一家 B 公司采用了复合抛物面反射镜技术，抛物面反射镜由对称的 3 种共 6 块反射镜拼接而构成，每块抛物面反射镜采用 1.1mm 超薄平板镀银反射镜与 4mm 热弯玻璃复合而成。玻璃镜尺寸为 1186mm×1047mm×6mm，单位面积质量 13kg/m²，焦距 1710mm，到达现场 5 年内，法向镜面反射率 93%，寿命期内反射率不低于 89%。镜面率精确度为 3mrad，经过高低温、湿热、盐雾和太阳辐射试验均合格。耐沙性能试验在含沙量 50g±1.5g/m³ 条件下承受 20m/s 的风速。镜面抗冲击能力大于 10J/(m²/s)，反射镜寿命可达 20 年。图 10.12 (a) 为复合镜的制作方法，(b) 图为制成品。

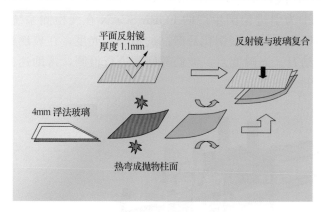

(a)　　　　　　　　　　　　　　　　　(b)

图 10.12　复合抛物面反射镜

(a) 制作流程图；(b) 成品照片

经测试，槽式集热器跟踪误差在±0.1°范围内，如果焦距1.71m，则确定光斑尺寸在61mm范围内变动，根据光屏测定复合反射镜光的斑在最窄处的尺寸为55mm，两者误差均在70mm范围内，最小裕度9mm，单边余量4.5mm可留给反射镜安装误差。根据精确度要求，抛物面镜1500个控制点反射的激光束至少95.5%的反射光应落入抛物柱面焦线上直径为ϕ40mm范围内，99%落入ϕ60 mm范围，99.95%的反射光落入ϕ70mm范围。

虽然光斑在焦点处没有虚光，实际计算按照98%的捕集效率计，镜反射率93%，真空管外罩管透过率91%，吸收率94%，则槽式集热器的峰值光学效率达到78%。说明采用复合抛物面镜的精确度能够达到设计和安装要求。

玻璃反射面采用镀银层，每平方米的最小量为$0.71g/m^2 \pm 0.1g/m^2$，保护层再沉积一层铜保护层，铜保护层厚度大于$0.3g/m^2$，外层有三层漆层进行防腐，最外一层为白色涂层，厚度分别为$35\mu m \pm 10\mu m$、$40\mu m \pm 10\mu m$和$45\mu m \pm 10\mu m$。超白浮法玻璃厚度为$4mm \pm 0.2mm$，透过率大于92%。执行中国行业标准《超白浮法玻璃》EN572-1：2004版。

反射镜的测试采用了国家标准。在恒定湿热空气条件下，试样尺寸为100mm×100mm，测试480h，执行GB/T 13893或ISO 6270-1标准；中性盐雾和酸性盐雾试验条件下，测试480h，分别执行GB/T 1771或ISO 9227标准；大气曝露腐蚀试验条件下，90℃温度下4h，降温到-40℃，连续10个循环，执行ISO 6270-1标准。

国内的另一家玻璃制品C公司，最早起源于1904年，具有可生产超白玻璃和设备的特点，曾为奥运工程、上海世博会和其他国内知名建筑提供了大量专用超白玻璃，并可进行各种深加工，如钢化、镀膜、彩釉、热弯、夹胶、中空等。主要加工设备具备太阳能玻璃镜的深加工能力，从原片到加工清洗、磨边、钢化和打孔等。其钢化炉加工玻璃的最大尺寸为2440mm×5100mm，磨边机加工最大尺寸3000mm×2500mm，切割机最大尺寸3300mm×6100mm。研发的单曲面热弯玻璃镀镜技术，基片采用自己生产的超白玻璃，太阳光吸收率大大减少，透光率增加。热弯玻璃采用自己的设备，产品规格1700mm×1500mm，玻璃厚度4mm，曲率半径1000mm，弧型精准，应力均匀可控，采用德国KLOPPER公司的曲面镀镜设备及工艺，成品质量满足要求。图10.13（a）为超白玻璃与常规玻璃的对比，（b）图和（c）图是大型窑炉和锡槽大型设备。产品主要技术参数为法向光反射率大于90%，产品破损率小于0.1%，镀层银含量大于$750mg/m^2$。产品质量运行寿命满足15年。

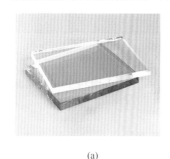

(a)　　　　　　　　　　　(b)　　　　　　　　　　　(c)

图 10.13　超白玻璃样品和窑炉、锡槽等大型设备

（a）玻璃对比图；（b）窑炉照片；（c）锡槽照片

10.3 塔式吸热器

塔式太阳能热发电系统中，目前对系统效率变化影响最大的就是吸热器，这和槽式系统的道理是一样的。其他方面的设备都进行了优化和改进，而塔式系统到目前为止，形式和种类相对较少。吸热器原则上按照机组容量，不同介质，参数等级和结构形式进行分类。

以投产机组单机容量来说，最初建设的塔式系统都是 5MW 左右的小型电站。以水为介质的最大机组是西班牙 PS20，单机容量 20MW，西班牙 Solartres 单机容量虽然为 19MW，但是因为有蓄热，所以吸热器出力远远大于 19MW。北京八达岭塔式电站以水为工质，单机容量 1MW，即吸热器容量范围从 1MW 至 20MW。从设计上来说，吸热器增大容量没有困难，大容量吸热器比小容量吸热器的效率高。

以介质类型分类，有水/水蒸气和熔融盐两类。而水/水蒸气分类里还分饱和水蒸气和过热水蒸气两类。

以介质参数来说，已投产的商业化机组中，饱和水蒸气参数：压力 4.5MPa，温度 260℃。过热蒸汽试验最大压力为 16.5MPa，温度 550℃。熔融盐为介质的参数，最高温度 566℃。所以吸热器提高参数的限制条件关键是材料耐温水平。

以结构形式分类，以水为介质的吸热器均有汽包，吸热面换热段也分为未饱和水吸热段，两相流吸热段和过热蒸汽吸热段三类。以熔融盐为介质的吸热器没有相的变化，所以均为液相换热过程，材料条件取决于介质最终出口温度。

10.3.1 以水为介质的吸热器

图 10.14 显示了以水为介质的 PS-10 电站不同角度吸热塔上的吸热器情况。

(a)   (b)   (c)

图 10.14 西班牙 PS-10 塔式电站吸热器远景

(a) 细节图；(b) 吊装图；(c) 工作图

吸热器和锅炉的原理是一样的，希望将镜场聚集的太阳辐射光能全部输入到吸热器中，最大地转换为热能。从图 10.14 (b)、(c) 中可见，没有太阳照射时，吸热器腔室呈现黑色，说明吸热器吸收率较高，当太阳照射后，吸热口呈现刺目的光芒。吸热器的热损失为辐射损失、对流损失和传导损失三类。由于太阳聚焦的原因，进入吸热器的太阳辐射温度超过 1200℃，没有任何透光的材料能够承受如此高温，因此吸热口是敞开式的，所以吸热口的对流换热损失了一部分热量，特别是在大风天气，对流损失较大。辐射损失是最大的部分，辐射量和温度的四次方成正比，所以任何塔式电站在运行中都发出炫目的亮光，如果世界上哪个太阳能塔式电站在运行中，吸热口仍呈现黑色，则将是重大的技术进步。

水/水蒸气吸热器的设计类似锅炉，在照射面上分别布置不同的吸热段，分段布置易于设计准确，一般分为过冷段、饱和段、过热段进行太阳能辐射变化对吸热介质温度变化的换热计算。作为吸热器的设计原理，希望吸热器具有较大的热惯性，即当太阳辐射发生剧烈变化时，吸热器出口介质的流量和温度变化比较缓慢，减少辐射变化大给汽轮机造成的热冲击。

为了保证吸热器出口的流量和温度能够调节，包括镜场的调节手段，减温水量也可参与控制流量、温度的调节。汽包的热储存量也可以作为能量调节的手段。同时吸热器需要考虑排污、事故疏水、汽包上水和放水、汽包水位及监测、事故喷水点、联箱疏水、安全阀排放、控制仪表位置、监控器设置等要求。吸热器的设计要考虑吸热器的热膨胀方向、位移值、允许最大推力和力矩、允许干烧的最小温度等。

为了进行不同的比对试验，我国目前设计的吸热器有数种形式，包括饱和式吸热器、强迫直流过热式吸热器、自然对流过热式吸热器等。目的是同一条件下，对不同的设计进行运行分析和参数比较，对吸热器的蓄热容量进行分析。图 10.15 为不同吸热器的结构示意图。

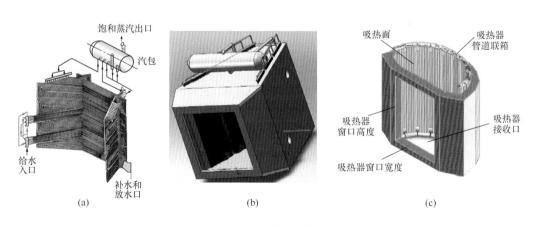

图 10.15 不同吸热器结构示意图

(a) 饱和式蒸汽吸热器；(b) 过热式吸热器外形；(c) 熔融盐吸热器模型

10.3.2 以熔融盐为介质的吸热器

浙江中控在青海德令哈建设的塔式太阳能热发电站，根据项目可研报告提供的数据[57]，该工程总装机容量为 50MW，蓄热部分提供汽轮机满负荷运行 2h 所需的热量。系统采用多塔方式，共 6 套聚光吸热单元，单塔的设计热功率为 40MW。系统采用一套蓄热器和一套蒸汽发生器，蒸汽发生器产生 9.8MPa，510℃的过热蒸汽。吸热器载热工质采用二元熔融盐，吸热器出口熔盐温度为 565℃，吸热器入口熔盐温度为 290℃。吸热器与蒸汽发生器通过蓄热单元连接，减小了因太阳辐射能波动对动力装置的影响。

塔式太阳能热发电系统中，吸热器是实现光热转化的关键部件，系统中采用了四面受光型吸热器，吸热器总体高度为 8.8m，直径为 5.6m，总体结构见图 10.16。吸热器由 24 个吸热模块构成，熔盐从北侧分两路进入吸热器，中间进行交叉，最后熔盐从南侧出吸热器，吸热器吸热管采用 347H 不锈钢（07Cr18Ni11Nb），吸热管的最高壁温不大于 650 ℃，吸热管外壁涂用选择性吸收性材料以提高吸热器的光热转化效率，吸热器的光热转化设计效率为 88%，年均效率为 82%。吸热器单模块的最大起重质量约为 3t。吸热器主要采用流量温度控制。气象条件满足当地风速≤15m/s，环境温度＞−20℃ 时，吸热器进入预启动状态，镜场投入少部分能量（≤36kW/m²）对吸热管进行预热，吸热器采用红外摄像仪时刻监测吸热管壁面温度；冷熔盐泵与吸热器出口熔盐温度进行联动，当熔盐泵达到最大流量而出口熔盐仍出现超温，要求镜场进行相应的撤除镜子的动作。

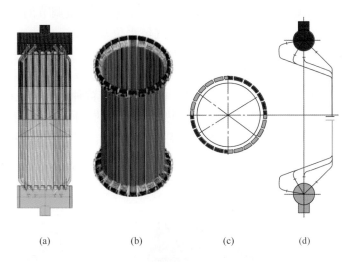

图 10.16　熔融盐为介质的四象限塔式吸热器结构
(a) 竖切面；(b) 立体图；(c) 横切面；(d) 热流示意图

吸热器是太阳能塔式热发电系统的关键部件之一，其表面的热流密度高、内部的工作介质为熔盐。为了控制吸热器管壁的温度，必须根据吸热器的管壁温度投入能量，实时调整熔盐的流量，以保证熔盐吸热器管路的充分冷却，避免超温引起的吸热器爆管事故。另一方面，由于太阳能热发电系统采用的熔盐工质具有较高的熔点，因此必须注意防止在系统启停、及变工况下熔盐凝固的发生，主要采取的措施有：熔盐系统投运前，根据环境温度、风速、太阳辐射强度等参数，计算镜场需要投入的镜子数，对吸热器及相关管路进行充分预热；预热介质采用循环热风，当热风温度达到 300℃后，切换到熔盐系统投运。

吸热器管背面及上下集箱的保温层内还设有辅助的电加热装置，该装置在吸热器系统熔盐发生凝固状态下给吸热器提供热量，使吸热器上下集箱及吸热管的温度高于熔盐凝点温度一定的裕量，充分熔化凝固的熔盐，为熔盐在吸热系统中凝固后提供解决方案。

熔盐系统管路在系统设计时都要保持一定的倾斜角，在 U 形弯的底部设计有自动的放盐系统，以确保熔盐系统在熔盐泵停止工作时，使熔盐能顺利流回到熔盐罐中，避免熔盐在管路中的滞留而导致凝固现象的发生。

在吸热器的进口处设有一定容量的熔盐箱,顶部与一定压力的压气系统相连,在熔盐系统熔盐泵故障时,可以在短时间内给吸热器提供一定的熔盐流量,避免吸热器管壁超温,同时也可以加速熔盐向蓄热罐内的回流,防止熔盐凝固现象的发生。

10.4　镜场支架及传动结构

镜场类似一个小系统,槽式聚光器包括:聚光器支架、土建支架基础,减速、传动和动力单元,气象和太阳辐照条件传感器、反馈及控制单元,真空管接头,当然也包括真空集热管和抛物面玻璃镜。塔式聚光器支架除了没有真空管接头,其他与槽式系统一样。

聚光器的主要工作参数包括:聚光镜反射面的可旋转角度范围,采光口弦长,反射面弧长和聚光器焦距。由于聚光器主要尺寸和整个镜场的计算总面积有关,考虑到计算的规范化和产品的系列化,真空集热管和抛物面玻璃镜已经系列化,这些参数也确定了。设计风速是确定支架荷载的关键,当设计风速不同时,会影响支架的单位面积的用钢量,也会影响支架成本。聚光精度是镜场支架的另一关键技术参数,需要了解不同风速下的聚光精确度,包括 1、5、13m/s 下的跟踪精确度和反射误差,计算在此风速下的概率分布。了解镜场支架的抗震等级,工作环境温度,工作海拔高度。工作环境温度应包括液压油缸(假定液力装置)的工作温度,如果不满足当地环境温度,还应提出满足环境温度所需的条件,如伴热等具体措施(不包括导热油的冬季防冻措施)。最终确定支架结构特点,现场的安装、调试方法,焊接和拴接方法等。

10.4.1　支架

抛物面槽式系统经过 30 余年的运行经历,支架的结构形式基本定型,目前国际上主要有如下三种形式,详见图 10.17。

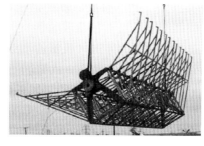

(a)　　　　　　　　　　　　　　(b)　　　　　　　　　　　　　　(c)

图 10.17　镜场抛物面支架的三种主要结构形式
(a)螺旋焊接结构;(b)方型钢结构;(c)鱼骨结构

图 10.17(a)是槽式系统中最常用的结构形式,美国 SEGS 电站主要采用了这种结构形式,这种结构的特点是整个支架刚度较大,因为一般支架跨度大,没有很好的刚度会造成支架变形,因而影响镜场的中心聚焦度。图 10.17(b)使用范围也很多,主要将龙骨以方形钢结构替代了螺旋焊接钢管,支架刚性好,但加工制作比较复杂,焊接工作量大。图 10.17(c)为鱼骨结构形式,抗振动能力较强,这一结构形式在意大利阿基米德电站应用[58],也是 ENEA 的专利。支架的支撑结构不采用全焊接结构,可以在恶劣的

环境状况下保证高精准的调整，包括风载变化、沙子或尘土影响，由于齿轮箱或齿轮的偏差和磨损，温度急剧变化带来的材料变化等。ENEA 开发了模块化和工业化的结构形式，便于移动、安装和拆除。

一般支架的钢管中心线为整个支架的旋转中心线，由于玻璃镜面积大，荷重大，所以支架的重心离中心线比较远，这就造成支架旋转时，上午的支架荷载重心上移，下午荷载重心下移。由于地球加速度的影响，电动机的旋转力矩上午大，下午小。美国 SEGS 电站做过试验，曾经在支架下侧安装了增重锤，使整个支架的重心正好处于中心线上，解决了上午、下午荷载不同的现象，但由于实际电机耗功量不大，所以这一措施并没有得到推广，需要说明的是，设计中一定要使设备重心靠近中心线。

图 10.18（a）为美国 SEGS 电站的镜场支架结构，可见跨距很大，但镜场抗风能力很强，（b）图支架为试验结构，采用了工字钢的支撑腿，下部结构安装了重心调整装置（增重锤），传动方式也有所变化。

(a)   (b)

图 10.18　运行中的镜场抛物面支架

(a) SEGS 电站支架照片；(b) 增重锤照片

支架及旋转动力源的主要参数包括：材质，外护措施，如支架是否采用热镀锌处理等；以采光口面积计算的单位面积质量（不包括玻璃镜）；抗风级别；电动机等级，电动机输出功率，最大输出转矩；电动机驱动方式（机械传动或液压传动）；单台电机驱动装置携带的集热单元数量，支架旋转最大角度范围；大修间隔时间等。

支架聚光器跟踪控制方式包括：太阳位置接收装置的形式，安装位置，就地信号控制箱的控制功能，信号控制箱和远程 DCS 共同对电动机的控制方式，操作旋转误差的修正及反馈调节方式；支架调节跟踪精确度。

支架两侧真空集热管活动接头结构形式：真空集热管活动接头两端与系统母管的连接结构，金属管、金属软管或其他接头方式；允许最大转角和位移，活动接头的使用寿命等。

10.4.2　传动结构

图 10.19 为支架的传动机构。（a）图为意大利阿基米德电站用的槽式系统传动结构，从布置上可看出，支架坐落在支撑轴承上，电动机通过下部的蜗轮蜗杆调节支架，这种结构简洁紧凑，传递力矩大，支架布置稳定。缺点是支架中心和重心差距大，调节的不平衡性严重，支架空间间隙大。主要技术参数包括：集热器支架总长 100m，传动力矩 130kN，正常输出条件下 27~54kN，跟踪太阳轨迹可连续运行。带逆变器的全密封户外式三相同步电机，可变转速为 0~0.61s/度，从一侧到另一侧的转动时间 109.8s。传动机

构采用蜗轮蜗杆传动，旋转角在 300°范围，考虑到各种特殊情况，最大运行负荷时的电流小于 5.5A。在正常运行条件下输出力矩 27～54kN·m，调节精确度可达 0.17mrad。运行寿命大于 25 年，在最大运行负荷条件下，运行 9100 次，试验标准根据 ENEA 测试标准。(b) 图为美国 SEGS 电站的传动结构，可以看出，支架中心线和轴承不在一个中心上，优点是中心和重心靠近，设计得好甚至可以重合，这样电动机的调节偏差小，采用单轴承支撑，结构紧凑。缺点是安装时调节中心比较复杂。(c) 图为重庆大学机械学院研制的定日镜用传动系统，采用闭环控制的两轴跟踪双蜗轮式传动箱，精密驱动、双蜗轮传动与齿侧间隙可控技术，具有传动比范围大、承载能力高、可自锁等技术特点。机械传动比约 44000，传动回差小于 0.7mrad。

(a)　　　　　　　　　　(b)　　　　　　　　　　(c)

图 10.19　槽式支架的不同的传动机构

(a) 阿基米德电站；(b) SEGS 电站；(c) 重庆大学研制

图 10.20 显示了塔式和菲涅耳式电站的聚光镜架的传动结构。

(a)　　　　　　　　　　(b)　　　　　　　　　　(c)

图 10.20　塔式和菲涅耳式太阳能热发电玻璃支架传动机构

(a) Sener 驱动在 PSA 的应用实例；(b) Sener 减速机；(c) 菲涅耳式

10.4.3　镜场优化设计

在塔式定日镜方面，中科院电工所在初期定日镜研究基础上，优化出了 1MW 示范电站用定日镜，对定日镜面、机械传动、支撑支架和跟踪控制等进行了研究，并形成了产品。对现场的施工安装和镜面聚光进行了调试，对风的扰动对聚光精确度进行了测试，中科院长光所进行了镜场优化设计研究。通过定日镜的面型设计和镜场布置，自主研发了太阳能塔式电站镜场优化设计软件 HFLD。该软件能够对已知镜场进行性能分析，按照用户设定的镜场参数自动布置镜场，并对该镜场进行性能分析和优化设计。延庆 1MW 塔式示范电站的镜场布置采用了该软件进行分析和布置。此外，电站现场采用人造光源调整定日镜面型，使定日镜的调试不依赖于日光条件，大大提高了工作效率。

图 10.21 为意大利佩鲁贾大学所做的镜场风载荷的分析软件和模拟计算。计算按照现场布置的实际尺寸进行模拟，按照 −30° 和 −120° 两种工况的角度对镜场的全范围进行风速场、风压场和能量场进行模拟，模拟结果显示，镜场中最前排和前若干排的能量场最大，变化率也最大，玻璃镜的上、下端的风速和风压最大。计算同时显示，如果对最严重的镜场前排进行保护，如设立挡风墙等措施，会有效地减缓大风对镜场的威胁。

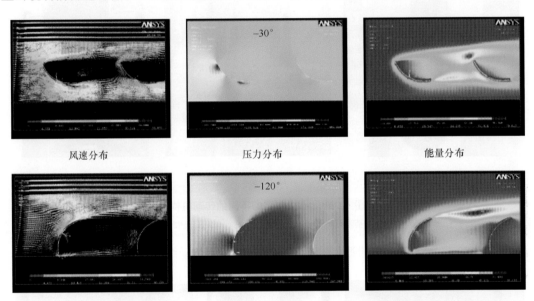

图 10.21　镜场风载荷分析软件和模拟计算

10.5　熔盐箱及熔融盐换热器

按照功能分类，熔融盐系统分为蓄热和换热两部分，蓄热部分由蓄热罐完成；换热部分又可分为两介质换热和三介质换热两种情况。对于两介质系统，换热部分为熔融盐对水/水蒸气的热传输，由熔融盐预热器、熔融盐蒸汽发生器和熔融盐过热器完成，当然也可以采用一台设备完成水的预热、气化和过热三部分的工作；如果是三介质系统则更复杂，系统可以设计为导热油对熔融盐的换热，由导热油-熔融盐换热器完成（也可以反向换热，夜晚时由熔融盐加热导热油），导热油对水/水蒸气的换热，由导热油-水/水蒸气换热器完成。这一过程只需要两个换热器，完成了三种介质之间的换热过程，不足是蓄热过程有三次换热。另一种方法是导热油-水/水蒸气换热器、导热油-熔融盐换热器，熔融盐-水/水蒸气换热器，三个换热器完成三种介质之间的换热，设备种类多了，系统复杂，但蓄热部分只有两次换热，系统效率会高一些。

图 10.22 为意大利阿基米德电站的蓄热系统，电站为两介质系统。（a）图中，左侧系统为加盐溶解系统，通过该系统将固体盐融化，加入冷融盐罐中，中间是冷盐罐和热盐罐，右侧是蒸汽发生器，放大后如图（b）所示，是由熔融盐预热器、蒸汽发生器和过热器三个换热器组成。

（a）　　　　　　　　　　　　　　　　（b）

图 10.22　意大利阿基米德电站熔融盐系统设备
（a）全景图；（b）蒸汽发生器细节图

融盐罐直径 13.5m，高 6.5m，每个罐体积为 930m³，可储存 1580t 熔融盐。由于罐体的温度非常高，罐体采用了高保温性材料，考虑罐体放置在地表面，对地下的传热会影响和损害土建基础，所以罐底采用了空气通风系统，通风系统以上再敷设保温材料，详细见图 10.23。其中（a）图为融盐罐体，（b）图是正在施工的基础，成组敷设了密集的空气管道，管道并联后由风机吹入空气，当控制点处的温度超出合适范围后，启动风

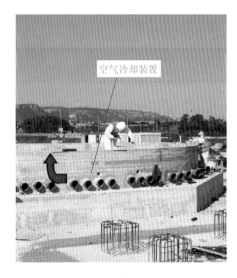

（a）　　　　　　　　　　　　　　　　（b）

图 10.23　意大利阿基米德电站的熔融盐罐
（a）储盐罐照片；（b）施工时照片

机通风。冷罐内设计有电加热器防凝设施，冷罐还连接燃气熔盐加热炉保温防凝，冷、热罐内均布置有搅拌器，防止温度不均。冷熔盐罐的工作温度290℃，设计温度320℃，材料采用碳钢板。热熔盐罐工作温度565℃，设计温度580℃，材料采用不锈钢板。

西班牙 Andasol 电站采用槽式热发电，机组容量 50MW，采用三介质系统，熔融盐罐直径 36m，高 14m，储存两元盐熔融液 2.85 万 t，冷罐温度 290℃，热罐温度 386℃。可储存热容量 1010MW·h，在机组 45MW 出力条件下可连续运行 7.5h。

浙江中控设计的塔式系统采用了熔融盐作为吸热和蓄热介质[57]，蓄热工质采用二元熔盐，总蓄热容量为 490MW·ht。蓄热器分为热罐和冷罐，以减少因冷热熔盐混合带来能量品位损失。冷热罐的直径为 18m（内直径），高度为 12m。冷罐材料采用 SA516Gr70，热罐材料采用 316 不锈钢，冷罐体内蓄热工质设计温度为 320℃，热罐体内蓄热工质设计温度为 580℃，预估蓄热器平均热效率为 97%。热罐蓄热熔盐质量 4626t（不含管路），冷罐蓄热熔盐质量 4586t（不含管路）。冷罐电加热功率 275kW，加热起止温度 270~320℃，加热温度可根据现场运行经验摸索。

熔盐罐内的熔盐，由于具有较高的热容，因此其发生凝固的风险要远小于吸热器及其他熔盐管路。但如果系统长时间停止运行，仍要为其提供散热损失的能量，以保持熔盐处于相对稳定的温度。系统设计了两种加热方式，电加热和天然气熔盐加热炉循环加热，这样就可以有效避免罐内熔盐凝固现象的发生。即便是长时间停运导致了罐内熔盐的凝固，也可以通过电加热器提供熔盐融解需要的能量，同时为了加快这一过程，还设计有专用的熔盐循环泵以加快熔盐的熔化过程。电加热时应注意局部不要超温，以防止融盐超温后起化学反应而失效。

阿基米德和浙江中控的塔式电站中的加盐系统均单独设计，传送带将固态粉末熔盐送入熔盐槽，加水配成熔盐水溶液；利用熔盐槽内的蒸汽管将熔盐水溶液升温到290℃，开启熔盐槽顶部的排汽阀将水蒸气排出；一边将熔盐槽内的液态熔盐泵入熔盐加热炉升温，一边将固态熔盐加入熔盐槽熔化，积累一定量的熔盐后，泵入冷盐罐保温。

蒸汽发生器是实现熔盐与水换热的关键部件，浙江中控的蒸汽发生器总体也分为三段，即预热部分、蒸发部分和过热部分。在预热器和过热器部分熔盐均走壳程，水和蒸汽走管程，在蒸发器部分熔盐走管程，水和蒸汽走壳程。蒸汽发生器架设于冷热蓄热罐之间，架设高度高于熔盐罐，以便于系统停运熔盐介质的放空。蒸汽发生器入口熔盐温度为 565℃，出口温度为 290℃；蒸汽发生器给水温度为 230℃，入口给水压力为11.5MPa；产生主蒸汽压力为 9.8MPa，510℃，蒸汽产量为 220t/h。蒸汽发生器部分总质量约为 270t。当熔盐蓄热器中的热罐熔盐高度达到 3m 时，蒸汽发生器开始启动，其运行工况受汽轮机和蓄热容量双重作用的影响。蒸汽发生器的设计热效率为 98%，预估年均效率为 96%。

预热器和过热器均采用固定管板 U 形管式换热器，预热器壳体材料 SA516Gr70 钢，换热管采用 20G；过热器壳体采用 SA387Gr11Cl2 钢，换热管采用 316H 钢。蒸发器采用带汽包的固定管板 U 形管式换热器，壳体采用 SA516Gr70 钢，管材为 20G。上述换热器的外形见图 10.24。

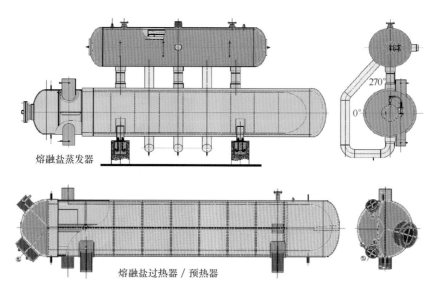

熔融盐蒸发器

熔融盐过热器 / 预热器

图 10.24　蒸发器、预热器和过热器的外形

10.6　斯特林发动机

10.6.1　国际研发现状

由于内燃和外燃的区别，斯特林发动机在早年的竞争中让位给了内燃机。近些年由于保护环境和节能降耗的需要，在余热回收方面，斯特林发动机有了新的作用。越来越多的研究机构和公司关注斯特林发动机的研究和开发，美国、瑞典、德国、韩国、日本等国家的科研机构和公司从 20 世纪 70 年代相继步入碟式太阳能热发电系统的研制，从试验室单机样机试制到碟式斯特林太阳能电站的运行。德国工程公司开发的发电功率为 9kW 碟式斯特林太阳能热发电系统，经过长期运行，峰值净效率达到 20%，月净效率 16%。美国 SES 公司的SUNCATHER 型斯特林机开发生产，单机输出功率 25kW，并研制了碟式斯特林系统、多镜面的碟式斯特林太能发电系统，实现了高效率的光电转化效率，详见图 10.25。

(a)　　　　　　　　　　(b)

图 10.25　美国 SES 1.5MW 碟式示范系统

（a）示范系统；（b）斯特林机照片

美国 INFINIA 公司开发的 3kW 自由活塞式斯特林发动机，在西班牙、印度等推广示范。德国、西班牙、瑞典等各国研究机构正在积极推进和发展高效，长寿命，高可靠性的碟式太阳能热斯特林发电系统。详见图 10.26。

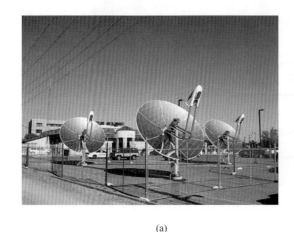

(a)　　　　　　　　　　　　　　　　(b)

图 10. 26　位于美国 Belen 市政厅的 3kW 碟式示范系统

（a）示范电站；（b）斯特林机照片

10. 6. 2　国内研发现状

国外碟式太阳能应用的发展说明我国在太阳能热发电装备技术方面还较薄弱，该领域的研究对我国未来能源发展具有重要意义，国内众多企业、研发机构也已经投入大量研究，很多关键技术急需突破。

在碟式热发电系统方面，我国正在研制太阳能热声发电系统[59]。1kW 的试验系统已经研发成功。图 10.27 显示了位于深圳南山区的 1kW 太阳能热声发电系统。在 1kW 试验基础上，现正在开发 30kW 级的碟式太阳能行波热声发电机系统，预测热电转换效率可

(a)　　　　　　　　　　　　　　　　(b)

图 10. 27　位于深圳南山区的太阳能热声发电试验系统

（a）系统；（b）热声发电机

达 30%，光电转换效率 25%，并具有完整的自主知识产权。如果在聚光集热和跟踪、高温吸热、热声发动机、直线发电机和电力输出控制器五个方面有所突破，将实现碟式太阳能热发电技术跨越式发展，并使新型热声发电技术成为太阳能热发电领域里的一种新技术途径。

该项目主要采用高效、可靠的发动机吸热头技术，热源直接辐射在高温液态金属热管外，高温泵驱动液态金属单相对流传热。采用高性能保温材料，吸热腔体损耗低，吸热体表面涂覆减反射和吸热材料。往复运动的大功率直线电机技术是本项目的关键，开展了多磁级串联结构的动磁式直线电机的磁路优化和材料研究。在汽缸活塞间隙密封方面，应用高径向刚度的长寿命板簧，间隙密封需要高精度加工及表面自润滑处理。电力输出控制技术包含了高效率的交、直逆变，在日照条件、环境温度和用电负荷变化条件下的损耗控制算法，保证在各种工况下，系统能平稳并维持高效运行。

国内在研制斯特林发动机的同时，还将斯特林发电系统与燃烧垃圾填埋气或天然气等可燃气体发电联合[60]，在此基础上，继续研发太阳能碟式斯特林发电装置，该装置在光通量充足时，可用太阳能发电；在光通量不足或夜晚时，用生物质产生的燃气发电。太阳能发电时功率为 25kW，效率为 25%；燃气时为 15 kW。装置为并网发电机组，实现光气互补 24h 连续发电目标。

此装置的主要应用领域包括：大规模太阳能发电厂；小规模分布式电站。实现光、气互补功能设计概念，提出双无油润滑的高温高压主密封结构形式，斯特林机双油底壳的结构形式，发电系统采用异步发电机，并采用较大面积薄玻璃的技术路线。

另一种斯特林机循环发电的光、气互补方案[61]，以 20kW 级斯特林机为动力，以太阳能为主要能源，天然气或沼气为补充能源，建立互补的斯特林太阳能热发电系统，热电转换效率大于 30%，为多重能源互补形式为基础的分布式能源的推广提供一种新的系统方案。光-气互补原理见图 10.28（a），纯光热发电原理图见图 10.28（b）。

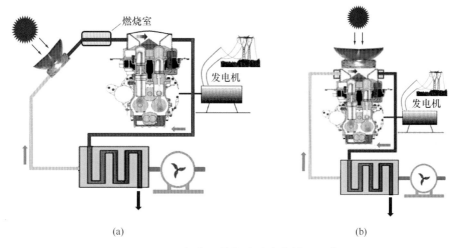

图 10.28　光-气互补斯特林发电循环系统
（a）光-气互补原理图；（b）纯光热发电原理图

在研发新型斯特林发动机的基础上，不少具有实力的大型航空和舰船等公司正在加快斯特林机的生产线和生产基地建设[62]。单机发电功率在 20～30kW 范围，斯特林机工作温度 750℃，设计转速/同步转速 1500r/min，工质的平均压力 14MPa，最高工作压力

20MPa，工作介质为氦气或氢气。工作环境温度为−20～80℃，能满足海拔高度 3000m 以下的环境条件。产品工作寿命达到或超过 10 万 h。其系统最大发电效率可达 30％，采用紧凑型的高效回热装置，回热度不低于 85％，流阻损失小于 8％。采用低污染的燃烧方式，燃气出口温度低，减少燃用天然气的氮氧化物的排放，满足斯特林机的工作温度要求。图 10.29 为研发的斯特林机样品和零部件。

(a) (b)

图 10.29 斯特林发动机实验装置

(a) 样机；(b) 热端装置细节图

在研制斯特林机和配套斯特林机用的永磁同步发电机方面，国内有关厂商在原 5kW 碟式斯特林机组基础上，研制和开发 25kW 碟式斯特林机组[63]，进行第二代碟式太阳能光热发电装备的系统研究，以形成规模化的动力装备生产基地，打造集设计、研究、制造、销售于一体的新能源产业体系，优化地区产业结构。

工作重点是掌握其设计方法，了解储能系统的设计及计算方法，研究热堆形状、结构、内部充放热过程中温度场的变化规律，辅助加热系统及燃烧器的设计，研究天气等外部因素变化对燃烧器特性的影响。研发碟式太阳能热发电装置控制系统，制定不同的使用环境（海岛、高原、沙漠等）下的控制策略，研制并网变电系统技术，尤其是变流器的开发。系统抗风能力 8 级，运行环境温度−35～＋45℃范围，设计寿命 20 年，运行耗水量指标小于 0.1L/kW·h。图 10.30 (a) 为 1985 年原研制的 5kW 样机，(b) 图为新研制的 25kW 碟式斯特林机组模型。

 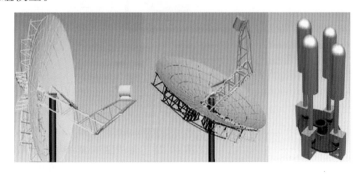

(a) (b)

图 10.30 碟式斯特林机组模型

(a) 5kW 样机；(b) 25kW 机组模型

国内产品生产和制造企业还联合有关大学进行研究和开发[64]。通过试验方法研究样机的各种性能，在充分掌握样机动力性、转速、循环热效率等参数随热量输入和机械负荷变化的规律后，建立样机的仿真分析模型，研究结构参数与性能之间的关系和影响规律，为设计斯特林发动机积累基本数据。

10.7　高温熔融盐泵

以熔融盐为介质的蓄热系统中，关键的设备是熔融盐泵[65]，泵的设计、材料选择、工艺制造和智能化应用等各方面需要有长期的应用经验。高温熔融盐系统中，熔融盐泵既要满足设计参数要求，又要注意设计细节，因为熔融盐储热系统始终是在高温下运行的，运转前要进行反复测试，考虑不周将会出现严重问题。

选择和采购泵时，要从参数设置到泵的安装维修等各方面进行分析考虑，确保熔融盐系统建立后运行的安全和可靠。泵体材料设计要适应在高温下运行，需要考虑材料强度和膨胀，包括材料的应用寿命等。

10.7.1　不同运行温度条件下泵材料的选择

熔融盐泵运行温度范围大约为 238～1200℃ 之间。工作温度确定后，泵材选择是关键。选择使用材料类型时，要考虑熔融盐的化学成分，熔融盐的气化分解点，因为很多盐类分解的气体具有腐蚀性，可能会引起材料或材料焊接点处的腐蚀。根据不同温度，所选材料可分为如表 10.5 所示的四种类型。

表 10.5　　　　　　　　　高温熔融盐泵的温度使用范围及材质选择

温度（℃）	240～400	400～600	600～930	930～1100
基本材料	碳素钢	316、321、347 不锈钢	600、625 铬镍铁合金	钼基合金钢
	304、316 不锈钢	242 海恩斯钢	263 海恩斯钢	镍基合金钢
		718 铬镍铁合金	25、188 海恩斯钢	214 海恩斯钢

确定材料前，要确定使用的熔融盐种类、使用温度范围，以及不同温度下材料的膨胀系数，这些因素都会影响泵的运转速度和运行间隙，包括拆卸和布置等问题。当温度变化时熔融盐的化学成分有可能引起分解，所以要确认其熔点、气化分解温度点、腐蚀特性等。泵的运行中温度变化快慢也会影响泵的旋转，要确定热膨胀和膨胀率对泵旋转的影响，保持泵体和其他部件的稳定性，考虑运行中何时出现最大的温度变化幅度和极限温度点。

熔融盐的高速流动和高温能引起叶轮叶片的快速腐蚀，熔融盐涡旋形流动的相对速度不应超过 3.5m/s。腐蚀损害速率通常与介质流动速度成正比，流动速度越高，腐蚀损害变得越严重。旋转装置的热膨胀和泵的固定零部件应匹配，以防止旋转装置的变形和卡死。

熔融盐泵的底座板强度应保证泵的稳定，防止振动。通常安装固定板还要垫一层绝热材料，以防止熔融盐罐内的高温传导到泵体。固定板安装要能够承载泵和电动机的自身质量和运行中产生的反作用力；熔融盐泵宜垂直安装，水平安装的熔融盐泵容易在温度变化情况下变形或引起胀差，同时要避免引起共振。

10.7.2　熔融盐泵型选择

高温熔融盐泵，通常有表 10.6 所示四种类型，其外形结构示意见图 10.31。如果高温液体是熔融金属，泵型选择则还需要考虑泵体的磁性特点问题。一般讲，所有类型的熔融盐泵都应遵循如下要求：

表 10.6 高温熔融盐泵的温度使用范围及泵型

温度范围（℃）	240~400	400~600	600~930	930~1100
立式悬臂泵	间隔 3m 中流速 中压头 标准设计	间隔 2m 中流速 中压头 标准、模型设计	间隔 1m 中流速 中压头 模型设计	间隔 0.5m 低流速 低压头 专用设计
立式泵	间隔 3m 高、中流速 高、中压头 标准设计	间隔 3m 高、中流速 高、中压头 标准、模型设计	间隔 2m 中流速 中压头 模型设计	间隔 1.5m 低流速 低压头 专用设计
立式浸没泵	间隔 20m 中、高流速 中、高压头 专用标准	间隔 18m 中、高流速 中、高压头 专用标准	间隔 15m 中流速 中压头 专用设计	协商
轴流泵	间隔 4m 高流速 低压头 专用设计	间隔 3m 高流速 低压头 专用设计	不适用	不适用

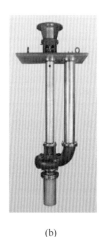

(a)　　　　　　　(b)　　　　　(c)　　　　　(d)

图 10.31　不同形式的熔融盐泵

（a）立式悬臂泵；（b）立式泵；（c）立式浸没泵；（d）轴流泵

　　泵内液体必须100％自动流出并设有排液口；泵必须有隔热底座和推力轴承，以抵抗轴向推力和热传递；即使泵体在没有冷却的情况下，立式泵应能从外侧调整叶轮；旋转部件应有迷宫式密封环，并有氮气、氩气或其他密封系统；如果熔融盐上端有轻微凝固，泵在短时关断情况下，也必须能够重新起动；泵运行或轴热膨胀引起的任何推力载荷都不应由电动机承担；考虑有拆卸装置和起吊的位置及吊耳；泵体上应安装有导管，以便在清洗罐体时，可拆卸或密封，以防湿气进入泵体内；推力轴承或径向轴承应易于拆卸；轴承和轴颈轴套在短时间内无润滑情况下能够运行；泵的最低运行流量不能低于15％；

泵的第一临界速度应高于运行速度的 25%，泵速控制范围应不低于 10% 至 115%；拆卸泵的推力轴承不应起吊泵体；泵和电动机需要进行振动监控；承轴和推力轴承应有温度测点，及超温报警和事故停机功能；电动机应有电流监测和力矩监测；具有反向旋转保护装置，大容量泵应在系统中设逆止门。

10.7.3　不同泵型的安装特点

1. 立式悬臂泵

这类泵有很多形式，特点是液体面到电动机的距离比较近，安装方式也有许多种，设计上在罐内布置或罐外布置都很灵活，立式悬臂泵不需要在支架上安装轴承，拆卸在四种形式中比较简单。

2. 立式泵

需要安装径向轴承，有多种布置方法，根据需要在罐体内布置或罐外布置都可以，能提供多级泵以满足不同参数需要。与悬臂泵相比导管更长，因此拆卸更困难。

3. 立式浸没泵

这类泵可提供更长的导管设计，即液面距动力装置距离更远，只能在罐体外布置，也可提供多级泵，拆卸最困难。

4. 轴流泵

泵体经过特别设计，适用于大流量低压头的设计条件，化学反应器常常采用这种泵型。其设计特点是允许旋转组件从泵壳中拆除，并能直接拆除入口和出口管段。轴流泵安装在固定位置的上方，因此安装和拆卸最容易。

熔融盐泵在融盐罐上的安装位置非常重要，既要保持密封防止散热，又要注意隔热，防止泵体温度过高，这两者是矛盾的。但泵体的散热太多甚至会引起局部温度降低，使高温熔融盐不断在泵体管外凝固往上爬，这是非常危险的。所以泵体在熔融盐界面到泵体上固定端应保持至少 1.5～3m 距离，这样才能避免出现两难的局面。熔融盐泵要分为三个区域，第一个区域泵体部分，这部分浸在熔融盐中，要保持温度与介质温度相同，防止熔融盐的局部降温；第二区域是连接管段部分，这部分要有一定长度，保持一定温度，防止局部降温，但是上部应有很好的隔热措施；到第三区域后，要通过隔热材料，防止热量逃逸，使罐外泵体温度不超温，到达推力轴承前通过降热风扇加快冷却，使壁面温度控制在 65℃ 以下，防止轴承超温。

10.7.4　熔盐泵的故障模式分析和监控

熔盐泵的故障点包括泵体、联轴器、电动机、切换阀门、安全充气系统和密封系统等。要考虑其中易损部件的购置，以备更换，以减少由于系统停运造成的损失；要采取更好的维护手段，减少事故的发生。

熔融盐泵的控制是整个熔融盐蓄热系统的一个环节，当蓄热系统发生故障时，除了系统正确的操作外，主要设备的保护性动作也是关键，这样才能避免由于其他事故引起的二次设备损坏事故，这是控制系统的设计原则。泵的控制内容包括轴承温度监测、振动监测、轴承润滑油分析、电动机的电流监测等，其中重要参数到达危险值时，甚至可以作为系统停止运行的判断依据。

10.7.5　熔融盐泵的拆卸和维护

1. 泵体卸载

拆卸熔融盐泵时，应从制造商那里了解标准拆卸程序。不同厂家可能有不同的程序，下列程序是泵体拆卸的基本顺序，包括拆除电动机和电动机接线盒；拆开熔融盐泵出口管；用起吊装置将熔融盐泵整体吊出熔融盐液面以上，让泵体内的熔融盐全部自然流出；泵体整体吊出融盐罐，用钢板将熔融盐罐的开口暂时焊牢；泵体垂直放置直到温度冷却，泵体放入热水中除去黏接的盐分，洗刷干净后自然干燥，泵体水平位置安放，保证泵体不要受到外力以避免变形或损坏。

2. 泵体分解

熔融盐泵的拆卸非常困难，所以采购时应和制造厂了解泵的结构情况，拆卸方法，特别是了解泵的径向轴承和推力轴承的拆卸、需要润滑的位置、运动件间隙的组合和密封。拆卸过程中要考虑到温度的因素，高温下拆卸是非常危险的，要了解到螺栓、密封片、套筒、轴承、轴等部件是否常温下拆除或加热才能拆卸。

好的泵体设计是更换部件时被拆卸部分尽可能少，如果要更换轴承套和径向轴承，轴承更换应易于安装并考虑如何适当润滑。维修后重新安装前，应进行目测检查和染色渗透剂检查，保证全部焊接合格，泵体零部件的任何裂缝或者点蚀应按照泵制造商所要求的程序予以修理。

轴的垂直度应进行检查，当其垂直度超出厂家要求值时应进行校直处理。长立式泵不仅要检查轴套部分，还要检查轴承固定部分。单级泵的叶轮应进行平衡检查，多级泵应进行整串叶轮动平衡检查。检查密封系统，更换新密封件。

3. 泵体维修后的就位

泵体维修后进行就位操作，如果泵体很长，从水平位置到垂直位置需缓慢，必要时可采用两台起重机同时起吊。熔融盐泵就位后，应进行冷状态下的调试，包括盘车等，保证各部位的活动没有卡涩现象，检查后应进行记录。

安装和预热管路和泵应由经过培训的人员完成。打开熔融盐罐准备放置熔盐泵时，应首先除去隔热层，周围清理干净，小心打开隔板，缓慢把泵体放进熔融盐罐中，当放入泵体时需注意高温气体从熔融盐罐中溢出，防止烫伤，螺栓固定后包裹保温层，待全部工作完成后拆除警戒线。

熔融盐泵运行前必须要预热，通常每小时预热温度提升不应超过 $12\sim15℃$。整个系统应均匀预热，固定设置的预热热源非常重要。待温度升到熔融盐介质的熔点以上后，才可进行运行操作。

10.8 太阳能热发电汽轮机设备

在太阳能热发电过程中，汽轮机对电站规模和效率的高低起关键作用，太阳能集热过程中蒸汽参数和品质有其特殊性，如压力、温度、蒸汽过热度等，参数的变化规律都比较复杂，不可能像燃料发电一样有着极严格的要求。这就对汽轮机提出了特殊要求，并要求机组内效率还需要提高。因此，针对不同太阳能热发电形式，开发出系列化的汽轮机组，满足对机组容量范围的要求，机组的参数适应各种太阳能镜场条件，汽轮机进汽和抽汽条件满足再热和回热系统的要求。这些工作，需要与汽轮机生产厂充分沟通，提出目标要求，最终开发出满足要求的系列化汽轮机。

国内各大汽轮机制造商针对太阳能热发电做了许多前瞻性工作，建议太阳能热发电机组的容量范围 $10\sim150MW$，负荷波动范围 $30\%\sim100\%$，参数范围：压力 $3\sim13MPa$，温度 450～535℃。汽轮机形式可以有再热或无再热，有回热系统，可提供辅助设备配套，可以提供空冷型汽轮机等。还有的厂商提出，汽轮机机组容量范围 0.5～150MW，负荷波动范围 30%～100%，转速范围 3000～16000r/min，参数范围：压力 14MPa 以下，温度 540℃ 以下，可提供辅助设备配套等。

国外大型汽轮机公司借助于资讯等条件，较早地与相关研究单位合作，掌握了太阳能最新发展的前沿技术，如德国 Siemens 公司通过介入其研发[67]，加大新产品开发力度，针对国际十年后的发展，推出系列化的太阳能专用汽轮机组。国际上已投产的太阳能专用机组最大容量为 80MW，就是 Siemens 的产品，目前正在建设的最大容量单机为 200MW。图 10.32 为用于太阳能热发电的西门子大型汽轮机组。

图 10.32 用于太阳能热发电的西门子大型汽轮机

适应于太阳能热发电的汽轮机需要有特殊的功能，能够满足每天的起动、停机工况，在蒸汽过热度不高和各种变工况情况下，汽轮机低压缸的工作状态尤其恶劣，提高工作效率和减少侵蚀/腐蚀问题是低压缸设计的关键。新型太阳能热发电用机组，除塔式太阳能机组外，虽然蒸汽初参数并不太高，但是机组整体效率提高了，可提供 250MW 及以下各型汽轮机组，包括配套辅机设备，和常规机组相比有如下优势，机组内效率高；设计为每日起、停，起动和停止时间短；适应每天在低负荷下运行；模块化的结构，适应运输和安装，减少现场人工成本；系统可选择无再热、一次再热、二次再热等多种形式；采用轴向和径向排汽方案，减少了土建费用；机组冷却形式可采用湿冷或空冷技术方案等。表 10.7 为西门子汽轮机组的参数及容量划分。

表 10.7　　　　　　　　　　　适用于太阳能热发电的汽轮机系列

形式	蒸汽参数	10	20	50	100	150	200	250
SST - 110	130bar，530℃							
SST - 120	130bar，530℃							
SST - 300	120bar，520℃							
SST - 400	140bar，540℃							
SST - 600	140bar，540℃							
SST - 700	165bar，585℃			双缸、再热或非再热				
SST - 800	140bar，540℃			单缸、	再热或非再热			
SST - 800& SST - 500	140bar，540℃							
SST - 900	165bar，585℃				单缸、非再热　双缸、再热			

各种型号的汽轮机都有不同的特点和差别，图 10.33 为 SST - 110 型机组外形。SST - 110 型汽轮机是双缸单轴式，利用联轴器将汽轮机变速箱和发电机相连，考虑太阳能热力工况的

特殊性，进汽参数可以是高压或低压，该型汽轮机具有较高的性能和合理的价格。汽轮机的支撑结构在减少热应力情况下，提供更大的抽汽量。其技术数据：汽轮机输出功率可达 7MW，入口压力 13MPa，入口温度 530℃。参数值为最大值，低于此参数值视太阳能热力工况决定。

图 10.33 为 SST－120 型机组外形。SST－120 型是由不同的汽轮机模块组成的多缸单轴式，发电机的两轴分别与汽轮机的高压缸和低压缸相连，蒸汽可以串联或并联进入汽轮机，考虑太阳能热发电的特殊性，采用模块组合的方法提供了最大的灵活性和最高的效率。其技术数据：汽轮机输出功率可达 10MW，入口压力 13MPa，入口温度 530℃。参数值为最大值，低于此参数值视太阳能热力工况决定。

图 10.33　SST－110 型机组外形

图 10.35 为 SST－300 型机组外形。SST－300 型由标准化的单缸汽轮机、低压冷凝段和优化的反动式叶片组成。汽轮机具有对称的外壳和水平中分面，允许汽轮机短时间起动和快速变负荷，叶片的设计保证太阳能热发电的高效率和宽范围的负荷模式，汽轮机进汽参数既适合于太阳能直接产生蒸汽，也适合于导热油-蒸汽换热的发电形式。其技术数据：汽轮机输出功率可达 50MW，入口压力 12MPa，入口温度 520℃。参数值为最大值，低于此参数值视太阳能热力工况决定。

图 10.34　SST－120 型机组外形

图 10.35　SST－300 型机组外形

图 10.36 为 SST－400 型机组外形。SST－400 型由标准化的单缸汽轮机、低压冷凝段和优化的反动式叶片组成。汽轮机具有对称的外壳和水平中分面，允许汽轮机短时间起动和快速变负荷，叶片的设计保证太阳能热发电的高效率和宽范围的负

荷模式，在高负荷条件下效率会更高，汽轮机进汽参数既适合于太阳能直接产生蒸汽，也适合于导热油-蒸汽换热的发电形式。其技术数据：汽轮机输出功率可达65MW，入口压力 14MPa，入口温度 540℃。参数值为最大值，低于此参数值视太阳能热力工况决定。

　　图 10.37 为 SST-600 型机组外形。SST-600 型适用于再热或非再热，由单缸或双缸组成，可用于两极或四极发电机。特别适合于塔式太阳能热发电，再热形式提高了太阳能热发电效率。积木块式结构允许方便地对电站布置进行优化设计。该型机组适合于各种中型太阳能热发电站。其技术数据：汽轮机输出功率可达100MW，入口压力 14MPa，入口温度 540℃。参数值为最大值，低于此参数值视太阳能热力工况决定。

图 10.36　SST-400 型机组外形

图 10.37　SST-600 型机组外形

图 10.38　SST-700 型机组外形

　　图 10.38 为 SST-700 型机组外形。SST-700 型适用于再热或双再热系统，为齿轮带动的高压缸和直驱式低压缸组成的双缸再热式机组。机组进汽参数适应性强，前缸既可当高压缸用也可当中压缸用，对太阳能蒸汽循环的汽轮机热力系统进行了优化，专门适用于槽式太阳能热发电蒸汽参数，通过最新技术的应用使机组起动时间更短，机组内效率更高，新型设计的双再热蒸汽循环系统进一步提高了电站效率。其技术数据：汽轮机输出功率可达175MW，入口压力 10MPa，入口温度 400℃。参数仅用于太阳能热发电。

　　图 10.39 为 SST-800 型机组外形。SST-800 型适用于再热或无再热系统，为用于两极

或四极发电机的逆流式单缸直驱式汽轮机。机组进汽参数适应性强，对太阳能蒸汽循环的汽轮机热力系统进行了优化，适用于直接产生蒸汽的太阳能热发电站，积木块式结构允许方便地对电站布置进行优化设计。新型设计的再热蒸汽循环系统进一步提高了电站效率。其技术数据：汽轮机输出功率可达 150MW，入口压力 14MPa，入口温度 540℃。参数值为最大值，低于此参数值视太阳能热力工况决定。

图 10.39　SST‑800 型机组外形

SST‑800& 和 SST‑500 型是在 SST‑800 型基础上发展而来，为双缸再热式汽轮机，高、中压为合缸，低压缸为双流程缸。积木块式结构允许方便地对电站布置进行优化设计。该机组适用于大容量太阳能电站的应用。其技术数据：汽轮机输出功率可达 250MW，入口压力 14MPa，入口温度 540℃。参数值仅用于太阳能热发电。

图 10.40 为 SST‑900 型机组外形。SST‑900 型适用于再热或无再热系统，采用单缸或双缸汽轮机和两极发电机。当有再热时，双缸方案用一个高压模块和一个中压模块或低压模块配合，组成太阳能热发电站。在燃气蒸汽联合循环电站中，用一个无再热的高压模块，可以和任何形式的燃机配套组成联合循环，譬如和一台或多台 Siemens47MW 的 SGT‑800 型燃机组成联合循环。机组进汽参数适应性强，对太阳能蒸汽循环的汽轮机热力系统进行了优化，适用于直接产生蒸汽的太阳能热发站，积木块式结构允许方便地对电站布置进行优化设计。新型设计的再热蒸汽循环系统进一步提高了电站效率。其技术数据：汽轮机输出功率可达 250MW 以上，入口压力 16.5MPa，入口温度 585℃。参数值为最大值，低于此参数值视太阳能热力工况决定。

图 10.40　SST‑900 型机组外形

附 录 1　天 文 学 常 用 数 据

长度：

1 天文距离单位

1 光年

1 秒差距（PC）＝3.085 678×10^{16} m

　　　　　　　　＝206 264.8 天文距离单位

　　　　　　　　＝3.261 631 光年

时间：

平太阳日＝86 400 平太阳秒

平恒星日（从春分点到春分点）＝86 164.091 平太阳秒

　　　　　　　　　　　　　　＝23 时 56 分 4.091 秒

地球平均自转周期（从恒星到恒星）＝86 164.100 平太阳秒

回归年（从春分点到春分点）＝365.242 20 日

地球常用数据：

地球质量＝5.9742×10^{27} g

地球赤道半径＝6378.140km

地球极点半径＝6356.755km

地球平均半径＝6371.004km

赤道周长＝40 075.13km

纬度 1°长度＝111.133－0.559cos（2ϕ）km（纬度 ϕ 处）

经度 1°长度＝111.413cosϕ－0.094cos（3ϕ）km（纬度 ϕ 处）

地球表面积＝5.11×10^8 km^2

陆地面积＝1.49×10^8 km^2（占地球表面积的 29.2%）

海洋面积＝3.62×10^8 km^2（占地球表面积的 70.8%）

地球体积＝1.0832×10^{12} km^3

地球平均密度＝5.518g/cm^3

地球表面大气等值高度＝7996m

黄赤交角＝23°26′21.448″

太阳常用数据：

日地距离＝1.495 978 70×10^{11} m（1 个天文距离单位）

日地最远距离＝1.521 000 00×10^{11} m

日地最近距离＝1.471 000 00×10^{11} m

太阳质量＝1.9888×10^{33} g

太阳半径＝696 265km

太阳表面积＝6.087×10^{12} km^2

太阳体积＝1.412×10^{18} km^3

太阳平均密度＝1.409g/m³

太阳中心密度＝160g/cm³

太阳常数＝0.1375J/(cm²·s)

太阳总辐射＝3.83×10²⁶J/s

太阳表面有效温度＝5770K

太阳中心温度＝1.5×10⁷K

太阳中心压力＝3.4×10¹⁷达因/cm²

太阳活动周期＝11.04年

注：数据取自《天文爱好者手册》，四川辞书出版社，1997。

附录 2　日出、日没表

2012 年日出　　　　　　　　　　　　格林尼治子午圈

月	日	N10°	N20°	N30°	N35°	N40°	N45°	N50°	N52°	N54°
		h. m	h. m	h. m	h. m	h. m	h. m	h. m	h. m	h. m
1月	5	6.18	6.36	6.57	7.09	7.22	7.38	7.58	8.07	8.18
	10	6.20	6.37	6.57	7.09	7.22	7.37	7.56	8.05	8.15
	15	6.21	6.38	6.57	7.08	7.20	7.35	7.53	8.02	8.11
	20	6.22	6.38	6.56	7.06	7.18	7.32	7.49	7.57	8.06
	25	6.23	6.37	6.54	7.04	7.15	7.28	7.44	7.51	7.59
	30	6.23	6.36	6.52	7.01	7.11	7.23	7.37	7.44	7.51
2月	4	6.22	6.35	6.49	6.57	7.06	7.17	7.30	7.36	7.43
	9	6.21	6.33	6.45	6.53	7.01	7.11	7.22	7.27	7.33
	14	6.20	6.30	6.41	6.48	6.55	7.03	7.14	7.18	7.23
	19	6.19	6.27	6.37	6.42	6.49	6.56	7.04	7.08	7.13
	24	6.17	6.24	6.32	6.37	6.42	6.48	6.55	6.58	7.02
	29	6.15	6.20	6.27	6.30	6.34	6.39	6.45	6.47	6.50
3月	5	6.12	6.16	6.21	6.24	6.27	6.30	6.34	6.36	6.38
	10	6.10	6.12	6.15	6.17	6.19	6.21	6.24	6.25	6.26
	15	6.07	6.08	6.10	6.10	6.11	6.12	6.13	6.13	6.14
	20	6.04	6.04	6.04	6.03	6.03	6.03	6.02	6.02	6.02
	25	6.01	6.00	5.57	5.56	5.55	5.53	5.51	5.50	5.49
	30	5.58	5.55	5.51	5.49	5.47	5.44	5.40	5.39	5.37
4月	4	5.55	5.51	5.45	5.42	5.39	5.35	5.30	5.27	5.25
	9	5.53	5.47	5.40	5.36	5.31	5.26	5.19	5.16	5.13
	14	5.50	5.43	5.34	5.29	5.23	5.17	5.09	5.05	5.01
	19	5.48	5.39	5.29	5.23	5.16	5.08	4.58	4.54	4.49
	24	5.45	5.35	5.23	5.17	5.09	5.00	4.49	4.44	4.38
	29	5.43	5.32	5.19	5.11	5.02	4.52	4.39	4.34	4.27
5月	4	5.42	5.29	5.14	5.06	4.56	4.45	4.31	4.24	4.17
	9	5.40	5.26	5.10	5.01	4.50	4.38	4.22	4.15	4.07
	14	5.39	5.24	5.07	4.57	4.45	4.32	4.15	4.07	3.58
	19	5.38	5.23	5.04	4.53	4.41	4.26	4.08	4.00	3.50
	24	5.38	5.21	5.02	4.51	4.37	4.22	4.03	3.54	3.43
	29	5.38	5.20	5.00	4.48	4.35	4.18	3.58	3.48	3.37
6月	3	5.38	5.20	4.59	4.47	4.32	4.16	3.54	3.44	3.33
	8	5.38	5.20	4.58	4.46	4.31	4.14	3.52	3.41	3.30
	13	5.39	5.20	4.58	4.45	4.31	4.13	3.50	3.40	3.28
	18	5.40	5.21	4.59	4.46	4.31	4.13	3.50	3.39	3.27
	23	5.41	5.22	5.00	4.47	4.32	4.14	3.51	3.40	3.28
	28	5.42	5.23	5.01	4.49	4.34	4.16	3.53	3.43	3.30

183

月	日	N10°	N20°	N30°	N35°	N40°	N45°	N50°	N52°	N54°
		h. m	h. m	h. m	h. m	h. m	h. m	h. m	h. m	h. m
7月	3	5.43	5.25	5.03	4.51	4.36	4.18	3.57	3.46	3.34
	8	5.45	5.27	5.06	4.53	4.39	4.22	4.01	3.50	3.39
	13	5.46	5.28	5.08	4.56	4.42	4.26	4.06	3.56	3.45
	18	5.47	5.30	5.11	4.59	4.46	4.31	4.11	4.02	3.52
	23	5.48	5.32	5.14	5.03	4.51	4.36	4.18	4.09	3.59
	28	5.49	5.34	5.17	5.07	4.55	4.41	4.24	4.16	4.07
8月	2	5.50	5.36	5.20	5.10	5.00	4.47	4.31	4.24	4.16
	7	5.50	5.37	5.23	5.14	5.04	4.53	4.38	4.32	4.24
	12	5.51	5.39	5.26	5.18	5.09	4.58	4.46	4.40	4.33
	17	5.51	5.41	5.29	5.22	5.14	5.04	4.53	4.48	4.42
	22	5.51	5.42	5.32	5.25	5.19	5.10	5.01	4.56	4.51
	27	5.51	5.43	5.34	5.29	5.23	5.16	5.08	5.04	5.00
9月	1	5.51	5.44	5.37	5.33	5.28	5.22	5.15	5.12	5.09
	6	5.50	5.45	5.40	5.36	5.33	5.28	5.23	5.20	5.18
	11	5.50	5.46	5.43	5.40	5.37	5.34	5.30	5.28	5.27
	16	5.50	5.47	5.45	5.44	5.42	5.40	5.38	5.37	5.35
	21	5.49	5.49	5.48	5.47	5.47	5.46	5.45	5.45	5.44
	26	5.49	5.50	5.51	5.51	5.52	5.52	5.53	5.53	5.53
10月	1	5.49	5.51	5.53	5.55	5.57	5.58	6.00	6.01	6.02
	6	5.48	5.52	5.56	5.59	6.01	6.05	6.08	6.10	6.12
	11	5.48	5.53	5.59	6.03	6.07	6.11	6.16	6.18	6.21
	16	5.48	5.55	6.03	6.07	6.12	6.17	6.24	6.27	6.30
	21	5.49	5.57	6.06	6.11	6.17	6.24	6.32	6.36	6.40
	26	5.49	5.59	6.10	6.16	6.23	6.31	6.40	6.45	6.50
	31	5.50	6.01	6.13	6.20	6.28	6.37	6.49	6.54	6.59
11月	5	5.51	6.03	6.17	6.25	6.34	6.44	6.57	7.03	7.09
	10	5.53	6.06	6.21	6.30	6.40	6.51	7.05	7.12	7.19
	15	5.55	6.09	6.25	6.35	6.45	6.58	7.13	7.20	7.28
	20	5.57	6.12	6.29	6.40	6.51	7.05	7.21	7.29	7.38
	25	5.59	6.15	6.33	6.44	6.57	7.11	7.29	7.37	7.46
	30	6.01	6.18	6.38	6.49	7.02	7.17	7.36	7.45	7.55
12月	5	6.04	6.21	6.41	6.53	7.07	7.23	7.42	7.51	8.02
	10	6.06	6.24	6.45	6.57	7.11	7.27	7.48	7.57	8.08
	15	6.09	6.27	6.48	7.01	7.15	7.31	7.52	8.02	8.13
	20	6.12	6.30	6.51	7.04	7.18	7.35	7.56	8.05	8.17
	25	6.14	6.32	6.54	7.06	7.20	7.37	7.58	8.08	8.19
	30	6.16	6.35	6.55	7.08	7.22	7.38	7.59	8.08	8.19

2012 年日没　　　　　　　　没格林尼治子午圈

月	日	N10°	N20°	N30°	N35°	N40°	N45°	N50°	N52°	N54°
		h. m	h. m	h. m	h. m	h. m	h. m	h. m	h. m	h. m
1 月	5	17. 52	17. 34	17. 14	17. 02	16. 48	16. 32	16. 13	16. 03	15. 53
	10	17. 55	17. 37	17. 18	17. 06	16. 53	16. 38	16. 19	16. 10	16. 00
	15	17. 57	17. 41	17. 22	17. 11	16. 58	16. 44	16. 26	16. 17	16. 08
	20	18. 00	17. 44	17. 26	17. 16	17. 04	16. 50	16. 33	16. 25	16. 17
	25	18. 02	17. 47	17. 31	17. 21	17. 10	16. 57	16. 41	16. 34	16. 26
	30	18. 04	17. 50	17. 35	17. 26	17. 16	17. 04	16. 50	16. 43	16. 36
2 月	4	18. 06	17. 53	17. 39	17. 31	17. 22	17. 11	16. 58	16. 52	16. 46
	9	18. 07	17. 56	17. 43	17. 36	17. 28	17. 18	17. 07	17. 02	16. 56
	14	18. 08	17. 58	17. 47	17. 41	17. 34	17. 26	17. 16	17. 11	17. 06
	19	18. 09	18. 01	17. 51	17. 46	17. 40	17. 33	17. 24	17. 20	17. 16
	24	18. 10	18. 03	17. 55	17. 51	17. 45	17. 40	17. 33	17. 29	17. 26
	29	18. 10	18. 05	17. 59	17. 55	17. 51	17. 46	17. 41	17. 39	17. 36
3 月	5	18. 11	18. 07	18. 02	17. 59	17. 57	17. 53	17. 49	17. 47	17. 46
	10	18. 11	18. 08	18. 05	18. 04	18. 02	18. 00	17. 57	17. 56	17. 55
	15	18. 11	18. 10	18. 08	18. 08	18. 07	18. 06	18. 05	18. 05	18. 05
	20	18. 11	18. 11	18. 12	18. 12	18. 12	18. 13	18. 13	18. 14	18. 14
	25	18. 11	18. 12	18. 15	18. 16	18. 17	18. 19	18. 21	18. 22	18. 23
	30	18. 10	18. 14	18. 18	18. 20	18. 23	18. 26	18. 29	18. 31	18. 33
4 月	4	18. 10	18. 15	18. 21	18. 24	18. 28	18. 32	18. 37	18. 40	18. 42
	9	18. 10	18. 17	18. 24	18. 28	18. 33	18. 38	18. 45	18. 48	18. 51
	14	18. 10	18. 18	18. 27	18. 32	18. 38	18. 45	18. 53	18. 57	19. 01
	19	18. 11	18. 20	18. 30	18. 36	18. 43	18. 51	19. 01	19. 05	19. 10
	24	18. 11	18. 21	18. 33	18. 40	18. 48	18. 57	19. 08	19. 14	19. 19
	29	18. 11	18. 23	18. 36	18. 44	18. 53	19. 03	19. 16	19. 22	19. 29
5 月	4	18. 12	18. 25	18. 40	18. 48	18. 58	19. 10	19. 24	19. 30	19. 38
	9	18. 13	18. 27	18. 43	18. 52	19. 03	19. 16	19. 31	19. 39	19. 47
	14	18. 14	18. 29	18. 46	18. 56	19. 08	19. 22	19. 38	19. 46	19. 55
	19	18. 15	18. 31	18. 49	19. 00	19. 12	19. 27	19. 45	19. 54	20. 04
	24	18. 16	18. 33	18. 52	19. 04	19. 17	19. 32	19. 52	20. 01	20. 11
	29	18. 17	18. 35	18. 55	19. 07	19. 21	19. 37	19. 58	20. 07	20. 18
6 月	3	18. 19	18. 37	18. 58	19. 10	19. 24	19. 41	20. 03	20. 13	20. 24
	8	18. 20	18. 38	19. 00	19. 13	19. 27	19. 45	20. 07	20. 17	20. 29
	13	18. 21	18. 40	19. 02	19. 15	19. 30	19. 48	20. 10	20. 21	20. 33
	18	18. 22	18. 41	19. 04	19. 17	19. 32	19. 50	20. 12	20. 23	20. 35
	23	18. 24	18. 43	19. 05	19. 18	19. 33	19. 51	20. 13	20. 24	20. 37
	28	18. 24	18. 43	19. 05	19. 18	19. 33	19. 51	20. 13	20. 24	20. 36

月	日	N10°	N20°	N30°	N35°	N40°	N45°	N50°	N52°	N54°
		h. m	h. m	h. m	h. m	h. m	h. m	h. m	h. m	h. m
7月	3	18.25	18.44	19.05	19.18	19.32	19.50	20.12	20.22	20.34
	8	18.26	18.44	19.04	19.17	19.31	19.48	20.09	20.19	20.31
	13	18.26	18.43	19.03	19.15	19.29	19.45	20.05	20.15	20.26
	18	18.25	18.42	19.01	19.13	19.26	19.41	20.00	20.10	20.20
	23	18.25	18.41	18.59	19.10	19.22	19.37	19.55	20.03	20.13
	28	18.24	18.39	18.56	19.06	19.17	19.31	19.48	19.56	20.05
8月	2	18.23	18.36	18.52	19.02	19.12	19.25	19.40	19.48	19.56
	7	18.21	18.34	18.48	18.57	19.07	19.18	19.32	19.39	19.46
	12	18.19	18.30	18.44	18.51	19.00	19.11	19.23	19.29	19.36
	17	18.17	18.27	18.39	18.46	18.54	19.03	19.14	19.19	19.25
	22	18.14	18.23	18.34	18.40	18.46	18.54	19.04	19.08	19.13
	27	18.12	18.19	18.28	18.33	18.39	18.46	18.54	18.58	19.02
9月	1	18.09	18.15	18.22	18.26	18.31	18.37	18.43	18.46	18.50
	6	18.06	18.11	18.16	18.19	18.23	18.27	18.33	18.35	18.38
	11	18.03	18.06	18.10	18.12	18.15	18.18	18.22	18.23	18.25
	16	18.00	18.01	18.04	18.05	18.07	18.08	18.11	18.12	18.13
	21	17.57	17.57	17.57	17.58	17.58	17.59	18.00	18.00	18.00
	26	17.53	17.52	17.51	17.51	17.50	17.49	17.49	17.48	17.48
10月	1	17.50	17.48	17.45	17.44	17.42	17.40	17.38	17.37	17.36
	6	17.48	17.43	17.39	17.37	17.34	17.31	17.27	17.25	17.23
	11	17.45	17.39	17.33	17.30	17.26	17.22	17.16	17.14	17.11
	16	17.42	17.35	17.28	17.23	17.19	17.13	17.06	17.03	17.00
	21	17.40	17.32	17.23	17.17	17.11	17.05	16.56	16.53	16.48
	26	17.38	17.29	17.18	17.12	17.05	16.57	16.47	16.42	16.37
	31	17.37	17.26	17.14	17.06	16.58	16.49	16.38	16.33	16.27
11月	5	17.36	17.23	17.10	17.02	16.53	16.42	16.30	16.24	16.17
	10	17.35	17.22	17.06	16.58	16.48	16.36	16.22	16.16	16.08
	15	17.35	17.20	17.04	16.54	16.43	16.31	16.16	16.08	16.00
	20	17.35	17.19	17.02	16.52	16.40	16.26	16.10	16.02	15.53
	25	17.35	17.19	17.00	16.50	16.37	16.23	16.05	15.57	15.47
	30	17.36	17.19	17.00	16.48	16.35	16.20	16.01	15.53	15.43
12月	5	17.38	17.20	17.00	16.48	16.35	16.19	15.59	15.50	15.39
	10	17.40	17.22	17.01	16.49	16.35	16.18	15.58	15.48	15.38
	15	17.42	17.23	17.02	16.50	16.36	16.19	15.59	15.49	15.38
	20	17.44	17.26	17.04	16.52	16.38	16.21	16.00	15.50	15.39
	25	17.47	17.28	17.07	16.55	16.40	16.24	16.03	15.53	15.42
	30	17.49	17.31	17.10	16.58	16.44	16.27	16.07	15.57	15.46

注 数据（小数点后为分钟，60进制）取自中国科学院紫金山天文台《2012年中国天文年历》，科学出版社，2012。

附录 3 太阳赤纬（度）表

2012 年视赤纬 以力学时 0^h 为准

日	1 月	2 月	3 月	4 月	5 月	6 月
1	23°03′46″.7	17°19′33″.6	7°30′47″.6	4°36′50″.1	15°08′02″.8	22°04′39″.6
2	22°58′58″.7	17°02′35″.3	7°07′55″.5	4°59′55″.7	15°26′01″.3	22°12′32″.2
3	22°53′43″.2	16°45′19″.2	6°44′57″.4	5°22′55″.9	15°43′44″.3	22°20′01″.5
4	22°48′00″.4	16°27′45″.5	6°21′53″.7	5°45′50″.4	16°01′11″.7	22°27′07″.4
5	22°41′50″.5	16°09′54″.7	5°58′44″.8	6°08′38″.7	16°18′23″.1	22°33′49″.8
6	22°35′13″.6	15°51′47″.2	5°35′31″.0	6°31′20″.7	16°35′18″.3	22°40′08″.5
7	22°28′10″.0	15°33′23″.5	5°12′12″.8	6°53′55″.9	16°51′56″.9	22°46′03″.4
8	22°20′39″.8	15°14′43″.8	4°48′50″.5	7°16′24″.1	17°08′18″.7	22°51′34″.3
9	22°12′43″.2	14°55′48″.6	4°25′24″.4	7°38′45″.1	17°24′23″.4	22°56′41″.1
10	22°04′20″.6	14°36′38″.3	4°01′54″.9	8°00′58″.3	17°40′10″.8	23°01′23″.6
11	21°55′32″.0	14°17′13″.2	3°38′22″.3	8°23′03″.7	17°55′40″.4	23°05′41″.9
12	21°46′17″.8	13°57′33″.8	3°14′47″.0	8°45′00″.7	18°10′52″.0	23°09′35″.7
13	21°36′38″.1	13°37′40″.4	2°51′09″.3	9°06′49″.0	18°25′45″.3	23°13′05″.0
14	21°26′33″.3	13°17′33″.4	2°27′29″.6	9°28′28″.3	18°40′19″.9	23°16′09″.6
15	21°16′03″.6	12°57′13″.3	2°03′48″.4	9°49′58″.3	18°54′35″.7	23°18′49″.7
16	21°05′09″.2	12°36′40″.4	1°40′05″.8	10°11′18″.5	19°08′32″.3	23°21′05″.0
17	20°53′50″.5	12°15′55″.3	1°16′22″.5	10°32′28″.7	19°22′09″.5	23°22′55″.6
18	20°42′07″.8	11°54′58″.3	0°52′38″.7	10°53′28″.5	19°35′26″.9	23°24′21″.5
19	20°30′01″.5	11°33′50″.0	0°28′54″.8	11°14′17″.5	19°48′24″.1	23°25′22″.5
20	20°17′31″.8	11°12′30″.6	0°05′11″.2	11°34′55″.4	20°01′01″.5	23°25′58″.8
21	20°04′39″.2	10°51′00″.8	0°18′31″.6	11°55′21″.8	20°13′18″.2	23°26′10″.2
22	19°51′24″.0	10°29′20″.8	0°42′13″.4	12°15′36″.5	20°25′14″.1	23°25′56″.9
23	19°37′46″.6	10°07′31″.1	1°05′53″.7	12°35′39″.1	20°36′49″.0	23°25′18″.8
24	19°23′47″.4	9°45′32″.2	1°29′32″.2	12°55′29″.2	20°48′02″.6	23°24′15″.9
25	19°09′26″.7	9°23′24″.5	1°53′08″.4	13°15′06″.5	20°58′54″.8	23°22′48″.4
26	18°54′44″.9	9°01′08″.3	2°16′42″.2	13°34′30″.6	21°09′25″.2	23°20′56″.1
27	18°39′42″.5	8°38′44″.1	2°40′12″.9	13°53′41″.3	21°19′33″.7	23°18′39″.3
28	18°24′19″.7	8°16′12″.3	3°03′40″.4	14°12′38″.2	21°29′20″.0	23°15′57″.9
29	18°08′37″.1	7°53′33″.4	3°27′04″.2	14°31′21″.0	21°38′43″.9	23°12′52″.1
30	17°52′34″.9		3°50′24″.0	14°49′49″.3	21°47′45″.3	23°09′21″.9
31	17°36′13″.6		4°13′39″.4		21°56′23″.9	

2012 年视赤纬　　　　　　以力学时 0ʰ 为准

日	7月	8月	9月	10月	11月	12月
1	23°05′27″.4	17°57′48″.4	8°12′27″.8	3°15′34″.9	14°29′08″.2	21°49′34″.7
2	23°01′08″.7	17°42′30″.9	7°50′37″.9	3°38′49″.0	14°48′11″.2	21°58′37″.3
3	22°56′25″.9	17°26′56″.1	7°28′40″.3	4°02′00″.7	15°06′59″.9	22°07′14″.6
4	22°51′19″.3	17°11′04″.2	7°06′35″.4	4°25′09″.5	15°25′33″.8	22°15′26″.3
5	22°45′48″.7	16°54′55″.7	6°44′23″.4	4°48′15″.3	15°43′52″.6	22°23′12″.1
6	22°39′54″.4	16°38′30″.6	6°22′04″.8	5°11′17″.6	16°01′55″.8	22°30′31″.8
7	22°33′36″.6	16°21′49″.4	5°59′39″.7	5°34′16″.1	16°19′43″.0	22°37′25″.2
8	22°26′55″.2	16°04′52″.3	5°37′08″.6	5°57′10″.5	16°37′13″.9	22°43′52″.0
9	22°19′50″.5	15°47′39″.6	5°14′31″.7	6°20′00″.2	16°54′28″.0	22°49′51″.9
10	22°12′22″.7	15°30′11″.7	4°51′49″.5	6°42′45″.0	17°11′24″.8	22°55′24″.9
11	22°04′31″.8	15°12′28″.7	4°29′02″.1	7°05′24″.5	17°28′04″.1	23°00′30″.8
12	21°56′18″.2	14°54′31″.2	4°06′10″.1	7°27′58″.3	17°44′25″.3	23°05′09″.3
13	21°47′41″.9	14°36′19″.3	3°43′13″.6	7°50′26″.0	18°00′28″.2	23°09′20″.3
14	21°38′43″.3	14°17′53″.3	3°20′13″.1	8°12′47″.2	18°16′12″.2	23°13′03″.7
15	21°29′22″.4	13°59′13″.8	2°57′09″.0	8°35′01″.5	18°31′37″.0	23°16′19″.5
16	21°19′39″.6	13°40′20″.8	2°34′01″.5	8°57′08″.6	18°46′42″.0	23°19′07″.3
17	21°09′35″.0	13°21′14″.9	2°10′51″.0	9°19′08″.0	19°01′27″.4	23°21′27″.2
18	20°59′08″.9	13°01′56″.3	1°47′37″.9	9°40′59″.3	19°15′52″.2	23°23′19″.1
19	20°48′21″.5	12°42′25″.3	1°24′22″.4	10°02′42″.2	19°25′56″.2	23°24′42″.8
20	20°37′13″.1	12°22′42″.3	1°01′05″.1	10°24′16″.1	19°43′39″.1	23°25′38″.4
21	20°25′44″.0	12°02′47″.6	0°37′46″.2	10°45′40″.8	19°57′00″.4	23°26′05″.7
22	20°13′54″.4	11°42′41″.6	0°14′26″.2	11°06′55″.8	20°09′59″.8	23°26′04″.9
23	20°01′44″.5	11°22′24″.5	0°08′55″.1	11°28′00″.8	20°22′37″.0	23°25′35″.8
24	19°49′14″.6	11°01′56″.8	0°32′16″.6	11°48′55″.2	20°34′51″.6	23°24′38″.4
25	19°36′25″.0	10°41′18″.6	0°55′38″.4	12°09′38″.9	20°46′43″.3	23°23′12″.9
26	19°23′15″.9	10°20′30″.5	1°19′00″.0	12°30′11″.2	20°58′11″.7	23°21′19″.2
27	19°09′47″.6	9°59′32″.5	1°42′21″.2	12°50′32″.0	21°09′16″.7	23°18′57″.4
28	18°56′00″.5	9°38′25″.2	2°05′41″.6	13°10′40″.8	21°19′57″.7	23°16′07″.6
29	18°41′54″.7	9°17′08″.8	2°29′00″.9	13°30′37″.2	21°30′14″.6	23°12′49″.7
30	18°27′30″.6	8°55′43″.6	2°52′18″.8	13°50′20″.8	21°40′07″.0	23°09′04″.0
31	18°12′48″.4	8°34′09″.8		14°09′51″.3		23°04′50″.4

注　数据取自中国科学院紫金山天文台《2012 年中国天文年历》，科学出版社，2012。

附录 4　中国十年气象辐射均值数据表（1998～2008）

省份	区站地	纬度 °′	经度 °′	海拔 m	总辐射曝辐量 MJ/(m²·a)	年日照 h	天日照 h	辐射级别
北京	北京	N39°48′	E116°28′	31	4847.62	1346.6	3.7	C
天津	天津	N39°05′	E117°04′	3	4853.59	1348.2	3.7	C
河北	乐亭	N39°26′	E118°53′	11	5024.48	1395.7	3.8	C
山西	太原	N37°47′	E112°33′	778	4694.86	1304.1	3.6	C
内蒙古	呼伦贝尔	N49°13′	E119°45′	610	4845.21	1345.9	3.7	C
内蒙古	额济纳旗	N41°57′	E101°04′	941	6468.92	1796.9	4.9	A
内蒙古	二连浩特	N43°39′	E111°58′	965	6154.67	1709.6	4.7	B
辽宁	沈阳	N41°44′	E123°31′	49	4869.78	1352.7	3.7	C
吉林	长春	N43°54′	E125°13′	237	4907.17	1363.1	3.7	C
黑龙江	漠河	N52°58′	E122°31′	433	4431.60	1231.0	3.4	C
黑龙江	黑河	N50°15′	E127°27′	166	4699.58	1305.4	3.6	C
黑龙江	哈尔滨	N45°45′	E126°46′	142	4606.32	1279.5	3.5	C
上海	上海	N31°24′	E121°27′	6	4499.82	1250.0	3.4	C
江苏	南京	N31°56′	E118°54′	35	4522.98	1256.4	3.4	C
浙江	杭州	N30°14′	E120°10′	42	4291.73	1192.2	3.3	C
安徽	合肥	N31°47′	E117°18′	27	4431.05	1230.9	3.4	C
福建	福州	N26°05′	E119°17′	84	4480.53	1244.6	3.4	C
江西	南昌	N28°36′	E115°55′	47	4410.26	1225.1	3.4	C
山东	烟台	N37°30′	E121°15′	33	5126.62	1424.1	3.9	B
山东	济南	N36°36′	E117°03′	170	4694.33	1304.0	3.6	C
河南	郑州	N34°43′	E113°39′	110	4678.23	1299.5	3.6	C
湖北	武汉	N30°37′	E114°08′	23	4326.04	1201.7	3.3	C
陕西	安康	N32°43′	E109°02′	291	4082.52	1134.0	3.1	C
广东	广州	N23°10′	E113°20′	41	4293.17	1192.6	3.3	C
广东	汕头	N23°24′	E116°41′	3	4723.53	1312.1	3.6	C
广西	桂林	N25°19′	E110°18′	164	4252.41	1181.2	3.2	C
广西	南宁	N22°38′	E108°13′	122	4629.33	1285.9	3.5	C
海南	海口	N20°00′	E110°15′	64	5087.25	1413.1	3.9	B
海南	三亚	N18°14′	E109°31′	6	5898.58	1638.5	4.5	B
湖北	宜昌	N30°42′	E111°18′	133	4029.36	1119.3	3.1	C
江苏	吕泗	N32°04′	E121°36′	6	4878.43	1355.1	3.7	C
浙江	洪家	N28°37′	E121°25′	5	4724.14	1312.3	3.6	C

省份	区站地	纬度 ° ′	经度 ° ′	海拔 m	总辐射曝辐量 MJ/(m² · a)	年日照 h	天日照 h	辐射级别
安徽	屯溪	N29°43′	E118°17′	143	4442.35	1234.0	3.4	C
福建	建瓯	N27°03′	E118°19′	155	4840.84	1344.7	3.7	C
江西	赣州	N25°52′	E115°00′	138	4518.17	1255.1	3.4	C
山东	莒县	N35°35′	E118°50′	107	4946.56	1374.0	3.8	C
河南	南阳	N33°02′	E112°35′	129	4409.83	1225.0	3.4	C
河南	固始	N32°10′	E115°37′	43	4482.50	1245.1	3.4	C
贵州	贵阳	N26°35′	E106°44′	1224	3652.49	1014.6	2.8	D
湖南	吉首	N28°19′	E109°44′	208	3625.21	1007.0	2.8	D
四川	绵阳	N31°27′	E104°44′	523	3569.71	991.6	2.7	D
广西	北海	N21°27′	E109°08′	13	5174.72	1437.4	3.9	B
海南	西沙	N16°50′	E112°20′	5	6698.43	1860.7	5.1	A
四川	甘孜	N31°37′	E100°00′	3394	6660.54	1850.2	5.1	A
四川	红原	N32°48′	E102°33′	3492	6017.29	1671.5	4.6	B
四川	泸州/纳溪	N28°47′	E105°23′	369	3448.28	957.9	2.6	D
四川	峨眉山	N29°31′	E103°20′	3047	4939.92	1372.2	3.8	C
四川	攀枝花	N26°35′	E101°43′	1190	5539.69	1538.8	4.2	B
四川	成都/温江	N30°42′	E103°50′	539	3383.22	939.8	2.6	D
云南	丽江	N26°51′	E100°13′	2381	6231.09	1730.9	4.7	B
云南	腾冲	N25°01′	E98°30′	1655	5533.09	1537.0	4.2	B
云南	蒙自	N23°23′	E103°23′	1301	5587.05	1552.0	4.3	B
西藏	那曲	N31°29′	E92°04′	4507	6952.57	1931.3	5.3	A
陕西	延安	N36°36′	E109°30′	959	5098.87	1416.4	3.9	B
重庆	重庆	N29°35′	E106°28′	259	3127.26	868.7	2.4	D
甘肃	酒泉	N39°46′	E98°29′	1477	6126.73	1701.9	4.7	B
甘肃	民勤	N38°38′	E103°05′	1368	6269.08	1741.4	4.8	B
青海	刚察	N37°20′	E100°08′	3302	6430.32	1786.2	4.9	A
青海	玉树	N33°01′	E97°01′	3681	6155.69	1709.9	4.7	B
青海	果洛	N34°28′	E100°05′	3719	6393.90	1776.1	4.9	A
宁夏	固原	N36°00′	E106°16′	1753	5651.11	1569.8	4.3	B
新疆	焉耆	N42°05′	E86°34′	1055	5603.03	1556.4	4.3	B
新疆	吐鲁番	N42°56′	E89°12′	35	5386.41	1496.2	4.1	B
新疆	阿克苏	N41°10′	E80°14′	1104	5376.58	1493.5	4.1	B
新疆	若羌	N39°02′	E88°10′	888	6004.09	1667.8	4.6	B
湖南	常宁	N26°25′	E112°24′	117	3829.00	1063.6	2.9	C
湖南	长沙	N28°13′	E112°55′	68	3798.38	1055.1	2.9	C

续表

省份	区站地	纬度 ° ′	经度 ° ′	海拔 m	总辐射曝辐量 MJ/(m²·a)	年日照 h	天日照 h	辐射级别
云南	昆明	N25°00′	E102°39′	1887	5531.05	1536.4	4.2	B
云南	景洪	N22°00′	E100°47′	582	5662.05	1572.8	4.3	B
西藏	噶尔	N32°30′	E80°05′	4279	8166.95	2268.6	6.2	A
西藏	拉萨	N29°40′	E91°08′	3649	7410.23	2058.4	5.6	A
西藏	昌都	N31°09′	E97°10′	3306	6192.84	1720.2	4.7	B
陕西	西安/泾河	N34°26′	E108°58′	410	4327.18	1202.0	3.3	C
甘肃	敦煌	N40°09′	E94°41′	1139	6367.65	1768.8	4.9	A
甘肃	兰州/榆中	N35°52′	E104°09′	1874	5322.99	1478.6	4.1	B
青海	格尔木	N36°25′	E94°54′	2808	6834.53	1898.5	5.2	A
青海	西宁	N36°43′	E101°45′	2295	5672.01	1575.6	4.3	B
宁夏	银川	N38°28′	E106°12′	1111	5733.90	1592.8	4.4	B
新疆	阿勒泰	N47°44′	E88°05′	735	5363.27	1489.8	4.1	B
新疆	塔城	N46°44′	E83°00′	535	5764.08	1601.1	4.4	B
新疆	伊宁	N43°57′	E81°20′	663	5333.11	1481.4	4.1	B
新疆	乌鲁木齐	N43°47′	E87°39′	935	5157.62	1432.7	3.9	B
新疆	喀什	N39°28′	E75°59′	1289	5545.56	1540.4	4.2	B
新疆	和田	N37°08′	E79°56′	1375	5747.98	1596.7	4.4	B
新疆	哈密	N42°49′	E93°31′	737	6198.87	1721.6	4.7	B
山西	大同	N40°06′	E113°20′	1067	5401.38	1500.4	4.1	B
山西	侯马	N35°39′	E111°22′	434	4556.28	1265.6	3.5	C
内蒙古	索伦	N46°36′	E121°13′	500	5336.73	1482.4	4.1	B
内蒙古	乌拉特中旗	N41°34′	E108°31′	1288	6349.16	1763.7	4.8	A
内蒙古	鄂尔多斯市	N39°50′	E109°59′	1462	5764.87	1601.4	4.4	B
内蒙古	锡林郭勒盟	N43°57′	E116°07′	1003	5685.03	1579.2	4.3	B
内蒙古	通辽	N43°36′	E122°16′	179	5209.14	1447.0	4.0	B
辽宁	朝阳	N41°33′	E120°26′	174	4979.92	1383.3	3.8	C
辽宁	大连	N38°54′	E121°38′	92	4932.19	1370.1	3.8	C
辽宁	延吉	N42°52′	E129°30′	257	4725.42	1312.6	3.6	C
黑龙江	富裕	N47°48′	E124°29′	163	5159.84	1433.3	3.9	B
黑龙江	佳木斯	N46°47′	E130°18′	82	4535.34	1259.8	3.5	C
江苏	清江/淮阴	N33°38′	E119°01′	14	4664.44	1295.7	3.6	C

注　录自《太阳能光伏发电工程技术》，化学工业出版社，2011。

附录 5　Dowtherm A 导热油液态特性表

温度	压力	黏度	比热容	热导率	密度	温度	压力	黏度	比热容	热导率	密度
℃	0.1MPa	mPa·s	kJ/(kg·K)	W/(m·K)	kg/m³	℃	0.1MPa	mPa·s	kJ/(kg·K)	W/(m·K)	kg/m³
12	0	5.52	1.55	0.140	1066	225	0.48	0.33	2.15	0.106	883.5
15	0	5.00	1.56	0.140	1064	230	0.54	0.32	2.16	0.105	878.7
20	0	4.29	1.57	0.139	1060	235	0.61	0.31	2.18	0.104	873.8
25	0	3.71	1.59	0.138	1056	240	0.69	0.30	2.19	0.104	868.9
30	0	3.25	1.60	0.137	1052	245	0.77	0.29	2.20	0.103	864.0
35	0	2.87	1.62	0.136	1048	250	0.87	0.28	2.22	0.102	859.0
40	0	2.56	1.63	0.136	1044	255	0.97	0.27	2.23	0.101	854.0
45	0	2.30	1.64	0.135	1040	257.1	1.01	0.27	2.24	0.101	851.9
50	0	2.07	1.66	0.134	1036	260	1.08	0.27	2.25	0.100	849.0
55	0	1.88	1.67	0.133	1032	265	1.20	0.26	2.26	0.100	843.9
60	0	1.72	1.69	0.132	1028	270	1.33	0.25	2.27	0.099	838.7
65	0	1.58	1.70	0.132	1024	275	1.48	0.24	2.29	0.098	833.6
70	0	1.46	1.72	0.131	1020	280	1.63	0.24	2.30	0.097	828.3
75	0	1.35	1.73	0.130	1016	285	1.80	0.23	2.32	0.096	823.0
80	0	1.25	1.74	0.129	1012	290	1.98	0.22	2.33	0.096	817.7
85	0	1.17	1.76	0.128	1007	295	2.17	0.22	2.34	0.095	812.3
90	0	1.09	1.77	0.128	1003	300	2.38	0.21	2.36	0.094	806.8
95	0	1.03	1.79	0.127	999.1	305	2.60	0.20	2.37	0.093	801.3
100	0.01	0.97	1.80	0.126	994.9	310	2.84	0.20	2.39	0.092	795.8
105	0.01	0.91	1.81	0.125	990.7	315	3.10	0.19	2.40	0.092	790.1
110	0.01	0.86	1.83	0.124	986.5	320	3.37	0.19	2.42	0.091	784.4
115	0.01	0.82	1.84	0.124	982.3	325	3.66	0.18	2.43	0.090	778.6
120	0.01	0.77	1.86	0.123	978.1	330	3.96	0.18	2.45	0.089	772.8
125	0.02	0.73	1.87	0.122	973.8	335	4.29	0.17	2.46	0.088	766.9
130	0.02	0.70	1.88	0.121	969.5	340	4.46	0.17	2.48	0.088	760.9
135	0.03	0.67	1.90	0.120	965.2	345	5.00	0.17	2.49	0.087	754.8
140	0.03	0.64	1.91	0.120	960.9	350	5.39	0.16	2.51	0.086	748.6
145	0.04	0.61	1.93	0.119	956.6	355	5.80	0.16	2.53	0.085	742.3
150	0.05	0.58	1.94	0.118	952.2	360	6.24	0.15	2.54	0.084	735.9
155	0.06	0.56	1.95	0.117	947.8	365	6.69	0.15	2.56	0.084	729.4
160	0.07	0.53	1.97	0.116	943.4	370	7.18	0.15	2.58	0.083	722.8
165	0.08	0.51	1.98	0.116	938.9	375	7.68	0.14	2.60	0.082	716.1
170	0.09	0.49	2.00	0.115	934.5	380	8.22	0.14	2.62	0.081	709.2
175	0.11	0.47	2.01	0.114	930.0	385	8.78	0.14	2.64	0.080	702.2
180	0.13	0.46	2.02	0.113	925.5	390	9.37	0.13	2.66	0.080	695.0
185	0.15	0.44	2.04	0.112	920.9	395	9.99	0.13	2.68	0.079	687.7
190	0.18	0.42	2.05	0.112	916.4	400	10.6	0.13	2.70	0.078	680.2
195	0.21	0.41	2.07	0.111	911.8	405	11.3	0.12	2.73	0.077	672.5
200	0.24	0.39	2.08	0.110	907.1	410	12.0	0.12	2.75	0.076	664.6
205	0.28	0.38	2.09	0.109	902.5	415	12.8	0.12	2.78	0.076	656.5
210	0.32	0.37	2.11	0.108	897.8	420	13.6	0.11	2.81	0.075	648.1
215	0.37	0.35	2.12	0.108	893.1	425	14.4	0.11	2.84	0.074	639.4
220	0.42	0.34	2.13	0.107	888.3						

注　数据录自"DOWTHERM A Heat Transfer Fluid"产品数据表。

附录 6　Dowtherm A 导热油气态特性表

温度	气化压力	液态焓	气化焓	气态焓	气态密度	气态黏度	气态热导率	比热容	比热比
℃	0.1MPa	kJ/kg	kJ/kg	kJ/kg	kg/m³	mPa·s	W/(m·K)	kJ/(kg·K)	C_p/C_v
12	0.00	0.00	409	409		0.005	0.0074	1.032	1.05
20	0.00	13.10	404.4	417.4		0.006	0.0078	1.062	1.05
30	0.00	29.50	398.8	428.3		0.006	0.0084	1.100	1.05
40	0.00	46.00	393.4	439.5		0.006	0.0089	1.137	1.05
50	0.00	62.70	388.3	451.0	0.002	0.006	0.0095	1.173	1.05
60	0.00	79.60	383.4	463.0	0.003	0.006	0.0101	1.209	1.04
70	0.00	96.70	378.6	475.2	0.005	0.006	0.0107	1.245	1.04
80	0.00	114.0	373.9	487.9	0.010	0.007	0.0113	1.280	1.04
90	0.00	131.5	369.4	500.8	0.016	0.007	0.0120	1.315	1.04
100	0.01	149.2	364.9	514.1	0.027	0.007	0.0126	1.349	1.04
110	0.01	167.1	360.6	527.7	0.043	0.007	0.0133	1.382	1.04
120	0.01	185.4	356.3	541.6	0.067	0.007	0.0139	1.416	1.04
130	0.02	203.8	352.0	555.9	0.101	0.008	0.0146	1.448	1.04
140	0.03	222.6	347.8	570.4	0.150	0.008	0.0153	1.481	1.04
150	0.05	241.6	343.6	585.2	0.217	0.008	0.0160	1.512	1.04
160	0.07	260.9	339.4	600.3	0.307	0.008	0.0167	1.544	1.04
170	0.09	280.5	335.2	615.7	0.426	0.008	0.0174	1.575	1.03
180	0.13	300.4	331.0	631.3	0.581	0.009	0.0181	1.606	1.03
190	0.18	320.5	326.7	647.2	0.780	0.009	0.0189	1.636	1.03
200	0.24	340.9	322.4	663.3	1.031	0.009	0.0196	1.666	1.03
210	0.32	361.6	318.0	679.7	1.344	0.009	0.0204	1.696	1.03
220	0.42	382.6	313.6	696.2	1.730	0.009	0.0211	1.726	1.03
230	0.54	403.9	309.1	713.0	2.201	0.010	0.0219	1.755	1.03
240	0.69	425.4	304.5	729.9	2.768	0.010	0.0227	1.785	1.04
250	0.87	447.2	299.8	747.0	3.446	0.010	0.0234	1.814	1.04
257.1	1.01	462.9	296.4	759.2	4.003	0.010	0.0240	1.835	1.04
260	1.08	469.3	294.9	764.3	4.250	0.010	0.0242	1.843	1.04
270	1.33	491.7	290.0	781.7	5.196	0.010	0.0250	1.872	1.04
280	1.63	514.3	284.9	799.2	6.301	0.011	0.0258	1.902	1.04
290	1.98	537.3	279.6	816.9	7.586	0.011	0.0267	1.931	1.04

温度	气化压力	液态焓	气化焓	气态焓	气态密度	气态黏度	气态热导率	比热容	比热比
℃	0.1MPa	kJ/kg	kJ/kg	kJ/kg	kg/m³	mPa·s	W/(m·K)	kJ/(kg·K)	C_p/C_v
300	2.38	560.5	274.2	834.7	9.071	0.011	0.0275	1.961	1.04
310	2.84	583.9	268.6	852.6	10.78	0.011	0.0283	1.991	1.04
320	3.37	607.7	262.8	870.5	12.74	0.011	0.0292	2.021	1.05
330	3.96	631.7	256.8	888.6	14.98	0.012	0.0300	2.052	1.05
340	4.64	656.1	250.5	906.6	17.53	0.012	0.0309	2.084	1.05
350	5.39	680.7	244.0	924.7	20.43	0.012	0.0317	2.116	1.06
360	6.24	705.7	237.2	942.8	23.73	0.012	0.0326	2.150	1.06
370	7.18	730.9	230.0	960.9	27.47	0.013	0.0335	2.186	1.07
380	8.22	756.5	222.5	979.0	31.73	0.013	0.0344	2.224	1.07
390	9.37	782.4	214.5	997.0	36.58	0.013	0.0354	2.264	1.08
400	10.6	808.7	206.1	1015	42.11	0.014	0.0363	2.309	1.09
410	12.0	835.4	197.1	1033	48.45	0.014	0.0373	2.359	1.10
420	13.6	862.5	187.5	1050	55.77	0.014	0.0383	2.417	1.12
425	14.4	876.3	182.3	1059	59.86	0.015	0.0388	2.450	1.13

注 数据录自"DOWTHERM A Heat Transfer Fluid"产品数据表。

附录 7　Dowtherm A 导热油压力-焓特性曲线

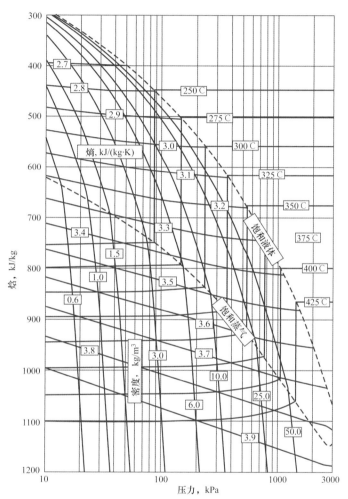

注：数据曲线录自"DOWTHERM A Heat Transfer Fluid"产品数据表。

附录8 全球运行的太阳能热发电站一览表

时间	电站名称	容量（MW）	形式	国家	纬度	经度
1984	SEGS I	14	槽式	美国	N34°51′47.0″	W116°49′37.0″
1985	SEGS II	30	槽式	美国	N34°51′47.0″	W116°49′37.0″
1986	SEGS III	30	槽式	美国	N35°0′51.0″	W117°33′32.0″
1987	SEGS IV	30	槽式	美国	N35°0′51.0″	W117°33′32.0″
1987	SEGS V	30	槽式	美国	N35°0′51.0″	W117°33′32.0″
1988	SEGS VI	30	槽式	美国	N35°0′51.0″	W117°33′32.0″
1988	SEGS VII	30	槽式	美国	N35°0′51.0″	W117°33′32.0″
1989	SEGS VIII	80	槽式	美国	N35°1′54.0″	W117°20′53.0″
1990	SEGS IX	80	槽式	美国	N35°1′54.0″	W117°20′53.0″
2006	Saguaro	1	槽式	美国	N32°57′36.0″	W111°32′30.0″
2007	NevadaSolarOne	64	槽式	美国	N35°48′	W114°59′
2007	PS10	11	塔式	西班牙	N37°26′30.97″	W6°14′59.98″
2008	Andasol-1	50	槽式	西班牙	N37°13′50.83″	W3°4′14.08″
2008	Kimberlina	5	菲涅尔	美国	N35°34′0.0″	W119°11′39.1″
2008	JÜlich Solar Tower	1.5	塔式	德国		
2008	SEDC	6	塔式	以色列		
2009	PS20	20	塔式	西班牙	N37°26′30.97″	W6°14′59.98″
2009	Puerto Errado1	1.4	菲涅尔	西班牙	N38°16′42.28″	W1°36′1.01″
2009	SierraSunTower	5	塔式	美国	N34°46′	W118°8′
2009	Alvarado1	50	槽式	西班牙	N38°49′37.0″	W6°49′34.0″
2009	Andasol-2	50	槽式	西班牙	N37°13′50.83″	W3°4′14.08″
2009	Solnova1	50	槽式	西班牙	N37°26′30.97″	W6°14′59.98″
2009	Solnova3	50	槽式	西班牙	N37°26′30.97″	W6°14′59.98″
2009	Solnova4	50	槽式	西班牙	N37°26′30.97″	W6°14′59.98″
2009	Holaniku	2	槽式	美国	N19°43′	W156°2′
2009	Ibersol Ciudad Reai	50	槽式	西班牙	N38°38′36.19″	W3°58′29.6″
2010	Archimede	5	槽式	意大利	N37°8′3.12″	E15°13′0.15″
2010	Palma delRio II	50	槽式	西班牙	N37°38′42.0″	W5°15′29.0″
2010	La Florida	50	槽式	西班牙	N38°49′1.11″	W6°49′45.49″
2010	Cameo	2	混合	美国	N39°8′54.96″	W108°19′5.12″
2010	Extresol-1	50	槽式	西班牙	N38°39′	W6°44′
2010	Extresol-2	50	槽式	西班牙	N38°39′	W6°44′
2010	Majadas I	50	槽式	西班牙	N39°58′5.0″	W5°44′32.0″

续表

时间	电站名称	容量（MW）	形式	国家	纬度	经度
2010	Maricopa	1.5	碟式	美国	N33°33′31.0″	W112°13′7.0″
2010	Lebrija1	50	槽式	西班牙	N37°0′10.8″	W″6°2′52.0″
2011	Martin	75	混合	美国	N27°3′13.0″	W80°33′46.0″
2011	La Dehesa	50	槽式	西班牙	N38°57′6.14″	W6°27′48.36″
2011	Kuraymat	20	混合	埃及	N29°16′	W31°15′
2011	Manchasol－1	50	槽式	西班牙	N39°11′17.08″	W3°18′33.71″
2011	Gemasolar	19.9	塔式	西班牙	N37°33′44.95″	W5°19′49.39″
2011	Palmade1Rio I	50	槽式	西班牙	N37°38′42.0″	W5°15′29.0″
总计		1394.3				

注　录自"太阳能热发电产业及投资分析报告"2011～2012，数据由太阳能光热产业技术创新战略联盟、兴业证券股份有限公司研究发展中心统计。统计数据截止到 2011 年 7 月。

参 考 文 献

[1] 洪韵芳. 天文爱好者手册. 成都：四川辞书出版社，1997：15～18；395～403.

[2] 宋永臣译. 太阳能利用新技术. 日本太阳能学会. 北京：科学出版社，2009：20～24.

[3] 杨金焕，于化丛，葛亮. 太阳能光伏发电应用技术. 北京：电子工业出版社，2011：22～23.

[4] 沈辉，曾祖勤. 太阳能光伏发电技术. 北京：化学工业出版社，2005；3～8.

[5] John A. Duffie and William A. Beckman. Solar Engineering of Thermal Processes. A. Wiley Inter-science Publication. 1991：6～7.

[6] 穆彪，张邦琨. 农业气象学. 贵阳：贵州科技出版社，1997：7～8.

[7] 包云轩. 气象学. 北京：中国农业出版社，2007.

[8] John A. Duffie and William A. Beckman. Solar Engineering of Thermal Processes. A. Wiley Inter-science Publication. 1991：151～153.

[9] Iqbal. M.，An Introduction to Solar Radiation. Academic Press，Toronto. 1983.

[10] 张小曳，周凌晞，丁国安等. 大气成分与环境气象灾害. 北京：气象出版社，2009：112～118.

[11] 何梓年. 太阳能热利用. 安徽：中国科学技术大学出版社，2008：35～42.

[12] An Overview of CSP in Europe，North Africa and the Middle East. October，2008.

[13] http：//www. nrel. gov/gis/solar. html，National Renewable Energy Laboratory Resource Assessment Program. U. S. A.

[14] NREL，Solar Radiation Data Manual for Flat-Plate and Concentrating Collectors.

[15] Lynton Jaques etc. Australian Energy Resource Assessment. The Australian Bureau of Agricultural and Resource Economics and Science，July 2010.

[16] 中国可再生能源发展战略研究项目组. 中国可再生能源战略研究丛书·太阳能卷. 中国电力出版社，2009.

[17] World Meteorological Organization. "气象仪器和观测方法指南"译文.
World Meteorological Organization，1978：International Operations Handbook for Measurement of Background Atmospheric Pollution. WMO-No. 491，Geneva.
World Meteorological Organization，1986a：Recent Progress in Sunphotometry：Determination of the Aerosol Optical Depth. Environmental Pollution Monitoring and Research Programme Report No. 43，WMO/TD-No. 143，Geneva.
World Meteorological Organization，1986b：Revised Instruction Manual on Radiation Instruments and Measurements. World Climate Research Programme Publications Series No. 7，WMO/TD-No. 149，Geneva.
World Meteorological Organization，1993a：Report of the Second Meeting of the Ozone Research Managers of the Parties to the Vienna Convention for the Protection of the Ozone Layer. Geneva，10-12 March，1993，Global Ozone Research and Monitoring Project Report No. 32，Geneva.
World Meteorological Organization，1993b：Report of the Workshop on the Measurement of Atmospheric Optical Depth and Turbidity. Silver Spring，USA，6-10 December 1993. Global Atmosphere Watch Report No. 101，WMO/TD-No. 659，Geneva.

[18] 部分图片取自"中国气象生态环境仪器网"http：//jz322. net/.

[19] 许辉，张红，白憧，等. 碟式太阳能热发电技术综述. 南京工业大学能源学院. 热力发电，2009，5.

[20] Maier Christoph, Gil Arnaud, Aguilera Rafael, Yu Xue etc. Stirling Engine. University of Gavle. 2007.

[21] Thomas Keck, Wolfgang Schiel, Peter Heller etc. Eurodish – Continous Operation System Improvement and Reference Units. German Aerospace CENTER, Institute of Technical Thermodynamics Plataforma Solar de Almeria. 04200 Tabernas, Spain. 2006.

[22] Rafael Osuna, Juan Enrile, Marcelino Sánchez, Valerio Fernández – Quero, José Barragán, Valeriano Ruiz, Manuel Silva, Francisco Bas, López – Lara etc. AZ – TH 80KWe Solar Dish Stirling Facility. Solúcar R&D, Sevilla, Spain etc. 2006.

[23] W. Reinalter, S. Ulmer, P. Heller, T. Rauch J – M. Gineste *, A. Ferriere * and F. Nepveu. DETAILED PERFORMANCE ANALYSIS OF THE 10 – KW CNRS – PROMES DISH/STIRLING SYSTEM. German Aerospace Center (DLR), Institute of Technical Thermodynamics Plataforma Solar de Almería, 04200 Tabernas, Spain. 2006. .

[24] Thomas Keck, Wolfgang Schiel, Peter Heller, Wolfgang Reinalter, Jean – Michel Gineste, Alain Ferriere, Gilles Flamant. EURODISH – CONTINOUS OPERATION, SYSTEM. IMPROVEMENT AND REFERENCE UNITS. Schlaich German Aerospace Center (DLR), Institute of Technical Thermodynamics, Plataforma Solar de Almería, Tabernas, Spain. PROMES CNRS laboratory, France. 2006.

[25] W Reinalter, S Ulmer, P Heller, T Rauch, Gineste, A Ferriere, F. Nepveu. DETAILED PERFORMANCE ANALYSIS OF THE 10 – KW CNRS – PROMES DISH/STIRLING SYSTEM. German Aerospace Center (DLR), Institute of Technical Thermodynamics Plataforma Solar de Almería, Tabernas, Spain. PROMES – CNRS Laboratory 7 rue du four solaire, Font Romeu, France. 2006.

[26] Piya Siangsukone, Keith Lovegrove. MODELLING OF A STEAM GENERATING PARABOLOIDAL DISH SOLAR THERMAL POWER SYSTEM. Department of Engineering, Australian National University, Canberra, Australia. 2006.

[27] Jeffrey Gordon. Solar Energy the State of the Art. Science Publishers Ltd. 359~360. UK. 2001.

[28] Eckhard Lüpfert, M. Pfänder, B. Schiricke, M. Eck. DETERMINATION OF TEMPERATURE DISTRIBUTION ON PARABOLIC TROUGH RECEIVERS. German Aerospace Center (DLR), Institute of Technical Thermodynamics, Stuttgart, Germany. 2006.

[29] Ulf Herrmann, Stefan Worringer, Frieder Graeter, Paul Nava. THREE YEARS OF OPERATION EXPERIENCE OF THE SKAL – ET COLLECTOR LOOP AT SEGS V. FLAGSOL GmbH, Muehlengasse Germany. 2006.

[30] A. Lentza, R Cadenasb, R. Almanzaa, I. Martineza, V. Ruizc. ARABOLIC TROUGH ROJECT IN CERRO PRIETO MEXICO. Instituto de Ingeniería, UNAM, Ciudad Universitaria, Coyoacán, Mexico D. F., Mexico Comisión Federal de Electricidad, Unidad de Proyectos Geotermoeléctricos, Alejandro Volta 512, Morelia, Mexico. Universidad de Sevilla, Escuela Técnica Superior de Ingenieros, Avenidade los escubrimientos s/n, Isla de la Cartuja, Sevilla, Spain. 2006.

[31] Georg Brakmann. ISCC Ain Beni Mathar Integrated Solar Combined Cycle Power Plant in Morocco. Fichtner Solar GmbH, Stuttgart, Germany, Mohammed Berrehili, Office National de l'Electricité, Morocco. Khalid Filali, Office National de l'Electricité, Morocco. 2006.

[32] Georg Brakmann, Khaled Fekry, Ayman M. Fayek. ISCC Kuraymat Integrated Solar Combined Cycle Power Plant in Egypt. Fichtner Solar GmbH, Stuttgart, Germany, New and Renewable En-

ergy Authority（NREA），Egypt. 2006.

［33］ SOLAR ELECTRIC GENERATING SYSTEMS III through IX. The World Leader of Solar Energy. Nextera Energy Resource. America. 2011.

［34］ Michael Geyer，Ulf Herrmann，Alfonso Sevilla，Jose Alfonso Nebrera，Antonio Gomez Zamora DISPATCHABLE SOLAR ELECTRICITY FOR SUMMERLY PEAK LOADS FROM THE SOLAR TERMAL PROJECTS ANDASOL‐1、ANDASOL‐2. Milenio Solar Desarrollo de Proyectos S. L.，Cobra S. A.，Spain，Cardenal Marcelo Spinola，Madrid，Spain. 2006.

［35］ Mauro. Vignolini. A New Approach to Concentrating Solar Plant by Italy. PPT. 2011.

［36］ 网址地址：http：//www. nrel. gov/csp/solarpaces/linear_fresnel. cfm；美国能源部国家可再生能源实验室.

［37］ Renewable Energy Essentials，Concentrating Solar Thermal Power. www. iea. org. 2009.

［38］ Rafael Osuna etc. Pedro Robles etc. Juan Talegón etc. Manuel Romero etc. Marcos etc. Martínez etc. Robert Pitz‐Paal，George Brakmann，Valeriano Ruiz，Manuel Silva，Pietro Menna. PS10，CONSTRUCTION OF A 11MW SOLAR THERMAL TOWER PLANT IN SEVILLE，SPAIN. CIEMAT Plataforma Solar de Almería，Tabernas，Almería，Spain，German Aerospace Center（DLR），Institute of Technical Thermodynamics，Cologne，Fichtner Solar GmbH，Stuttgart，Germany，Departamento de Ingeniería Energética‐Termodinámica，Escuela Superior de Ingenieros，Universidad de Sevilla，Sevilla，Spain，European Commission，Directorate General for Energy and Transport，Brussels，Belgium. 2006.

［39］ 美国国家可再生能源实验室网站. http：//www. nrel. gov/csp/solarpaces/power_tower. cfm.

［40］ "十二五"863计划先进能源技术领域专题方向战略研究报告，中科院电工研究所. 2010.

［41］ Mark S. Mehos，Concentrating Solar Power Overview. National Renewable Energy Laboratory Golden Co.，America.

［42］ J. Ignacio Ortega，J. Ignacio Burgaleta，Félix M. Téllez. CENTRAL RECEIVER SYSTEM（CRS）SOLAR POWER PLANT USING MOLTEN SALT AS HEAT TRANSFER FLUID. SENER，Severo Ochoa 4，P. T. M.，28760 Tres Cantos，Madrid，Spain. SENER，Av. Zugazarte 56，48930 Las Arenas，Vizcaya，Spain. CIEMAT，Av. Complutense 22，28040 Madrid，Spain. 2006.

［43］ Jeffrey Gordon. Solar Energy the State of the Art. ISES International Solar Energy Society. 2001. 631～636.

［44］ 肖创英. 欧美风电发展的经验与启示. 北京：中国电力出版社，2010.

［45］ 侯佑华. 大规模可再生能源并网技术介绍及对经济影响分析. 内蒙古电力公司电力调通中心. PPT演示.

［46］ Beacon Power. Sustainable Energy Storage Solutions for the New Electricity Grid. LLC 65 Middlesex Road Tyngsboro，MA 01879. America. http：//www. beaconpower. com/.

［47］ 程时杰. 储能技术及其在电网中的应用. PPT报告. 南京：2010. 3.

［48］ DOWTHERM A Heat Transfer Fluid. A Product Technical Data. The Dow Chemical Company. 1997.

［49］ Craig E. Tyner，J. Paul Sutherland，William R. Gould，Jr. Solar Two：A Molten Salt Power Tower Demonstration. SAND95‐1828C；CONF‐951072‐1.

［50］ 杨小平，杨晓西，丁静，杨敏林. 太阳能高温热发电蓄热技术研究进展. 热能动力工程，2011，26（1）：1～6.

［51］ Allard J. P.，Genier R.，Smadja M.. The French Solar Tower Plant，THEMIS. Solar Engineering，1984：294～299.

[52] REILLY H E，KOLB W J．Evaluation of Molten Salt Power Tower Technology Based on the Experience of Solar Two．SANDIA Report SAND2001‐3674，2001.

[53] 杨晓西．国家高技术研究发展计划课题研究报告．2011．5.

[54] The unrivaled benchmark in solar receiver efficiency Published by and copyright ⓒ 2010：Siemens AG，Energy Sector Freyeslebenstrasse 191058 Erlangen，Germany.

[55] SCHOTT Solar CSP GmbH．SCHOTT PTR70 Receiver Setting the Benchmark improved absorber coating‐innovative glass-to-metal seal compact bellow design-unique quality assurance system．Hattenbergstrabe 10 55122 Malnz，Germany.

[56] Reflecting the Future Concentrating on Success．Precision Solar Mirrors for all CPS Applications．FLABEG Holding GmbH．Waldaustrabe 13 90441 Nurnberg，Germany．2010.

[57] 青海中控太阳能发电有限公司．50MW 太阳能热发电项目工程可行性研究报告（总的部分）.

[58] A new approach to concentrating solar plant（CSP）by Italy．2011.

[59] 罗二仓．新一代碟式太阳能热声发电关键技术及系统研究．中国科学院理化所．2011.

[60] 朱辰元．碟式斯特林太阳能热发电技术研究．中国船舶重工集团公司第七一一研究所．2011.

[61] 光气互补斯特林太阳能发电系统，北京航空航天大学．2011.

[62] 碟式斯特林太阳能热发电装置与应用技术研究．中航工业西安航空动力股份有限公司．2011.

[63] 碟式太阳能光热项目申报．湖南湘电集团有限公司．2011.

[64] 袁兆成．太阳能斯特林发动机关键技术研究与产品开发．吉林大学．2011.

[65] Daniel L．Barth，High Temperature Molten Salt Pumps．FRIATEC‐Rheinhutte Pumps and Valves，LLC，St．John，IN 46373 USA．2006.

[66] Steam turbines for CSP plants Industrial steam turbines．Siemens AG Energy Sector Freyeslebenstrasse 191058 Erlangen，Germany．2011.